地理信息系统（GIS）底层开发

李响 著

清华大学出版社
北京

内容简介

本书是一本系统介绍一个地理信息系统底层开发的完整教程,讲授如何通过程序语言实现地理信息系统的基本功能,包括空间数据与属性数据的管理、分析及可视化等。全书内容均为底层开发,不依赖于任何商业地理信息系统软件,各种算法或数据操作方法均有详细介绍,且深入浅出。通过阅读本书,希望提高读者的原始创新能力。

第1章介绍了如何实现一个最小化的地理信息系统,第2章搭建了一个底层开发的基本框架,第3至5章讲述了地理信息可视化的基本要点,第6章介绍了矢量图层,第7章讲述鼠标在地理信息浏览中的作用,第8至11章介绍Shapefile文件的读取以及如何自定义地理信息系统数据文件格式,第12至14章介绍空间及属性信息的选择方法,第15章介绍栅格图层,第16章介绍多图层管理,第17章实现了一个基本的地理信息系统集成控件,第18及19章介绍了地理信息的可视化技术,第20及21章讲述了网络分析方法的实现,第22及23章介绍了空间索引的构建及应用,第24章介绍了空间参考系统,第25及26章讲述了空间及属性数据的编辑方法,第27章介绍了地理信息系统开发的几种优化方法。

为便于读者高效学习,快速掌握地理信息系统底层开发知识,本书作者精心制作了电子书、完整的源代码以及通过电子邮件或微信公众平台的答疑服务等内容。

本书适合作为广大高校地理信息系统或地理信息科学专业的课程教材,也可以作为地理信息系统技术开发者或爱好者的自学参考用书。

版权所有,侵权必究。举报: 010-62782989,beiqinquan@tup.tsinghua.edu.cn。

图书在版编目(CIP)数据

地理信息系统(GIS)底层开发 / 李响著. -- 北京:清华大学出版社,2024.7. -- (清华科技大讲堂丛书).
ISBN 978-7-302-66720-9

Ⅰ. P208

中国国家版本馆CIP数据核字第2024YF3779号

责任编辑:赵 凯
封面设计:刘 键
责任校对:刘惠林
责任印制:宋 林

出版发行:清华大学出版社
网　　址:https://www.tup.com.cn,https://www.wqxuetang.com
地　　址:北京清华大学学研大厦A座　　邮　编:100084
社 总 机:010-83470000　　邮　购:010-62786544
投稿与读者服务:010-62776969,c-service@tup.tsinghua.edu.cn
质量反馈:010-62772015,zhiliang@tup.tsinghua.edu.cn
课件下载:https://www.tup.com.cn,010-83470236
印 装 者:小森印刷霸州有限公司
经　　销:全国新华书店
开　　本:185mm×260mm　　印 张:17.5　　字 数:448千字
版　　次:2024年8月第1版　　印 次:2024年8月第1次印刷
印　　数:1~1500
定　　价:79.00元

产品编号:104032-01

前言

什么是地理信息系统底层开发

首先,我们需要定义什么是地理信息系统(GIS)。根据作者的理解,地理信息系统就是一个能够处理、分析和应用各类空间数据的软件系统。目前,工业界已经有不少成熟的商业或非商业的地理信息系统软件产品,比如ArcGIS。针对这些软件的应用通常可分为两个层次,即"应用"和"开发",前者即利用软件的现有功能,通过非程序化的方式,达到应用的目的;而后者则是在这些软件平台提供的二次开发工具的基础之上,开发一个新的软件产品,这通常被称为"基于某某软件的地理信息系统二次开发",比如 ArcGIS 的二次开发工具 ArcGIS Engine。对于一个非常成熟的地理信息系统软件产品来说,作者建议二次开发者阅读或学习其官方用户手册或开发教程,通常更加完备且准确。

本书要讲授的内容不是"二次开发",而是"底层开发"。简单来说,我们的"底层开发"不是基于 ArcGIS Engine 开发一个软件,而是希望开发一个类似 ArcGIS 或 ArcGIS Engine 的软件。当然,我们说的"底层开发"也是有"底"的,或者说是相对的,它不是从机器语言或汇编语言开始,而是基于高级程序设计语言的,在本书中选择的是 Windows 平台下的 C♯编程语言,同时也建议读者能够基于本书的思想,尝试利用其他语言实现底层开发,在本书之前的读者群中,就曾经有过读者利用 Java 或 Python 语言在不同的操作系统下完成了本书的大部分学习内容,而且看起来非常棒!

为什么要学习地理信息系统底层开发

作者认为有如下三个理由。

第一,在开源共享的大环境下,越来越多的地理信息系统相关研发人员觉得底层开发是没有必要的,因为我们通常可以很快地从网上找到别人做好的东西,快速整合到自己的系统中。作者非常赞同这样的做法,站在别人的肩膀上,让步伐更快些。同时,作者也在深深地思考,提供资源的人总是有限和少数的,如果每个人都只做成果的使用者或集成者,那么谁去创造成果?从这个意义上讲,作者不期待本书有多大的销量,但作者相信本书的读者将有可能成为社会的"关键少数"。

第二,持怀疑态度的批评者可能会认为,本书介绍的内容过于基础,其中绝大多数内容都是现有商业软件已经完全实现了的,读者即便学会了,也似乎没有用武之地。关于这一点,作者的观点是,如果希望超越,首先需要学会跟跑。不曾踏过前人经历的坑坑洼洼,就必将会跌入未来某一个大坑里。当然,如果只希望跟跑,那应该问题不大,总会有强者把你从坑里拉出来。但是,针对承担着原始创新重任的关键少数来说,要学会自己站起来才行。这就好比,"苹果"手机已经很不错了,我们为什么还需要"华为"。所以,这也是写作本书的重要目的之一,提高读者的原始创新能力。

第三,从读者个人来讲,如果希望成为一个在未来工作中有能力、有担当的关键少数,需要有强大的分析问题、解决问题的能力。本书并不是一本专门讲授如何提高这些能力的心灵鸡汤，但确实希望在攻克一个个底层开发堡垒的过程中，锻炼读者抽丝剥茧的能力，提高读者的获得感，增强读者的自信心。显然，并不是每一位读者今后都会去从事底层开发工作，去创造一个属于自己的ArcGIS、SuperMap等。而且，阅读完本书，也不能保证读者就已经可以开发一套GIS软件了，如果真如此，那只能说是江湖骗术。更多的实际情况是，读者可能加入某个GIS相关的行业，因为了解底层的秘密，而成为关键少数的中流砥柱。毕竟，仅仅了解GIS成熟软件二次开发的门槛太低了。因此，从这个意义上讲，写作本书的另一个重要目的就是提高读者的行业竞争能力。

阅读本书会得到什么

通过前一小节的说明，我们希望读者经由阅读此书，提高两个能力：
- 原始创新能力。
- 行业竞争能力。

在知识点方面，我们会介绍如何利用程序设计语言实现GIS的三大功能，包括：
- 空间数据管理。
- 空间数据分析。
- 空间数据可视化。

除了书本身，我们还提供：
- 对每一位认真的读者来说都很需要的程序源码。
- 一些示例空间数据及相关参考文档。
- 作为教材讲授时所需要的教学课件。

上述资料可通过以下方式获得：
- 搜索并关注微信公众号"大数据攻城狮"，输入"XGIS"，获得下载地址。

阅读本书前的准备

本书在Windows操作系统下，以C♯语言为开发语言进行讲解。在阅读本书之前，读者需要对GIS的基本概念及C♯语言有一定了解。此外，面向对象编程思想也在本书有较好的应用，因为这是编写一个较为复杂的软件平台所必需的，读者可事先寻找相关资料，对这一思想加以学习和领会。相信通过阅读本书，会进一步加深读者对C♯语言及面向对象编程思想的理解。

学习本书内容，读者唯一需要特别安装的软件就是Visual Studio集成开发环境（IDE），该软件是Microsoft公司的一个产品，如果是出于学习的目的，读者可以从该公司网站上免费下载并安装这个产品，在试用一段时间后，通过电子邮件注册的方式，读者就可以永久使用这一开发工具。本书就是利用这一开发工具编写代码的。Visual Studio是一个存在已久的软件产品，已经发布了多个版本，而本书内容并不针对其中的特定版本，读者可以按照以下步骤下载并安装最新的Visual Studio软件。

1. 在网络浏览器中输入或者通过网络搜索引擎，搜索关键字"Visual Studio IDE"，通常在搜索结果中的第一项就是上述网址。

2. 在打开的网页中，找到当前适用于读者Windows操作系统的最新版本，根据网页提示完成下载和安装。

在编写本书时，我们选择的版本是Visual Studio Community 2019。当安装结束后，在所有程序中，读者会发现一个新的程序，名为"Visual Studio 2019"，单击它，就可以开始学习本书的第1章了；否则，请重新安装上述软件工具。在本书中，我们将"Visual Studio Community 2019"简称为"VS"。

关于书中的程序源码

本书附带的程序源码可以直接在 VS 中打开阅读。本书附录包含所有类及新定义数据类型的属性成员和函数的定义及说明。此外，文中所有源码都会被清楚地标明其所属的文件或类，例如，如下信息表示所列出的代码属于代码文件"BasicClasses.cs"，它定义了一个类，叫作 XVertex。

BasicClasses.cs

```
public class XVertex
{
    public double X;
    public double Y;
    public XVertex(double _X, double _Y)
    {
        X = _X;
        Y = _Y;
    }
    public double Distance(XVertex _AnotherVertex)
    {
        return Math.Sqrt((X - _AnotherVertex.X) * (X - _AnotherVertex.X) +
            (Y - _AnotherVertex.Y) * (Y - _AnotherVertex.Y));
    }
    public void CopyFrom(XVertex _V)
    {
        X = _V.X;
        Y = _V.Y;
    }
}
```

而如下信息表明为代码文件"BasicClasses.cs"中的类"XTools"定义了一个函数"CalculateLength"。

BasicClasses.cs/XTools

```
public static double CalculateLength(List<XVertex> _Vertexes)
{
    double length = 0;
    for (int i = 0; i < _Vertexes.Count - 1; i++)
        length += _Vertexes[i].Distance(_Vertexes[i + 1]);
    return length;
}
```

同时，基于本书讲解的内容开发的多个实用工具可以通过微信公众号"大数据攻城狮"获得，欢迎读者关注。

至此，我们已经完成了准备工作，现在开始正式的学习内容。

致谢

在本书写作过程中,得到以下人士的帮助,在此表示感谢!
(以姓氏笔画为序)

王　晶　王默杨　孔莞悦　叶灿灿　朱　宝　李政辉　何益珺
张天北　张　叶　张　迪　孟　焕　徐同军　管梅哲

目录

第 1 章 一切从"●"开始 ······ 1
   1.1 最简单的空间对象 ······ 1
   1.2 让空间对象变成程序代码 ······ 2
   1.3 第一个迷你 GIS ······ 6
   1.4 总结 ······ 10

第 2 章 更完整的类库 ······ 11
   2.1 空间对象体系 ······ 11
   2.2 迷你 GIS 的重新实现 ······ 16
   2.3 空间对象的随机生成 ······ 17
   2.4 总结 ······ 19

第 3 章 屏幕坐标与实际坐标 ······ 20
   3.1 坐标系统 ······ 20
   3.2 两种坐标之间的转换 ······ 22
   3.3 迷你 GIS 的再次更新 ······ 25
   3.4 总结 ······ 29

第 4 章 浏览功能的初步实现 ······ 30
   4.1 缩放 ······ 30
   4.2 平移 ······ 31
   4.3 归一化的浏览操作 ······ 32
   4.4 更丰富的迷你 GIS ······ 33
   4.5 总结 ······ 35

第 5 章 更有效的显示方法 ······ 36
   5.1 闪烁的原因 ······ 36
   5.2 用双缓冲解决闪烁问题 ······ 36
   5.3 解决显示内容消失的问题 ······ 38
   5.4 解决显示内容变形的问题 ······ 39
   5.5 提高显示效率 ······ 42

5.6	总结	43

第 6 章　矢量图层 …… 44

6.1	建立属性数据的字段结构	44
6.2	空间对象类型	45
6.3	矢量图层类定义	45
6.4	矢量图层类的应用	47
6.5	总结	49

第 7 章　用鼠标实现浏览 …… 51

7.1	定义鼠标的功能	51
7.2	鼠标按键事件	53
7.3	鼠标滚轮事件	57
7.4	总结	57

第 8 章　读取 Shapefile 中的点实体 …… 58

8.1	Shapefile 文件结构概览	58
8.2	读取 shp 文件头	59
8.3	读取 shp 记录	62
8.4	更新的迷你 GIS	64
8.5	总结	65

第 9 章　读取 Shapefile 中的线和面实体 …… 66

9.1	更完善的 XLine 及 XPolygon	66
9.2	线与面 shp 文件的读取	69
9.3	功能更加完善的 GIS	71
9.4	总结	72

第 10 章　读取 Shapefile 中的属性数据 …… 73

10.1	dbf 文件结构及文件头	73
10.2	字段描述区	74
10.3	读取数据区	76
10.4	完整的 Shapefile 读取函数	77
10.5	GIS 的再次完善	79
10.6	总结	80

第 11 章　空间数据文件的读写 …… 81

11.1	数据类型与文件结构	81
11.2	文件头与图层名的写入	82
11.3	字段信息的写入	84
11.4	空间和属性数据值的写入	85

11.5 自定义文件的读取 ………………………………………………………… 87
11.6 读写过程测试 …………………………………………………………… 89
11.7 总结 ……………………………………………………………………… 90

第 12 章 点选空间对象 …………………………………………………………… 91
12.1 点选框架的建立 ………………………………………………………… 91
12.2 点到线实体的距离 ……………………………………………………… 93
12.3 点到面实体的距离 ……………………………………………………… 94
12.4 实现屏幕点选 …………………………………………………………… 97
12.5 总结 ……………………………………………………………………… 99

第 13 章 框选空间对象及选择集操作 …………………………………………… 100
13.1 框选算法 ………………………………………………………………… 100
13.2 实现屏幕框选 …………………………………………………………… 101
13.3 定义选择集 ……………………………………………………………… 102
13.4 选择集的高亮显示 ……………………………………………………… 104
13.5 操作选择集 ……………………………………………………………… 107
13.6 总结 ……………………………………………………………………… 109

第 14 章 基于属性特征的对象选择 ……………………………………………… 110
14.1 基于查询条件的对象选择 ……………………………………………… 110
14.2 属性查询功能的实现 …………………………………………………… 112
14.3 基于属性窗口的空间对象选择 ………………………………………… 116
14.4 总结 ……………………………………………………………………… 118

第 15 章 栅格图层 ………………………………………………………………… 119
15.1 栅格描述文件结构 ……………………………………………………… 119
15.2 扩充的图层类定义 ……………………………………………………… 120
15.3 构建栅格图层 …………………………………………………………… 122
15.4 栅格图层的打开与显示 ………………………………………………… 123
15.5 总结 ……………………………………………………………………… 124

第 16 章 多图层管理 ……………………………………………………………… 125
16.1 定义图层文档类 XDocument …………………………………………… 125
16.2 实现图层管理函数 ……………………………………………………… 126
16.3 实现图层选择函数 ……………………………………………………… 128
16.4 实现图层文档的读写 …………………………………………………… 129
16.5 实现支持图层文档的窗体 ……………………………………………… 132
16.6 总结 ……………………………………………………………………… 137

第 17 章 控件化功能组织 ………………………………………………………… 138
17.1 添加一个 XPanel 控件 ………………………………………………… 138

17.2 浏览功能 ·· 139
17.3 图层文档菜单项处理 ·· 142
17.4 图层菜单项处理 ·· 145
17.5 基于控件开发的 GIS ··· 148
17.6 总结 ·· 148

第 18 章 完善的自动标注功能 149

18.1 字体与颜色 ·· 149
18.2 锚点与位置 ·· 150
18.3 方向与角度 ·· 152
18.4 写入与读取 ·· 153
18.5 考虑各种属性特征的标注绘制 ··· 154
18.6 人机交互式定制标注属性 ·· 156
18.7 总结 ·· 159

第 19 章 专题地图 160

19.1 XSymbology 及唯一值专题地图 ·· 160
19.2 独立值专题地图 ·· 164
19.3 分级设色专题地图 ··· 166
19.4 集成化实现专题地图定制 ·· 168
19.5 总结 ·· 174

第 20 章 网络模型基础 175

20.1 基本的网络要素 ·· 175
20.2 建立拓扑关系 ··· 177
20.3 网络模型读写 ··· 178
20.4 最短路径分析 ··· 181
20.5 展示分析结果 ··· 184
20.6 总结 ·· 186

第 21 章 网络模型应用 187

21.1 FormNetwork 的功能分析 ··· 187
21.2 构建网络模型 ··· 189
21.3 实现最短路径分析 ··· 192
21.4 总结 ·· 195

第 22 章 空间索引的构建 196

22.1 空间索引基础 ··· 196
22.2 定义结点 ·· 197
22.3 种树准备 ·· 199
22.4 结点的插入 ·· 200

22.5	结点的分裂	202
22.6	树的调整	205
22.7	总结	206

第 23 章 空间索引的应用 ································ 207

23.1	R-Tree 在图层中的引入	207
23.2	基于树结构的搜索	210
23.3	树结构的存储	212
23.4	总结	216

第 24 章 空间参考系统 ································ 217

24.1	WGS 1984 及 UTM	217
24.2	单个点的坐标转换	218
24.3	空间实体坐标转换	221
24.4	图层坐标转换	222
24.5	验证转换效果	224
24.6	总结	225

第 25 章 图层新建与编辑栏的添加 ································ 226

25.1	交互式新建图层	226
25.2	添加编辑工具栏	230
25.3	总结	232

第 26 章 空间对象编辑 ································ 233

26.1	空间实体绘制	233
26.2	属性值编辑	238
26.3	空间对象的删除、修改与保存	240
26.4	总结	241

第 27 章 最后的整合 ································ 242

27.1	PeekChar 的问题	242
27.2	避免无效绘制	242
27.3	属性窗口的快速打开	243
27.4	总结	244

附录：XGIS 类库说明 ································ 245

第1章

一切从"●"开始

    编程是本书作者最大的兴趣爱好。记得在1984年左右,作者第一次接触到程序设计,利用当时比较先进的PC-1500(一种袖珍计算机)和AppleⅡ(差不多是最早的个人微型计算机)编写BASIC程序。从此,作者发现编程实际就是一个把头脑中的想法变成现实的手段,它就像搭积木一样,在搭建的过程中,不断收获欣喜、发现与成就。现在,我们就来开始搭建第一块积木。

    本章我们将介绍几个最基本的空间对象,以及如何用计算机语言把这些基本的空间对象编码成一个个的"类",并组织到"类库"中去。不仅如此,我们还会基于这个类库,实现一个超级迷你的地理信息系统(geographic information system,GIS),它具有空间数据和属性数据的输入、显示及查询功能。

1.1 最简单的空间对象

    作为本书正文的开篇,可以说一切从零开始,但本章题目中的"●"指的并不是"零",而是指GIS中的"点"——一个零维的、也是最简单的空间对象。在现实世界中,并不存在一个"点"的对象,任何一个微小的地理实体,都是一个"体",有长、宽、高。但是在计算机世界里,可以将一个与研究区面积相比起来尺寸非常小的面(在二维空间中)或体(在三维空间中)简单地表达成一个"点"对象。如在小比例尺中国地图中,可以用一个点来代表一个城市。

    "点"对象非常简单,用两个或三个数字,或者说一个坐标对,就可准确地描述出这个对象在二维或三维空间中的位置。此外,"点"对象也是构成其他空间对象的最基本单元,由两个点可以构成一条线段,由多个有序的点可以构成一段折线或者一个面。同时,一个单独的点也可以是具有实际意义的一个空间对象,比如前文所说的在一个小比例尺地图中用来代表城市的点。因此,从GIS的角度出发,我们总结定义了以下三种"点"对象:

- ①**节点**(vertex):用于构成其他**空间对象实体**,比如线实体、面实体等,也可以指代空间中的任意一个位置。
- **结点**(node):是节点的一种,仅指在构成折线实体的一系列有序节点集中的起始和终止节点。
- **点实体**:由一个单独节点构成的空间对象实体。

    其中,**空间对象实体**指的是能够代表一个客观世界实际存在的实体或现象(比如一座校园、一栋大楼、一条马路、一场台风经过的路径等)的计算机模型。上文定义的**点实体**就是一种

---

① 注:本书中"节点""结点"所表达含义不同,故不再作统一处理。

空间对象实体,如图 1-1 所示,分别为点实体、线实体和面实体的样例。

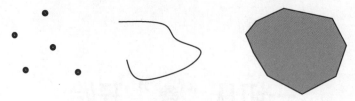

图 1-1　点实体、线实体及面实体样例

节点与**结点**由于在中文中发音相似,所以,为将它们有效区别,我们给出了对应的英文单词,分别为 vertex 和 node。节点或结点并非一个空间对象实体,而是构成一个空间对象实体的重要元素。虽然在其他很多情境下,节点和结点通常会被混用,但在本书中,我们给它们赋予了各自不同的含义,而一个最好的实例就是线实体,如图 1-2 所示,任何复杂、曲折或者光滑的线实体都是由节点构成的,如图中菱形和圆形的点,而其中圆形的点又是该线实体的端点,也即一种特殊的节点,被称为结点。结点在网络模型中具有重要的作用,将在今后相关章节中做进一步的讨论。

图 1-2　构成线实体的节点(菱形)和结点(圆形)

1.2　让空间对象变成程序代码

理解了上述这些简单概念以后,让我们把这些想法代码化,为此,我们需要在 Visual Studio(VS)中新建一个项目,如图 1-3 所示,打开 VS,选择"创建新项目";然后在如图 1-4 所示的界面中,选择"Windows 窗体应用";在接下来如图 1-5 所示界面中,为这个项目配置各种参数,我们在此处用了"XGIS"这个名字,它既是项目名称,也是解决方案名称,并且也将是今后我们开发的 GIS 类库的名称。在 VS 中,一个解决方案包含一个或多个项目,每个项目可能完成不同的工作,多个项目共同合作,交叉引用,构成一个完整的解决方案。此处,我们就是建立了一个名为 XGIS 的解决方案,该方案包含一个名为 XGIS 的项目,读者当然可以使用其他名称,甚至可以给解决方案和项目不同的名称。除了名称之外,在设置界面里,还包括对框架

图 1-3　在 VS 中创建新项目

的选择,也即.NET Framework 的版本。Windows 窗体应用需要.NET Framework 的支持,该框架实际上就是大量已有类库的集成,不同版本之间可能存在些许差异,当然,在一般情况下,读者可以选择目前最新的版本。此处,我们选择了".NET Framework 4.7.2"。

图 1-4　选择 Windows 窗体应用

在图 1-5 所示的界面中单击"创建",就正式进入了 VS 的集成开发环境中,如图 1-6 所示,其中最醒目的 Form1 窗口就是这个程序的初始图形界面,目前看来它还什么都没有,暂时不管它,因为需要先把之前提到的几个与点有关的空间对象代码化。

图 1-5　为新项目配置各项参数

首先,需要建立一个文件用于存储这些代码。在解决方案资源管理器中,选择"XGIS",单击鼠标右键,在弹出的菜单中选择"添加",在接下来的菜单中选择"新建项",上述过程也可以

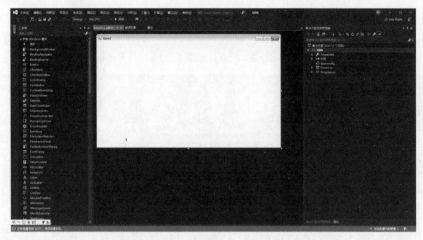

图 1-6　第一个程序的集成开发环境

通过快捷键 Ctrl＋Shift＋A 一步实现,如图 1-7 所示,在弹出的"添加新项"对话框中,选择"代码文件",然后给出一个文件名,这里给的名字是"BasicClasses.cs",就是说这个代码文件将记录属于 XGIS 项目的一些基本类。

图 1-7　为 XGIS 添加一个新的代码文件

在图 1-7 所示界面中单击"添加"后,将出现一个空白的文本编辑器,用于编辑 XGIS 项目中的 BasicClasses.cs 文件。请先把以下代码复制到编辑器中,之后我们会对它进行详细的解释。

BasicClasses.cs

```
namespace XGIS
{
    class XVertex
    {
        double x;
        double y;
    }
```

```
    class XPoint
    {
        XVertex Location;
    }
}
```

每一个C#语言代码文件都包括文件头及一个命名空间体(namespace),其中文件头用于列出需要引用的其他类库,在上述文件中还没有用到,而命名空间体就是用关键词namespace及一对花括号括起来的代码,并且在namespace后面要给出一个名称,这个名称实际上就是包含在这个命名空间体中的所有类的"姓",通过这个"姓"加上类名就可以比较方便地引用一个类。通过命名空间体的方式可以比较容易地把各种类有效组织起来,便于管理和使用。在同一个项目中,不同的代码文件如果使用了同样的"姓",那么在类之间的相互引用时就可以直接用类名,因为它们已经是同一家族的兄弟姐妹了。在本项目中,Form1.cs(在解决方案资源管理器中,选择"Form1.cs",单击鼠标右键,在弹出菜单中选择"查看代码"即可看到该文件的代码)中的命名空间体是"XGIS",也即项目的名称,在BasicClasses.cs中,我们也使用了"XGIS"作为命名空间体,这样Form1.cs与BasicClasses.cs就可以实现直接的互访了,因为它们有同样的"姓"。

在命名空间体中,为节点(vertex)及点实体(point)两个空间对象分别定义了两个类:XVertex及XPoint,其中XVertex用于描述节点,而XPoint表示点实体,至于结点(node),将在本书后续章节涉及网络模型时再加以介绍。在类名中加前缀"X"的目的是为了便于与已有的其他C#语言的类相区别。从XVertex的类定义中可以很容易看出,双精度浮点数(double)变量x及y记录的是这个节点的坐标位置,而在XPoint的类定义中仅包含一个XVertex属性,用来记载这个点实体的位置。接下来继续定义线实体和面实体。

■ 线实体:类名为XLine,由一系列节点构成的空间对象实体。
■ 面实体:类名为XPolygon,同样由一系列节点构成,只不过代表的是一个闭合面。

根据上述描述,可以把以下代码添加到BasicClasses.cs文件中。

BasicClasses.cs

```
class XLine
{
    List<XVertex> AllVertexes;
}
class XPolygon
{
    List<XVertex> AllVertexes;
}
```

当将上述代码复制到BasicClasses.cs文件中后,会发现List<XVertex>下面出现了红色的波浪线,代表有错误发生。List是一个可变数组,尖括号中的类代表了这个数组中元素的数据类型。之所以出现了错误,是由于没有把包含List定义的类库添加到文件头中。解决方法非常简单,只要把鼠标移到红色波浪线的前端,就会出现一个小的下拉菜单,单击其中的第一项"using System. Collections. Generic;",就能实现类库的自动添加。添加后,在namespace上面,就会出现如下内容。

BasicClasses.cs

```
using System.Collections.Generic;
```

XLine和XPolygon的类定义是一样的,都是记录一系列节点而已。关于XPolygon有以下两点需要注意：首先是节点数量，例如一个四边形，有时为了计算方便，可以用 5 个节点记载，但因为首节点和尾节点是一样的，出于节省空间考虑，也可以仅用 4 个节点来记载，不过要记住首节点和尾节点之间也存在一条边。其次是节点顺序，可以是顺时针记录，也可以是逆时针记录，这在一些计算中可能会产生不同的结果，比如计算面积。所以，通常需要约定全部采用一种固定的方式。关于在本书中节点数量和顺序的考虑将在后续章节涉及面实体时具体讨论。

1.3 第一个迷你 GIS

基于目前定义的类，开发一个迷你 GIS，它具有三个功能：①空间数据和属性数据的输入；②空间数据和属性数据的显示；③根据空间对象查询属性数据。为了尽快实现这一系统，我们约定，目前只处理点实体对象，为此，要完善 XPoint 的类定义，给它增加一些成员和函数，修改后的 XPoint 类定义如下。

BasicClasses.cs

```
class XPoint
{
    public XVertex Location;
    public string Attribute;

    public XPoint(XVertex onevertex, string onestring)
    {
        Location = onevertex;
        Attribute = onestring;
    }
    public void DrawPoint(Graphics graphics)
    {
        graphics.FillEllipse(new SolidBrush(Color.Red),
new Rectangle((int)(Location.x) - 3, (int)(Location.y) - 3, 6, 6));
    }
    public void DrawAttribute(Graphics graphics)
    {
        graphics.DrawString(Attribute, new Font("宋体", 20), new SolidBrush(Color.Green), new
PointF((int)(Location.x), (int)(Location.y)));
    }
    public double Distance(XVertex anothervertex)
    {
        return Location.Distance(anothervertex);
    }
}
```

修改后的 XPoint 类定义中有很多错误提示，暂且不管，先解释一下相关的修改内容。成员 Location 前面增加了一个关键词 public，目的是让这个属性在类之外也可以被引用；Attribute 是一个新的字符串类型的类成员，用来记录这个点实体的属性，它也有一个关键词 public 修饰；"public XPoint(XVertex onevertex, string onestring)"是一个构造函数，也就是实例化（即新定义、新生成）一个点实体时需要运行的函数，每个构造函数前面必须加前缀 public，而且不能有返回值（其实它有一个缺省返回值，就是类实例本身），这个函数的作用就是给类的两个成员赋值；"public void DrawPoint(Graphics graphics)"函数的作用是画一个点实体，参数 graphics 是一个画图工具类，它具有很多画图的功能，是 VS 提供的标准类，这个函数实际上是以这个点实体的所在位置为圆心，以给定个数像素（这里是 3）为半径画了一个红色的圆，函数调用方法具体的解释请参考 C#语言的帮助文档。其中注意到，x 及 y 是来自于成员 Location 的，而 Location 是 XVertex 的一个实例，x、y 均为 double 型数据，而 graphics 需要的输入参数是整型，因此需要用 int 函数来实现强制类型转换，以适应绘图函数的需要，转换方法是在 x 及 y 前面加"(int)"；"public void DrawAttribute(Graphics graphics)"函数是用来写属性字符串的，它以点实体的位置为锚点，采用给定个数像素的高度(20)，颜色(绿色)和字体(宋体)绘制字符串；"public double Distance(XVertex anothervertex)"函数是用来计算该点实体与另外一个节点之间的直线距离，它实际上是调用了 XVertex 的一个函数，也叫 Distance，稍后补充。上述函数都有前缀 public，目的也是为了在类之外能够被引用。

　　现在来解决那些出现的红色波浪线，一些是由于缺少类库引用，先试着把这些问题用前述的方法解决，之后，还有三处错误，分别是 Location.x，Location.y 和 Location.Distance。根据提示，Location 是 XVertex 的一个实例，它的 x、y 是私有成员，不能直接引用，如果希望直接引用，那么在类中成员定义前面要加关键词 public 修饰，Distance 应该是 XVertex 的一个函数，但还没有定义，这个函数是用来计算该节点与另一个节点之间的直线距离。完善后 XVertex 的类定义如下所示。

BasicClasses.cs

```
class XVertex
{
    public double x;
    public double y;

    public XVertex(double _x, double _y)
    {
        x = _x;
        y = _y;
    }

    public double Distance(XVertex anothervertex)
    {
        return Math.Sqrt((x - anothervertex.x) *
        (x - anothervertex.x) + (y - anothervertex.y) * (y - anothervertex.y));
    }
}
```

其中 x、y 成员增加了关键词 public 修饰；增加的构造函数"public XVertex（double _x，double _y)"用来为其成员赋值；"public double Distance (XVertex anothervertex)"函数用来计算该节点与另一个节点之间的直线距离，它用到了 Math.Sqrt 函数，这是 VS 提供的 Math 类库中用于计算平方根的函数。

　　上述两个类完善好之后，来看看如何把它们应用到这个迷你 GIS 中。首先，在解决方案资源管理器中，双击"Form1.cs"，把窗口设计视图打开。在这个窗口上，增加三个标签，三个文本框和一个按钮，并且修改它们的文本属性，得到的迷你 GIS 界面如图 1-8 所示。其中，由于标签控件只是为了显示提示信息，在程序代码中不会被再次引用，因此不需要修改它们的名称属性，直接利用名称的缺省值即可，通常为"label1""label2"等。而文本框和按钮是需要在代码中被引用的，因此，最好给它们赋上有意义的名称属性。比如，用于输入 X 的文本框我们可命名为 tbX，其中"tb"表示它是一个文本框，则其他两个文本框，我们分别命名为 tbY 和 tbAttribute，而按钮"添加点实体"我们给他命名为 bAdd，其中"b"表示它是一个按钮。在今后的编码过程中，我们建议读者也能用有意义的名称来命名控件，这样可能会令程序编写更加便捷和清晰易读。

　　按快捷键 F7，打开 Form1.cs 文件，在 Form1 的类定义中，增加一个 List 类型的可变数组

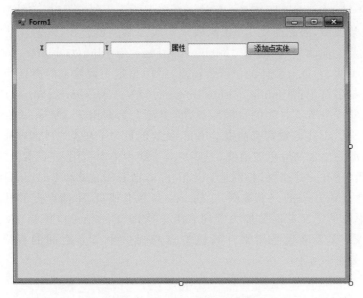

图 1-8 第一个迷你 GIS 界面

成员 points 用来记载所有的点实体。修改后的 Form1.cs 文件代码如下。

Form1.cs

```
using System;
using System.Collections.Generic;
using System.ComponentModel;
using System.Data;
using System.Drawing;
using System.Linq;
using System.Text;
using System.Threading.Tasks;
using System.Windows.Forms;

namespace XGIS
{
    public partial class Form1 : Form
    {
        List<XPoint> points = new List<XPoint>();
        public Form1()
        {
            InitializeComponent();
        }
    }
}
```

按快捷键 Shift+F7 回到 Form1 的设计视图界面,双击界面中唯一的按钮"添加点实体",给它添加一个单击事件处理函数,内容如下。

Form1.cs

```
private void bAdd_Click(object sender, EventArgs e)
{
    double x = Convert.ToDouble(tbX.Text);
    double y = Convert.ToDouble(tbY.Text);
    string attribute = tbAttribute.Text;
    XVertex onevertex = new XVertex(x, y);
    XPoint onepoint = new XPoint(onevertex, attribute);
```

```
            Graphics graphics = this.CreateGraphics();
            onepoint.DrawPoint(graphics);
            onepoint.DrawAttribute(graphics);
            points.Add(onepoint);
}
```

这个函数首先读取一个点实体需要的位置坐标和属性,然后在窗口中画出来,最后,把这个点实体添加到数组 points 的列表中记录下来。其中,Convert.ToDouble 函数是一个类型转换函数,实现从字符串到双精度浮点数的转换;利用 XVertex 的构造函数建立一个 XVertex 的实例 onevertex;再利用 XPoint 的构造函数建立一个 XPoint 的实例 onepoint;然后利用 CreateGraphics 函数获得当前窗口的绘图工具 graphics;调用 DrawPoint 及 DrawAttribute 函数把这个点和它的字符串属性在窗口中画出来;最后把这个点添加到数组 points 中存储。

现在,可以运行一下这个程序了。按快捷键 F5,启动程序,在 X、Y 后面的文本框中分别输入两个数字,比如 40、50,在属性文本框输入一个字符串,比如 first point,然后单击"添加点实体",看看这个点及其属性是否能画出来。一般来说,读者会看到如图 1-9 所示的运行结果。

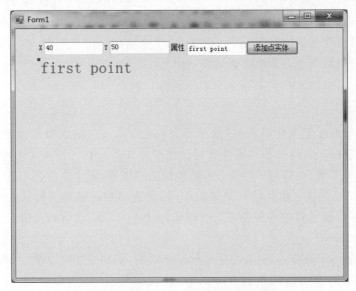

图 1-9 添加一个点实体后的运行结果

到目前为止,尽管简单至极,但我们已经可以实现既定的两个功能了,即空间数据和属性数据的输入,以及空间数据和属性数据的显示。接下来突破第三项功能,根据空间对象位置查询属性信息。按快捷键 Shift+F7 再次回到 Form1 的设计视图界面,在窗口空白处点一下,在出现的窗体属性栏中,单击顶部"闪电"图标,打开 Form1 的事件列表,选择"MouseClick",在其右侧空白处,双击鼠标左键,为窗口添加一个鼠标单击事件,其事件处理函数如下。
Form1.cs

```
        private void Form1_MouseClick(object sender, MouseEventArgs e)
        {
            XVertex onevertex = new XVertex((double)e.X, (double)e.Y);
            double mindistance = Double.MaxValue;
            int findid = -1;
            for (int i = 0; i < points.Count; i++)
            {
                double distance = points[i].Distance(onevertex);
```

```
            if (distance < mindistance)
            {
                mindistance = distance;
                findid = i;
            }
        }
        if (mindistance > 5 || findid ==  -1)
        {
            MessageBox.Show("没有点实体或者鼠标单击位置不准确!");
        }
        else
            MessageBox.Show(points[findid].Attribute);
    }
```

添加这个鼠标单击事件的目的是在鼠标单击处打开一个对话框,显示单击处附近的点实体的属性值,如果附近没有点实体,就显示错误提示信息。首先,利用 XVertex 的构造函数生成一个鼠标单击处的节点,然后计算这个节点与数组 points 里所有点实体的距离,找出距离最短的那个点实体。如果这个距离大于一个事先给定的阈值,如上述代码中为 5 像素,那就说明单击不准确又或者数组 points 是空的,则显示错误提示,否则就显示该点对象的属性值。

现在,读者可再次按快捷键 F5 运行程序,试着多增加一些点对象,然后用鼠标在窗口中单击,看看弹出的对话框是否能够正确地显示信息。

1.4 总结

本章用了较细致的笔墨介绍了 VS 集成开发环境中的一些基本知识,如程序框架、快速修正错误的方法、控件命名方法、添加事件处理函数的方法等。在今后的章节中,将假设读者已经对此有了一定的了解,而略过一些与 VS 操作相关的细节,集中介绍程序开发及算法的原理与实现。如果对 VS 集成开发环境有更多的疑问,请搜寻相应参考资料或在线帮助文档以获得答案。同时,建议读者自学 VS 环境下的调试(debug)技术,这将为读者今后的学习提供很大的便利。

本章实现的第一个迷你 GIS,其功能显然是不够的,但却是相对完整的,在今后的章节中,它将变得越来越强大。

我们将本章完成的代码打包压缩成文件"第 1 章.rar",以后各章节也将以此形式保存代码,读者可通过搜索并关注微信公众号"大数据攻城狮",输入"XGIS",可获得所有源代码下载地址。

第 2 章

更完整的类库

第 1 章实现的第一个 GIS 显然太简单了,有很多明显的问题。例如,它不能实现地图窗口的放大、缩小和平移,只能将地图坐标先直接转成屏幕的像素坐标,然后再显示,这样做的后果就是,如果窗口的分辨率是 500×500,那么就只能显示地图坐标范围在 0～499 之间的空间对象了;另外,当读者输入了很多点,这些点也都显示到窗口中了,但当移动窗口或最小化窗口,即窗口的一部分或全部被遮住,然后再次显示全部窗口时,曾经被遮住的部分空间对象会消失。此外,点实体的属性构成实在太简单了,只有一个字符串型的属性值,如果一个空间对象有更多的属性值怎么办? 类的定义显然不够一般化。如此种种,在今后的章节中会逐一解决。本章先做一些基础性的工作,重新设计和组织一下相关类的定义。在开始之前,希望读者对 VS 集成开发环境已经比较熟悉,这样就可以直接进入编码环节了。

2.1 空间对象体系

我们知道,一个 GIS 数据库中记录的空间对象,尤其是代表具体空间地物和空间现象的空间对象实体,如 XPoint、XLine、XPolygon,通常包括空间信息和属性(非空间)信息,为此,先定义一个这样的对象类,称为 XFeature。Feature 的意思是"特征",是指一个与众不同的东西,这里指的是一个具有独特空间信息和属性信息组合的空间对象实体。可在 BasicClasses.cs 中直接给出如下程序代码。

BasicClasses.cs

```
class XFeature
{
    public XSpatial spatial;
    public XAttribute attribute;

    public XFeature(XSpatial _spatial, XAttribute _attribute)
    {
        spatial = _spatial;
        attribute = _attribute;
    }
}
```

XFeature 包含一个用于赋值的构造函数及两个成员 spatial 和 attribute,它们分别是类 XSpatial 和 XAttribute 的实例,这两个类分别指代一个对象的空间信息和属性信息,XAttribute 比较简单,它的类定义如下。

BasicClasses.cs

```csharp
class XAttribute
{
    public ArrayList values = new ArrayList();
}
```

  XAttribute 目前仅有一个成员函数，是一个特殊的数组 ArrayList，由 C#语言自带类库提供，它的长度可变，而且数组中每个元素的类型可以不同，用于存储一个对象的不同属性值函数非常合适。如果 ArrayList 下面出现了红色的波浪线，那么说明用于定义它的类库没有在 using 中给出，可以利用第 1 章提供的方法快速把这个类库引用进来。

  XSpatial 的类定义如下。

BasicClasses.cs

```csharp
public abstract class XSpatial
{
    public XVertex centroid;
    public XExtent extent;
    public List<XVertex> vertexes;

    public XSpatial(List<XVertex> _vertexes)
    {
        //为节点数组赋值
        vertexes = _vertexes;

        //计算中心点 centroid
        double x_cen = 0, y_cen = 0;
        foreach (XVertex v in _vertexes)
        {
            x_cen += v.x;
            y_cen += v.y;
        }
        x_cen /= _vertexes.Count;
        y_cen /= _vertexes.Count;
        centroid = new XVertex(x_cen, y_cen);

        //计算空间范围 extent
        double x_min = double.MaxValue;
        double y_min = double.MaxValue;
        double x_max = double.MinValue;
        double y_max = double.MinValue;

        foreach (XVertex v in _vertexes)
        {
            x_min = Math.Min(x_min, v.x);
            y_min = Math.Min(y_min, v.y);
            x_max = Math.Max(x_max, v.x);
            y_max = Math.Max(y_max, v.y);
        }
        extent = new XExtent(new XVertex(x_min, y_min),
            new XVertex(x_max, y_max));
    }

    public abstract void draw(Graphics graphics);
}
```

  因为针对不同的空间对象实体（点、线、面），它们的成员或方法可能不同，比如用来画一个点对象的方法就不能用来画一个面对象，所以，XSpatial 应该是一个抽象的类，也就是说，它应该是一个父类，不能直接用于声明一个实体对象，而是由继承它的具体的子类来声明对象，为此在类定义前增加了关键词 abstract。关于这样做的原因，稍后讨论，现在先看一下这个类的成员和函数。

XSpatial 包括三个成员，centroid、extent 及 vertexes，分别表示这个空间实体的中心点、空间范围（最小外接矩形）及用于描述该空间实体的坐标序列。显然，不管什么空间对象都应该具有上述这三个特征。其中，中心点（centroid）就是类 XVertex 的一个实例；空间范围（extent）是一个新的类 XExtent 的实例，稍后定义；坐标序列（vertexes）是一个类 XVertex 的实例数组，且数组的元素数量至少为 1（如果是点实体）、2（如果是线实体）或 3（如果是面实体）。这三个成员前面都分别加了前缀 public，意味着它们的值可以被这个类的子类继承及引用，也可以被外部对象引用。

XSpatial 的构造函数的目的就是为上述三个成员赋值，首先为节点数组（vertexes）赋值，然后基于该数组，计算所有坐标值的平均值，则得到了中心点（centroid），进而计算数组中的坐标极值，则得到空间范围（extent）。

draw 函数用来绘制各种空间实体，它仅有一个参数，就是画图工具（graphics），不同类型的空间实体肯定有不同的画法，因此它被定义成一个抽象的方法，也就是在 draw 函数前面加了一个关键词 abstract，其实现部分就不需要在父类 XSpatial 中给出，而应该在继承它的各个子类中被实现。

XExtent 的类定义如下。

BasicClasses.cs

```
class XExtent
{
    public XVertex bottomleft;
    public XVertex upright;

    public XExtent(XVertex _bottomleft, XVertex _upright)
    {
        bottomleft = _bottomleft;
        upright = _upright;
    }
}
```

XExtent 是一个比较重要的类，在今后还会不断地提及和完善它，目前这个类定义还比较简单，包含一个构造函数及两个成员，两个成员为用来描述一个矩形的两个角点，即左下角（bottomleft）和右上角（upright）。图 2-1 演示了 XExtent 与空间对象实体之间的关系。

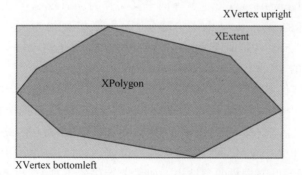

图 2-1　XExtent 与空间对象实体之间的关系

基于父类 XSpatial 重新定义三个空间对象实体类 XPoint、XLine 及 XPolygon，类定义如下。

BasicClasses.cs

```csharp
public class XPoint : XSpatial
{
    public XPoint(XVertex onevertex) : base(new List<XVertex> { onevertex })
    {
    }
    public override void draw(Graphics graphics)
    {
        graphics.FillEllipse(new SolidBrush(Color.Red),
            new Rectangle((int)(centroid.x) - 3, (int)(centroid.y) - 3, 6, 6));
    }

    public double Distance(XVertex anothervertex)
    {
        return centroid.Distance(anothervertex);
    }
}

public class XLine : XSpatial
{
    public XLine(List<XVertex> _vertexes) : base(_vertexes)
    {
    }

    public override void draw(Graphics graphics)
    {
    }
}

public class XPolygon : XSpatial
{
    public XPolygon(List<XVertex> _vertexes) : base(_vertexes)
    {
    }

    public override void draw(Graphics graphics)
    {
    }
}
```

与上一章的 XPoint 的类定义相比，这个新的 XPoint 是继承自 XSpatial 的。它竟然没有任何成员，原有的成员 Location 实际上就等同于其父类的 vertexes[0] 或 centroid，因此，这里就可以省略了；原有的 Attribute 也不需要了，因为那将交给专门用于非空间信息的类 XAttribute 来处理。": base"是调用父类构造函数的意思，对于 XPoint，它自身的构造函数目前来说完全可以是空的，因为其父类代劳了一切事务。

Distance 函数依然保留，而 draw 函数是实现父类中同名的抽象函数，因此，前面加了一个前缀 override，其函数内容与之前的是一样的。XLine 及 XPolygon 两个类的内容目前暂时很简单，这里仅增加了一个来自父类的 draw 函数，内容还是空的，将在后续章节补充。

现在也许已经看出来一点"父类-子类"机制的价值，它可以帮助减少一些重复的代码，建立一些统一标准，让子类共享同样的类结构。如果读者仍然不理解，也不必着急，在不断的实践中，相信会慢慢领悟。

此外，我们发现由于属性信息由 XFeature 的属性 attribute 负责了，因此在 XSpatial 及其子类中不再涉及这方面内容。但 XAttribute 的类定义确实也需要补充一下，比如增加属性的方法、绘制属性的方法等，代码如下。

BasicClasses.cs

```
class XAttribute
{
    ArrayList values = new ArrayList();

    public void AddValue(object o)
    {
        values.Add(o);
    }

    public object GetValue(int index)
    {
        return values[index];
    }

    public void draw(Graphics graphics, XVertex location, int index)
    {
        graphics.DrawString(values[index].ToString(), new Font("宋体", 20),
            new SolidBrush(Color.Green), new PointF((int)(location.x), (int)(location.y)));
    }
}
```

上述 XAttribute 的类定义中增加了三个方法。AddValue 函数是向 values 这个可变数组中增加一种属性值，这个属性值的类型事先是无法确定的，因此，用了一个比较基础级别的类 object，它是由 C♯ 语言标准类库提供的。GetValue 函数是返回这个数组中指定序列位置的属性值，这个序列位置由整数 index 表示，同样，由于不知道返回值的类型，所以用了 object 类。draw 函数稍有些复杂，其目的是用画图工具（graphics）在指定的位置（location），用写字符串的方式，画出指定序列位置（index）的属性值，用了绿色、宋体、20 个像素大小来画，其中的 ToString 函数可以把任何类型的属性值转换成字符串形式。

现在再来丰富一下 XFeature 的功能，给它增加一些方法，代码如下。

BasicClasses.cs/XFeature

```
public void draw(Graphics graphics, bool DrawAttributeOrNot, int index)
{
    spatial.draw(graphics);
    if (DrawAttributeOrNot)
        attribute.draw(graphics, spatial.centroid, index);
}

public object getAttribute(int index)
{
    return attribute.GetValue(index);
}
```

首先是一个 draw 函数，用于画空间信息和属性信息，它有三个参数，第一个参数 graphics 是画图工具，第二个参数 DrawAttributeOrNot 决定是否画属性信息，第三个参数 index 是需要画的属性信息的序列位置。另外有一个 getAttribute 函数，它用于获取指定序列位置的属性值。

至此，已经定义了不少新的类，为了便于理解，用图 2-2 来说明它们之间的关系。从图中可以看出，XFeature 是一个比较基本的类，它的成员里有空间类 XSpatial 及属性类 XAttribute 的实例；XSpatial 是一个抽象类，也是父类，它有三个子类，分别是 XLine、XPolygon 及 XPoint；XVertex 及 XExtent 是独立的类，用来构成其他类的成员。

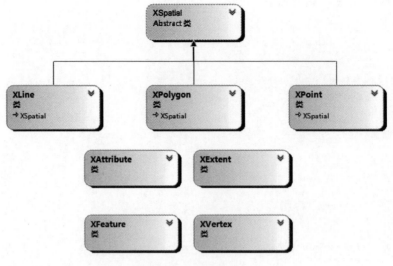

图 2-2 类关系图

2.2 迷你 GIS 的重新实现

基于上述定义,重新写一遍第 1 章的迷你 GIS,界面不需要改变。现在来修改 Form1.cs 文件,以让它适应新的 XGIS 类库。首先要把数组 points 这个属性成员替换成 XFeature 类型的数组。代码如下。

Form1.cs/Form1

```
List<XFeature> features = new List<XFeature>();
```

重写单击事件处理函数 bAdd_Click。代码如下。

Form1.cs/Form1

```
private void bAdd_Click(object sender, EventArgs e)
{
    //获取空间信息
    double x = Convert.ToDouble(tbX.Text);
    double y = Convert.ToDouble(tbY.Text);
    XVertex onevertex = new XVertex(x, y);
    XPoint onepoint = new XPoint(onevertex);
    //获取属性信息
    string attribute = tbAttribute.Text;
    XAttribute oneattribute = new XAttribute();
    oneattribute.AddValue(attribute);
    //新建一个 XFeature,并添加到数组"features"中
    XFeature onefeature = new XFeature(onepoint, oneattribute);
    features.Add(onefeature);
    //把这个新的 XFeature 画出来
    Graphics graphics = this.CreateGraphics();
    onefeature.draw(graphics, true, 0);
    graphics.Dispose();
}
```

为便于解释,在代码中添加了相应的注释。这个事件处理函数首先分别获得用于构造一个 XFeature 实例的空间信息和属性信息,然后建立这个 XFeature 实例,并把它添加到数组 features 中,进而把它画出来。其中,给每个 XFeature 仅增加了一种属性信息。上述功能几

乎与第 1 章中原来的函数是一样的，只不过类成员定义发生了一些变化。此外，要注意的一件事是用完 Graphics 对象后要注销掉，即"graphics.Dispose()"，否则可能会浪费系统资源。

接下来，重写鼠标单击事件处理函数 Form1_MouseClick。代码如下。

Form1.cs/Form1

```csharp
private void Form1_MouseClick(object sender, MouseEventArgs e)
{
    XVertex onevertex = new XVertex((double)e.X, (double)e.Y);
    double mindistance = Double.MaxValue;
    int findid = -1;
    //计算单击位置与features数组中哪个元素的中心点最近
    for (int i = 0; i < features.Count; i++)
    {
        double distance = features[i].spatial.centroid.Distance(onevertex);
        if (distance < mindistance)
        {
            mindistance = distance;
            findid = i;
        }
    }
    if (mindistance > 5 || findid == -1)
    {
        MessageBox.Show("没有点实体或者鼠标单击位置不准确！");
    }
    else
        MessageBox.Show(features[findid].getAttribute(0).ToString());
}
```

在上述文件处理函数中，通过计算单击位置与所有 XFeature 中心点的位置，找到最近的一个 XFeature，判断其距离是否在给定范围以内，然后据此返回该 XFeature 实例指定序列位置的属性值，并显示出来，或者显示错误信息。

在上述代码中，涉及属性位置序列时，用的是 0，也就是第一个属性，这仅是为了演示方法的目的，如果有两个属性值，那么可以用 0 或 1。

运行一下程序，读者会发现，与第 1 章的结果没有什么差别，但实际上是有差别的。例如，如果空间实体是线或面，那么 From1.cs 文件几乎是不用修改的，尤其是 Form1_MouseClick 函数，它可以判断任何空间对象中心点与鼠标单击位置之间的关系；另外，属性信息更丰富了，读者可以输入很多个属性值，只不过在界面中没有实现这项功能而已，读者可以自行丰富和补充迷你 GIS，让它变得更加强大。

2.3 空间对象的随机生成

上述迷你 GIS 在输入坐标和属性信息时，实在是太不方便了，为了有效地支撑后续章节的学习，我们给它增加一个功能，就是自动生成大量随机的空间对象，这项操作不涉及 BasicClasses.cs，只需要在 Form1.cs 里编码即可。

首先，我们在界面中增加一个按钮，其文本值可以是"生成随机空间对象"，其名称值可以为"bCreateRandomObjects"。双击该按钮，编写单击事件处理函数，代码如下。

Form1.cs/Form1

```csharp
private void bCreateRandomObjects_Click(object sender, EventArgs e)
{
    Random rand = new Random();
    features.Clear();
```

```csharp
    for(int i = 0;i < 100;i++)
    {
        double x = rand.NextDouble() * Width;
        double y = rand.NextDouble() * Height;
        XPoint point = new XPoint(new XVertex(x, y));
        XAttribute attribute = new XAttribute();
        attribute.AddValue(i);
        XFeature feature = new XFeature(point, attribute);
        features.Add(feature);
    }
    UpdateMap();
}
```

上述函数首先将数组 features 清空,然后循环生成了 100 个点类型的空间对象,其属性数据只有一个,就是序号 i。每个新生成的空间对象都被增加到数组 features 中,最后调用 UpdateMap 函数完成空间对象的绘制。UpdateMap 函数代码如下。

Form1.cs/Form1

```csharp
private void UpdateMap()
{
    //生成绘图工具
    Graphics graphics = CreateGraphics();
    //清空窗口
    graphics.FillRectangle(new SolidBrush(Color.White), ClientRectangle);
    //绘制空间对象
    foreach (XFeature feature in features)
        feature.draw(graphics, true, 0);
    //回收绘图工具
    graphics.Dispose();
}
```

UpdateMap 函数首先用白色填充了整个窗口,然后逐个绘制空间对象。当然,有些读者可能会觉得没有必要单独写一个 UpdateMap 函数。目前来看,也许确实没有必要,但 UpdateMap 函数可能在今后会在更多的地方被调用。因为它完成了一个相对独立的工作,所以我们把它单列出来。

现在运行程序,单击"生成随机空间对象"按钮,结果如图 2-3 所示,瞬间生成 100 个点对象。

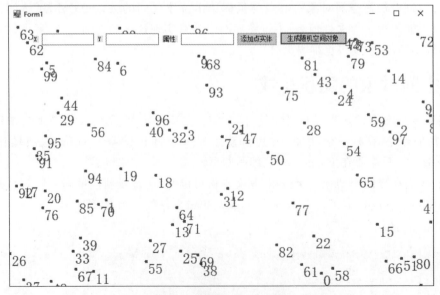

图 2-3　生成随机空间对象

现在，读者可以单击任意一个空间对象，仍将会弹出一个对话框，显示这个空间对象的第一个属性。至此，读者实际上已经可以删除按钮"生成随机空间对象"之外的其他控件了，因为它们存在的意义已经不大，在删除其他控件时，也请记得删除与之相关的事件处理函数。为便于读者理解，我们仍会在文件"第2章.rar"中保留这些控件，而在开始第3章之前删掉它们。

2.4 总结

本章给出了很多类的定义，并且还使用了面向对象编程思想中的继承概念，涉及抽象类、父类、子类等。虽然，最终的演示程序中没有出现更多的功能，但是 XGIS 类库已经具备了可扩充的能力，而且也具有了较完善的框架。XExtent 这个类在本章没有过多地涉及，但它的作用是强大的，读者在稍后的章节中即将看到。

第3章

屏幕坐标与实际坐标

▶▶▶

能够在地图窗口中无极缩放及四处漫游以浏览各种空间对象实体是 GIS 的魅力所在，但是前两章所做的 GIS 是不能移动和缩放的，而且，当绘图窗口坐标值超过窗口像素范围时，超过的部分也是没有办法看到的。本章就是要解决这个问题。

3.1 坐标系统

为了将一个空间对象实体显示到窗口中，需要知道它的坐标值，比如经纬度或 X、Y 坐标等。而每一组坐标值都是与给定的坐标系统相关的，只有在给定的坐标系统下，它的值才具有意义。

由于地球是三维椭球体，而电脑屏幕是二维平面，因此必须选择一种方法或函数把分布在球面上的空间对象投影到平面上，实现在屏幕上的显示，这也就是地图投影概念，包括投影方式、椭球体定义等，相关知识在地图学当中有完整的介绍。上述讨论是针对二维电子地图的，当然，在电脑屏幕上也可以直接以立体的形式显示三维球体，这时我们似乎不需要涉及地图学当中的投影知识。的确是这样，地图投影解决了从地球这一椭球体上将地物投影到二维地图中的问题，而三维地图则直接展示地物的三维坐标，然后借助计算机图形学中通用的透视变换实现三维对象在二维电脑屏幕上的显示。显然，三维地图更具直观的视觉显示效果，但它在空间分析、量测和浏览等方面需要更复杂的处理和操作，在观测视角上不可避免地存在相互遮挡的问题，对计算机硬件也有特别的要求。相比之下，二维地图通常以"上帝视角"展示各种对象，一览无余。概括来说，三维地图由于更接近现实，因此比较适用于普通地图用户，而二维地图更适合 GIS 专业用户，支持各种专业的空间分析。本书的讲授重点将以二维地图为主。

在二维电子地图上，所有空间对象的位置都需要用单个或一系列坐标对来描述，这些坐标对被称为地图坐标。地图坐标必定是投影后的坐标，通常为米制坐标，具备量测特性，同时，也可借助投影转换公式，动态地将米制坐标转换成地理坐标，也即经纬度坐标显示出来。经纬度坐标可以很好地实现全球目标定位，但不具备量测特性，也就是说，地图上同样经度差或纬度差在不同位置的实际长度（也即实际的球面距离）可能是不一样的。目前来说，我们假设处理的地图坐标都是可量测的米制坐标，在本书后续章节，会讲解米制坐标与经纬度坐标之间的转换。

地图坐标是独立于显示设备存在的，当需要将用地图坐标描述的空间对象显示到电脑屏幕上时，我们就需要将地图坐标转成屏幕坐标。屏幕坐标也可以称作绘图窗口坐标，就是在屏幕上绘图涉及的那个窗口部分的坐标，如图 3-1 所示。

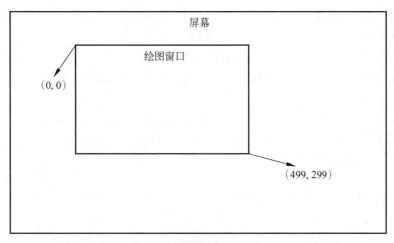

图 3-1 屏幕坐标示意图

由图 3-1 可知,大的矩形代表一个电脑屏幕,小的矩形代表一个绘图窗口。首先,绘图窗口通常是一个矩形,其次,它是由一系列像素构成的,因此,屏幕坐标值肯定是整数,而且,坐标原点在左上角,横坐标是 0,纵坐标也是 0,横纵坐标的最大值在右下角。以图 3-1 为例,其最大值分别是 499 和 299,则此绘图窗口的大小是 500×300,即横坐标 500 个像素,纵坐标 300 个像素。从上述介绍可以看出,横坐标取值是从左到右递增的,纵坐标取值是从上到下递增的。

地图坐标则完全是另外一回事。首先,其坐标值通常为实数,可能有正有负。其次,地图纵坐标取值通常是从下到上递增,这与屏幕纵坐标取值的递增方向是相反的,地图横坐标取值的递增方向与屏幕横坐标一致,都是从左到右逐渐增大。

了解上述基本概念后,我们可观察图 3-2。地图范围通常是给定的,而其中半透明矩形范围指代当前显示在绘图窗口中的部分地图内容,之后,可以通过缩放和平移来浏览地图其他部分。

显然,当前显示的地图部分的范围和窗口大小之间的对应关系决定了地图显示的内容和比例尺,因此,我们需要时刻记录这样的对应关系,实际上,就是用一个视图类记下当前显示的地图范围及绘图窗口范围。这个视图类的名字可以是

图 3-2 地图范围与绘图窗口的空间关系

XView,把它放入 BasicClasses.cs 文件中,它的类定义如下。

BasicClasses.cs

```
class XView
{
    XExtent CurrentMapExtent;
    Rectangle MapWindowSize;

    public XView(XExtent _extent, Rectangle _rectangle)
    {
        CurrentMapExtent = _extent;
        MapWindowSize = _rectangle;
    }
}
```

其中 CurrentMapExtent 记录的是当前绘图窗口中显示的地图范围,MapWindowSize 记录的是绘图窗口的大小，这里"范围"和"大小"是不一样的概念，"范围"代表的区域并不要求某一个角点必须是地图坐标原点，而"大小"代表的绘图窗口的左上角必定是坐标原点，因此有意义的信息就是长、宽。如前所述，Rectangle 是 C#语言标准类库中提供的一个类，它通常包括 4 个成员，左上角横坐标（x）、左上角纵坐标（y）、窗口高度（Height）和宽度（Width），显然，x 和 y 在这里取值为 0。

CurrentMapExtent 与 MapWindowSize 在显示上是重叠的，已知 CurrentMapExtent 及 MapWindowSize，则可以实现地图坐标与屏幕坐标之间的转换，如图 3-3 所示。

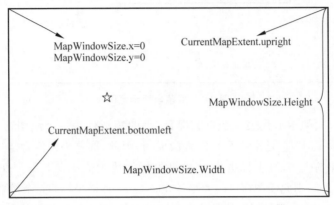

图 3-3　CurrentMapExtent 与 MapWindowSize 在显示上的重叠关系

3.2　两种坐标之间的转换

为简化描述，先定义以下变量：

```
MapMinX = CurrentMapExtent.bottomleft.x
MapMinY = CurrentMapExtent.bottomleft.y
WinW = MapWindowSize.Width
WinH = MapWindowSize.Height
MapW = (CurrentMapExtent.upright.x - CurrentMapExtent.bottomleft.x)
MapH = (CurrentMapExtent.upright.y - CurrentMapExtent.bottomleft.y)
ScaleX = MapW/WinW
ScaleY = MapH/WinH
```

MapMinX 是当前屏幕显示的地图范围的最小横坐标，而 MapMinY 是最小纵坐标；WinW 是绘图窗口宽度，WinH 是绘图窗口高度；MapW 是地图横坐标长度，MapH 是地图纵坐标长度；ScaleX 及 ScaleY 分别是横、纵坐标比例尺，即绘图窗口中的一个像素分别代表多少个横、纵地图坐标单位。上述这些变量对屏幕坐标与地图坐标之间的转换有重要的作用。

假设图 3-3 中五角星位置的屏幕坐标是（ScreenX，ScreenY），它对应的地图坐标是（MapX，MapY），则它们相互之间转换公式如下：

$$\frac{MapX - MapMinX}{ScreenX} = ScaleX$$

$$\frac{MapY - MapMinY}{WinH - ScreenY} = ScaleY$$

也即

$$MapX = ScaleX \times ScreenX + MapMinX$$

$$MapY = ScaleY \times (WinH - ScreenY) + MapMinY$$

$$ScreenX = (MapX - MapMinX)/ScaleX$$

$$ScreenY = WinH - (MapY - MapMinY)/ScaleY$$

实现屏幕坐标与地图坐标之间的转换是 XView 的主要工作,只要将上述公式转换成代码即可实现此功能。出于简化代码的考虑,我们先优化一下 XExtent 的类定义,令它如 Rectangle 类型的数据一样,可以直接提供宽度、高度等信息,代码如下。

BasicClasses.cs

```
class XExtent
{
    public XVertex bottomleft;
    public XVertex upright;

    public XExtent(XVertex _bottomleft, XVertex _upright)
    {
        bottomleft = _bottomleft;
        upright = _upright;
    }

    public double getMinX()
    {
        return bottomleft.x;
    }

    public double getMaxX()
    {
        return upright.x;
    }

    public double getMinY()
    {
        return bottomleft.y;
    }

    public double getMaxY()
    {
        return upright.y;
    }

    public double getWidth()
    {
        return upright.x - bottomleft.x;
    }

    public double getHeight()
    {
        return upright.y - bottomleft.y;
    }
}
```

从补充的 XExtent 类定义中可以看到,出现了一些带有前缀 public 的函数,通过这些函数可以直接获得地图范围的坐标极值及高、宽的范围。也许读者感觉仅针对 XView 来说这样做的价值似乎不大,但今后我们将大量使用 XExtent,有了这些函数,就会方便很多。

现在,根据新的 XExtent 类定义来完善 XView 的类定义。

BasicClasses.cs

```
class XView
{
```

```
        XExtent CurrentMapExtent;
        Rectangle MapWindowSize;
        double MapMinX, MapMinY;
        int WinW, WinH;
        double MapW, MapH;
        double ScaleX, ScaleY;

        public XView(XExtent _extent, Rectangle _rectangle)
        {
            Update(_extent, _rectangle);
        }

        public void Update(XExtent _extent, Rectangle _rectangle)
        {
            CurrentMapExtent = _extent;
            MapWindowSize = _rectangle;
            MapMinX = CurrentMapExtent.getMinX();
            MapMinY = CurrentMapExtent.getMinY();
            WinW = MapWindowSize.Width;
            WinH = MapWindowSize.Height;
            MapW = CurrentMapExtent.getWidth();
            MapH = CurrentMapExtent.getHeight();
            ScaleX = MapW / WinW;
            ScaleY = MapH / WinH;
        }

        public Point ToScreenPoint(XVertex onevertex)
        {

            double ScreenX = (onevertex.x - MapMinX) / ScaleX;
            double ScreenY = WinH - (onevertex.y - MapMinY) / ScaleY;
            return new Point((int)ScreenX, (int)ScreenY);
        }

        public XVertex ToMapVertex(Point point)
        {
            double MapX = ScaleX * point.X + MapMinX;
            double MapY = ScaleY * (WinH - point.Y) + MapMinY;
            return new XVertex(MapX, MapY);
        }
    }
```

从上述代码看到，XView 的所有属性成员都没有前缀 public，这是一个有效的保护机制，因为，很多成员之间都是相互关联的，必须通过小心地计算才能确保它们的一致性。为此，我们把对这些值的编辑限定在类的内部，并通过 Update 函数来保持更新，就连构造函数也是引用了 Update 函数。使用 Update 函数的另外一个好处就是，如果今后需要更新 XView，只要外部调用 Update 函数即可，而不需要建立一个新的 XView 类实例，减少了系统的内存开销。ToScreenPoint 及 ToMapVertex 函数用于地图坐标与屏幕坐标之间的转换，它们就是简单实现了上述的坐标转换公式。屏幕坐标的点用 Point 记录，Point 是 C#语言提供的标准类，它有 X 和 Y 两个整数成员。

有了坐标转换函数，我们就可以来更新 XGIS 类库中涉及屏幕绘图的函数，包括 XAttribute 中的 draw 函数，以及 XSpatial 中的 draw 函数，目前，在这两个函数中，坐标转换实际上是用"(int)"执行强制类型转换，现在，我们用 XView 中的函数来替代它。

针对不同大小的绘图窗口，不同的地图范围，坐标转换的结果是不一样的，所以，需要传递 XView 的实例来记录这些信息，在 draw 函数中增加一个 XView 类型的参数，代码修改如下。

BasicClasses.cs/XAttribute

```
public void draw(Graphics graphics, XView view, XVertex location, int index)
{
    Point screenpoint = view.ToScreenPoint(location);
    graphics.DrawString(values[index].ToString(),
        new Font("宋体", 20),
        new SolidBrush(Color.Green),
        new PointF(screenpoint.X, screenpoint.Y));
}
```

XSpatial 的 draw 函数为抽象函数，其实现代码是在 XSpatial 各个子类中给出的，所以也要相应修改其子类的 draw 函数，代码更改如下。

BasicClasses.cs/XSpatial

```
public abstract void draw(Graphics graphics, XView view);
```

BasicClasses.cs/XLine

```
public override void draw(Graphics graphics, XView view)
{
}
```

BasicClasses.cs/XPolygon

```
public override void draw(Graphics graphics, XView view)
{
}
```

BasicClasses.cs/XPoint

```
public override void draw(Graphics graphics, XView view)
{
    Point screenpoint = view.ToScreenPoint(centroid);
    graphics.FillEllipse(new SolidBrush(Color.Red),
        new Rectangle(screenpoint.X - 3, screenpoint.Y - 3, 6, 6));
}
```

其中，在 XLine 及 XPolygon 中，draw 函数还是空的，以后再补充。在 XAttribute 及 XPoint 的 draw 函数中，用到了 XView 的 ToScreenPoint 函数实现坐标转换。这时我们发现，在 BasicClasses.cs 中，XFeature 中的 draw 函数出现了红色波浪线，因为它还是调用了以前的 XAttribute 及 XSpatial 的 draw 函数，所以需要进行修改，代码如下。

BasicClasses.cs/XFeature

```
public void draw(Graphics graphics, XView view, bool DrawAttributeOrNot, int index)
{
    spatial.draw(graphics, view);
    if (DrawAttributeOrNot)
        attribute.draw(graphics, view, spatial.centroid, index);
}
```

XFeature 的 draw 函数也增加了一个 XView 类型的参数 view，并且传递给 XSpatial 及 XAttribute 的 draw 函数。这时，大家可能会想，到底这个 view 是如何赋值的？它来自哪里？在 3.3 节读者将会发现答案。

3.3 迷你 GIS 的再次更新

如图 3-4 所示，我们需要在窗口 Form1 中增加 4 个文本框及一个按钮。4 个文本框的名称分别为 tbMinX、tbMaxX、tbMinY、tbMaxY，按钮的文本属性为"更新地图"，其名称为 bRefresh。

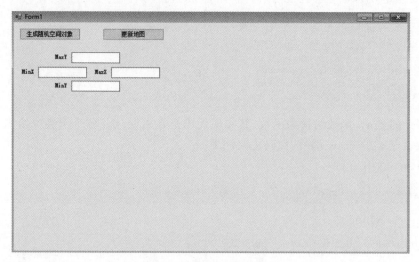

图 3-4　更新的程序界面

在这个更新的界面中，我们希望用户可以在 4 个文本框控件中输入要显示的地图范围，即最大、最小横纵坐标值，然后单击"更新地图"按钮即可重绘地图窗口。

为实现上述目的，我们需要考虑如何将 XView 融入程序当中。首先，在 Form1.cs 中声明一个 XView 的全局变量 view，用于时刻记录当前绘图窗口的大小及地图显示范围，这个全局变量在 Form1 的构造函数中被初始化。代码如下。

Form1.cs

```
XView view = null;
public Form1()
{
    InitializeComponent();
    view = new XView(new XExtent(new XVertex(0, 0), new XVertex(100, 100)), ClientRectangle);
}
```

在初始化 view 时，我们用了(0,0)和(100,100)两个角点定义了一个地图范围，实际上随便用什么值都可以，反正之后是需要修改的。ClientRectangle 是一个 Form1 内置的 Rectangle 类型的成员，记载的是 Form1 中有效的窗口范围，不包含无法使用的标题栏和边框。

在 Form1 的 UpdateMap 函数中，我们发现其中的 draw 函数调用被提示错误，这是因为缺少一个 XView 类型的参数。把 view 参数增加进去，代码修改如下。

Form1.cs/button1_Click

```
private void UpdateMap()
{
    //生成绘图工具
    Graphics graphics = CreateGraphics();
    //清空窗口
    graphics.FillRectangle(new SolidBrush(Color.White), ClientRectangle);
    //绘制空间对象
    foreach (XFeature feature in features)
        feature.draw(graphics, view, true, 0);
    //回收绘图工具
    graphics.Dispose();
}
```

鼠标单击文件处理函数 Form1_MouseClick 要多做一些改动,代码如下。

Form1.cs

```csharp
private void Form1_MouseClick(object sender, MouseEventArgs e)
{
    //检查是否有空间对象
    if (features.Count == 0)
    {
        MessageBox.Show("没有任何空间对象!");
        return;
    }
    //将鼠标单击位置转换成地图坐标
    XVertex onevertex = view.ToMapVertex(e.Location);
    //查找距离上述地图坐标最近的空间对象
    double mindistance = Double.MaxValue;
    int findid = -1;
    for (int i = 0; i < features.Count; i++)
    {
        //计算空间对象与某一地图位置之间的距离
        double distance = features[i].Distance(onevertex);
        if (distance < mindistance)
        {
            mindistance = distance;
            findid = i;
        }
    }
    //计算与地图距离对应的屏幕距离
    double ScreenDistance = view.ToScreenDistance(mindistance, onevertex);
    //如果屏幕距离过大,则表示单击不准确
    if (ScreenDistance > 5)
    {
        MessageBox.Show("鼠标单击位置不准确!");
    }
    //找到一个空间对象,显示其属性信息
    else
    {
        MessageBox.Show(features[findid].getAttribute(0).ToString());
    }
}
```

上述函数在对空间对象数量进行有效性检查后,利用 view 参数的 ToMapVertex 函数将鼠标的单击位置转换成地图坐标;通过计算距离找到最近的空间对象;然后将此地图距离转换成屏幕距离,判断它是否在一个较小的范围以内(这里设定的阈值是 5);如果在阈值范围以内,则显示其属性信息,否则会提示单击不准确。

这里有两个函数:用于计算空间对象与某一空间位置之间距离的 XFeature.Distance 函数,以及将地图距离转成屏幕距离的 XView.ToScreenDistance 函数,代码如下。

BasicClasses.cs/XFeature

```csharp
public double Distance(XVertex vertex)
{
    return spatial.Distance(vertex);
}
```

BasicClasses.cs/XSpatial

```csharp
public double Distance(XVertex vertex)
{
    return centroid.Distance(vertex);
}
```

BasicClasses.cs/XView

```
public double ToScreenDistance(double mapDistance, XVertex vertex)
{
    Point p1 = ToScreenPoint(vertex);
    Point p2 = ToScreenPoint(new XVertex(vertex.x - mapDistance, vertex.y));
    return Math.Sqrt((p1.X - p2.X) * (p1.X - p2.X) + (p1.Y - p2.Y) * (p1.Y - p2.Y));
}
```

XFeature.Distance 函数直接调用了 spatial 属性的 Distance 函数，而此函数通过计算中心点与输入参数 vertex 之间的直线距离作为返回值，这对于点对象来说是准确的，但对于线或面对象来说，这只是一个权宜之计，我们会在本书后续章节逐渐完善。

XView.ToScreenDistance 函数构造了两个屏幕点 P1 和 P2。前者是输入的地图位置对应的屏幕位置，后者是一个距离输入位置给定地图距离的地图位置对应的屏幕位置。然后，利用两点间直线距离公式，计算 P1 与 P2 之间的距离。

现在，需要为程序界面中新出现的按钮"更新地图"建立一个单击事件处理函数，代码如下。

Form1.cs

```
private void bRefresh_Click(object sender, EventArgs e)
{
    //从文本框中获取新的地图范围
    double minx = Double.Parse(tbMinX.Text);
    double miny = Double.Parse(tbMinY.Text);
    double maxx = Double.Parse(tbMaxX.Text);
    double maxy = Double.Parse(tbMaxY.Text);
    //更新 view
    view.Update(new XExtent(minx, maxx, miny, maxy), ClientRectangle);
    //更新地图
    UpdateMap();
}
```

上述函数首先读入描述新地图范围的 4 个 double 类型数字，其中，Double.Parse 是一个将字符串转换成 double 类型数字的函数；然后，根据新的地图范围，更新现有的 view；最后，更新地图。在更新 view 时，我们使用了一个新的 XExtent 构造函数，它通过顺序输入 4 个坐标极值，构造一个 XExtent 的实例，代码如下。

BasicClasses.cs/XExtent

```
public XExtent(double x1, double x2, double y1, double y2)
{
    upright = new XVertex(Math.Max(x1, x2), Math.Max(y1, y2));
    bottomleft = new XVertex(Math.Min(x1, x2), Math.Min(y1, y2));
}
```

看到上述函数的实现过程，相信读者领会了它的价值，其输入参数分别是两个横坐标和两个纵坐标，然后在初始化右上角及左下角角点时判断了坐标值的大小，实现正确的赋值，显然这个构造函数比另外一个更强大，因为它保证了角点的有效性。函数使用者不必担心输入的坐标值到底谁大谁小、顺序如何，因为这些问题在函数内部都会自动判断和解决。

运行程序，单击"生成随机空间对象"按钮。接下来，输入新的地图窗口范围(0,0)，(1000,1000)，看看现在窗口中能显示几个点，是否跟图 3-5 一样。当然，如果觉得白色的背景不太好看，试试修改一下。进一步调整地图范围，看看地图对象的显示是不是能够按照读者的想象实现。

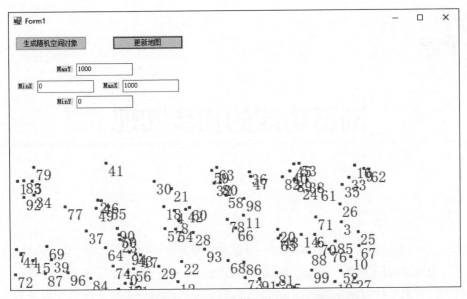

图 3-5　可控制地图显示范围的迷你 GIS 运行结果

3.4　总结

本章介绍了两种坐标系统，实际上都是平面坐标系统，只不过计量单位和原点的位置不同。本章的实现并没有涉及复杂的投影知识，因为这并不影响地图的显示。如果把投影问题考虑进来，需要做的就是在存储坐标或显示坐标时，按照投影描述文件的信息，把读到的坐标转换成显示地图所需的坐标即可。当然，如果显示地图所需的坐标与空间对象本身的坐标是一致的，那么连这样的转换都可以省掉了。相关的知识会在后续章节介绍。

如果能够按照本书的步骤进行，会发现我们已经可以实现地图的自由浏览了。当然，方法还比较笨拙，但原理是一样的，只要调整 view 的取值即可，可见 XView 的价值是相当大的。

第 4 章

浏览功能的初步实现

在第 3 章中,通过输入地图范围的 4 个坐标极值来修改绘图窗口中地图的显示范围,即可以实现自由地浏览地图了,但这显然太麻烦,而且也很难确定输入值为多少才合适。本章,我们计划建立一种更便捷的浏览机制。在此之前,我们需要理解一下地图缩放和漫游的原理。

4.1 缩放

先来看一下地图缩放的原理,如图 4-1 所示。

图 4-1 地图缩放示意图

在图 4-1 中,3 个矩形框代表大小相同的同一个绘图窗口,只是显示的地图范围有大有小。从左到右,显示的内容数量变少,内容变大,范围变小,这就是地图放大(zoom in)操作;而从右到左则刚好相反,范围变大,实现了地图缩小(zoom out)操作。

不论放大或缩小,都需要有一个基点,假设放大和缩小的基点都是当前地图范围的中心点,每一次放大操作都是令新的地图范围的宽、高变为原来的一半,如图 4-2 所示,设执行放大操作之前的地图范围宽、高分别是 w 和 h,执行放大操作之后,地图范围的宽、高变为 $w/2$ 和 $h/2$,显示内容就变成了左图中的点填充部分。

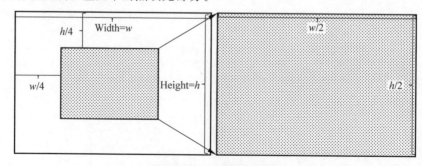

图 4-2 放大操作示意图

下面来考虑更一般的情况,但仍以地图范围中心为缩放的基点,令 ZoomFactor 代表放大或缩小的倍数,它是一个大于 1 的实数,如图 4-3 所示,由点 (X_1, Y_1) 和 (X_2, Y_2) 可以定义一个大的地图范围,由点(X_3, Y_3)和(X_4, Y_4)可以定义一个小的地图范围,而这两个地图范围的中心是一样的。据此,可以得到以下等式:

$$(X_2 - X_1) = (X_4 - X_3) \times \text{ZoomFactor}$$
$$(Y_2 - Y_1) = (Y_4 - Y_3) \times \text{ZoomFactor}$$
$$(X_2 + X_1)/2 = (X_4 + X_3)/2$$
$$(Y_2 + Y_1)/2 = (Y_4 + Y_3)/2$$

也即

$$X_1 = [(X_4 + X_3) - (X_4 - X_3) \times \text{ZoomFactor}]/2$$
$$X_2 = [(X_4 + X_3) + (X_4 - X_3) \times \text{ZoomFactor}]/2$$
$$Y_1 = [(Y_4 + Y_3) - (Y_4 - Y_3) \times \text{ZoomFactor}]/2$$
$$Y_2 = [(Y_4 + Y_3) + (Y_4 - Y_3) \times \text{ZoomFactor}]/2$$

或

$$X_3 = [(X_2 + X_1) - (X_2 - X_1)/\text{ZoomFactor}]/2$$
$$X_4 = [(X_2 + X_1) + (X_2 - X_1)/\text{ZoomFactor}]/2$$
$$Y_3 = [(Y_2 + Y_1) - (Y_2 - Y_1)/\text{ZoomFactor}]/2$$
$$Y_4 = [(Y_2 + Y_1) + (Y_2 - Y_1)/\text{ZoomFactor}]/2$$

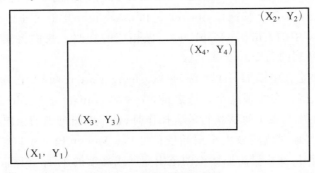

图 4-3 缩放变换示意图

当由点(X_1, Y_1)和(X_2, Y_2)定义的地图范围是当前绘图窗口中的地图范围,则通过点(X_1, Y_1)和(X_2, Y_2)计算点(X_3, Y_3)和(X_4, Y_4),并且将这两个点定义的地图范围设为当前绘图窗口中的地图范围,则这就是放大操作。而如果当前绘图窗口中的地图范围是由点(X_3, Y_3)和(X_4, Y_4)定义的,则通过点(X_3, Y_3)和(X_4, Y_4)计算点(X_1, Y_1)和(X_2, Y_2),并且将这两个点定义的地图范围设为当前绘图窗口中的地图范围,这就是缩小操作。

4.2 平移

接下来我们分析移动地图的操作是如何实现的。例如,向上移动地图,实际是地图范围向下偏移,如图 4-4 所示,也就是纵坐标减去一个固定值 y,如现有高度的 1/4。如同缩放操作中的 ZoomFactor,我们也可定义一个移动因子 MovingFactor,它是一个大于 0 小于 1 的实数,代表被移出的部分占全部地图范围的比例。据此,在图 4-4 中的 y 即可按照如下公式计算:

$$y = (\text{MaxY} - \text{MinY}) \times \text{MovingFactor}$$

同理,向下移动地图就是令地图范围上移,纵坐标增加一个固定值;向左移动的操作就是令地图范围右移,即给横坐标增加一个给定的值;而向右移动,就是横坐标减去给定的值。

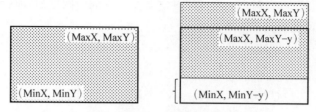

图 4-4 地图上移操作示意图

4.3 归一化的浏览操作

为了更有效地管理地图浏览操作，我们在 XGIS 类库中定义了一个枚举类型用来记录各种类型的操作，代码如下。

BasicClasses.cs

```
enum XExploreActions
{
    zoomin, zoomout,
    moveup, movedown, moveleft, moveright
};
```

在 XExploreActions 的定义中，zoomin 和 zoomout 分别指的是放大和缩小操作，moveup 和 movedown 指的是上移和下移操作，moveleft 和 moveright 指的是左移和右移操作，根据上述操作类型对 XView 中的 CurrentMapExtent 做相应的修改。我们将实际的修改过程交给 CurrentMapExtent 所属的 XExtent 来完成。

在 XExtent 的类定义中添加一个方法，叫做 ChangeExtent 函数，它专门用来根据操作要求修改当前的地图范围。在实现这个方法之前，先为 ZoomFactor 和 MovingFactor 赋值。这里，ZoomFactor 取值为 2，表示每次执行放大操作时，会将地图范围缩至原始值的 1/2，而每次执行缩小操作时，会将地图范围放大至原始值的 2 倍；MovingFactor 取值为 0.25，表示每次纵向或横向移动地图时，偏移量为原始地图范围宽度或高度的 1/4。当然，读者也可以为上述两个因子赋不同的值。ChangeExtent 函数的实现代码如下。

BasicClasses.cs/XExtent

```
double ZoomFactor = 2;
double MovingFactor = 0.25;

public void ChangeExtent(XExploreActions action)
{
    double newminx = bottomleft.x, newminy = bottomleft.y,
    newmaxx = upright.x, newmaxy = upright.y;
    switch (action)
    {
        case XExploreActions.zoomin:
            newminx = ((getMinX() + getMaxX()) - getWidth() / ZoomFactor) / 2;
            newminy = ((getMinY() + getMaxY()) - getHeight() / ZoomFactor) / 2;
            newmaxx = ((getMinX() + getMaxX()) + getWidth() / ZoomFactor) / 2;
            newmaxy = ((getMinY() + getMaxY()) + getHeight() / ZoomFactor) / 2;
            break;
        case XExploreActions.zoomout:
            newminx = ((getMinX() + getMaxX()) - getWidth() * ZoomFactor) / 2;
            newminy = ((getMinY() + getMaxY()) - getHeight() * ZoomFactor) / 2;
            newmaxx = ((getMinX() + getMaxX()) + getWidth() * ZoomFactor) / 2;
            newmaxy = ((getMinY() + getMaxY()) + getHeight() * ZoomFactor) / 2;
```

```
                break;
            case XExploreActions.moveup:
                newminy = getMinY() - getHeight() * MovingFactor;
                newmaxy = getMaxY() - getHeight() * MovingFactor;
                break;
            case XExploreActions.movedown:
                newminy = getMinY() + getHeight() * MovingFactor;
                newmaxy = getMaxY() + getHeight() * MovingFactor;
                break;
            case XExploreActions.moveleft:
                newminx = getMinX() + getWidth() * MovingFactor;
                newmaxx = getMaxX() + getWidth() * MovingFactor;
                break;
            case XExploreActions.moveright:
                newminx = getMinX() - getWidth() * MovingFactor;
                newmaxx = getMaxX() - getWidth() * MovingFactor;
                break;
        }
        upright.x = newmaxx;
        upright.y = newmaxy;
        bottomleft.x = newminx;
        bottomleft.y = newminy;
    }
```

上述函数计算并更新了当前地图范围两个角点(左下角点和右上角点)的 4 个坐标值。结合图 4-3、图 4-4 及前文的公式,很容易理解代码含义。比如,对放大操作(zoomin)来说,(newminx,newminy) 即为 (X_3,Y_3),(newmaxx,newmaxy) 即为 (X_4,Y_4);对缩小操作(zoomout)来说,(newminx,newminy) 即为 (X_1,Y_1),(newmaxx,newmaxy) 即为 (X_2,Y_2)。对移动操作来说,转换方法则更加简单,只要增加或减少某一方向上给定的偏移量即可。

此外,看到这个函数时,有些读者会认为,不需要定义 4 个临时变量,直接把新的坐标值赋给角点的坐标就好了,例如:"bottomleft.x=((getMinX()+getMaxX())-getWidth()/ZoomFactor)/2; upright.x=((getMinX()+getMaxX())+getWidth()/ZoomFactor)/2;"。但是,这样做是不对的,因为 getMinX、getMaxX 和 getWidth 函数都是需要调用原来的角点坐标的,现在 bottomleft.x 变了,在执行接下来的语句时,getWidth()函数返回的就不是原来的宽度,所以 upright.x 的赋值就是错误的。

至此,在 XExtent 的类定义中需要补充的工作已经完成了。现在,在 XView 的类定义中增加如下函数,这个函数根据输入的地图浏览动作,调用 CurrentMapExtent 的 ChangeExtent 函数修改地图范围,最后更新 XView 自身,代码如下。

BasicClasses.cs/XView

```
public void ChangeView(XExploreActions action)
{
    CurrentMapExtent.ChangeExtent(action);
    Update(CurrentMapExtent, MapWindowSize);
}
```

4.4 更丰富的迷你 GIS

现在来更新迷你 GIS 的界面,增加 6 个按钮,分别是"放大""缩小""左移""右移""上移"和"下移",分别命名为 bZoomIn、bZoomOut、bMoveLeft、bMoveRight、bMoveUp 和 bMoveDown,新的界面如图 4-5 所示。

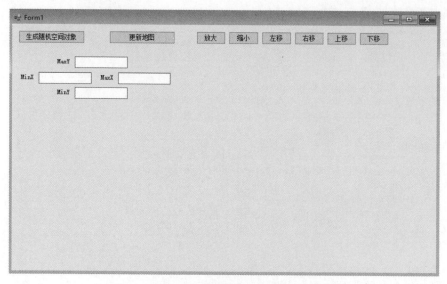

图 4-5　添加了地图浏览按钮的迷你 GIS 界面

我们令这些按钮共享同一个事件处理函数,这样可以集中处理。其做法如图 4-6 所示,选中全部 6 个按钮,在单击事件中,给出一个统一的事件处理函数名称,如 MapExploreButtonClick。

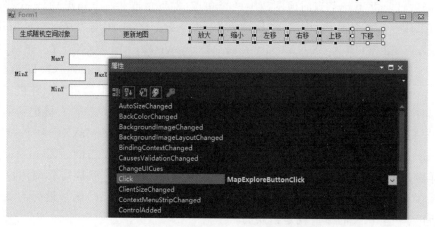

图 4-6　为按钮指定统一的事件处理函数

该事件处理函数代码如下。

Form1.cs

```
private void MapExploreButtonClick(object sender, EventArgs e)
{
    XExploreActions action = XExploreActions.zoomin;
    if ((Button)sender == bZoomIn) action = XExploreActions.zoomin;
    else if ((Button)sender == bZoomOut) action = XExploreActions.zoomout;
    else if ((Button)sender == bMoveUp) action = XExploreActions.moveup;
    else if ((Button)sender == bMoveDown) action = XExploreActions.movedown;
    else if ((Button)sender == bMoveLeft) action = XExploreActions.moveleft;
    else if ((Button)sender == bMoveRight) action = XExploreActions.moveright;
    view.ChangeView(action);
    UpdateMap();
}
```

该函数就是根据按钮的不同确定 XExploreActions 的取值,然后调用 ChangeView 函数更新当前的 view,最后调用 UpdateMap 函数重新绘图。

现在可以运行程序，添加随机点，然后单击"放大""缩小"等按钮，看看是不是可以自由地浏览地图了。

最后，我们可以删除界面中一些没用的控件，例如那些用来输入坐标极值的文本框，以及按钮"更新地图"。在删除控件的同时，还要记得删除相应的事件处理函数。控件清理后的运行效果如图 4-7 所示。

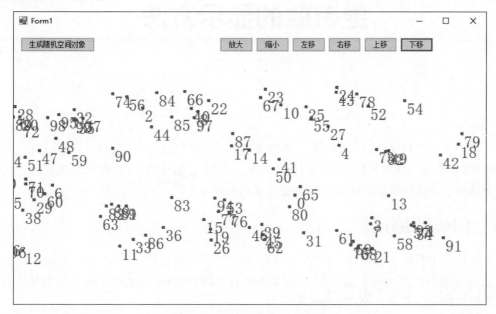

图 4-7　控件清理后的运行界面

4.5　总结

至此，我们已经实现了通过单击按钮浏览地图的功能，但似乎显示效果并不好，不管是缩放还是移动地图，屏幕闪烁都非常严重，令用户体验不佳，而且用按钮的方式浏览地图，还是不太方便，在接下来的两章，我们将学习如何优化显示效果，以及如何通过鼠标实现更便捷的地图浏览。

第 5 章

更有效的显示方法

运行第 4 章的程序,生成随机点。当缩放或移动地图时,画面会闪烁;当调整窗口边框时,地图内容不会自动填充到新出现的窗口区域。当最小化地图窗口,再复原窗口时,地图内容完全消失了。这些问题看来到了需要被解决的时候了。

5.1 闪烁的原因

先分析一下为什么会闪烁。首先,让我们看一下在地图窗口 Form1 中负责画图的函数,UpdateMap 函数代码如下。请注意,这次不是更新代码,所以不必把以下内容复制到项目中,因为这些代码就是来自于项目中的已有内容。

Form1.cs

```
private void UpdateMap()
{
    //生成绘图工具
    Graphics graphics = CreateGraphics();
    //清空窗口
    graphics.FillRectangle(new SolidBrush(Color.White), ClientRectangle);
    //绘制空间对象
    foreach (XFeature feature in features)
        feature.draw(graphics, view, true, 0);
    //回收绘图工具
    graphics.Dispose();
}
```

其中,feature.draw 函数的作用就是在当前视图(view)下面,利用绘图工具(graphics)在窗口上逐个绘制 XFeature 实例。请注意,是一个一个地绘制!而且,因为其 graphics 输入参数就是地图窗口的绘图工具,所以,每一个绘制操作都是直接画在窗口上的,也就是说,窗口要一个一个地显示这个画上去的 XFeature 实例,画一个更新一次,如果需要绘制的内容比较多,那么给人的感觉就是窗口在不断地更新,这就是闪烁的原因所在。

5.2 用双缓冲解决闪烁问题

如何解决闪烁的问题呢?有个办法,就是在内存中用户看不到的地方建立一个和地图窗口一模一样的窗口,把这个窗口叫作背景窗口,与之对应的、用户能够看到的那个地图窗口叫作前景窗口。首先在背景窗口中画上所有需要绘制的地图内容,画好后,一次性把背景窗口中的内容搬到前景窗口,这样就不会闪烁了。

在计算机中，每一个窗口在内存中都有一个存储显示内容的区域，称为显示缓冲区。而上面的方法涉及了两个窗口，所以有两个缓冲区，因此这种方法称为双缓冲方法。根据这个原理，来试一下吧。

首先，将地图窗口 Form1 的标准属性 DoubleBuffered 设成 true，这样，就部分实现了双缓冲的目的，即由操作系统帮忙，定期从一个背景缓冲区中更新前景窗口，而不是窗口内容一有变化就立刻更新。但它的效果是有限的，闪烁还是会发生，还需要定义自己的背景缓冲区。

在 Form1.cs 中定义一个背景窗口作为全局变量，实际上它就是一个 Bitmap 类型的图片，代码如下。

Form1.cs

```
Bitmap backwindow;
```

把背景窗口搬到前景窗口的方法是用语句 graphics.DrawImage(backwindow,0,0)，其中 graphics 就是前景窗口的绘图工具。这个语句的意思是把背景窗口这张图片在前景窗口中画在起点为(0,0)的这个位置上，所以背景窗口的大小就必须与前景窗口相同，否则有些地方就可能画不到了。

有了上述的关键语句，可以修改 UpdateMap 函数，代码如下。

Form1.cs

```
public void UpdateMap()
{
    //如果地图窗口被最小化了，就不用绘制了
    if (ClientRectangle.Width * ClientRectangle.Height == 0) return;
    //更新 view，以确保其地图窗口尺寸是正确的
    view.UpdateMapWindow(ClientRectangle);
    //如果背景窗口不为空，则先清除
    if (backwindow != null) backwindow.Dispose();
    //根据最新的地图窗口尺寸建立背景窗口
    backwindow = new Bitmap(ClientRectangle.Width, ClientRectangle.Height);
    //在背景窗口上绘图
    Graphics g = Graphics.FromImage(backwindow);
    //清空窗口
    g.FillRectangle(new SolidBrush(Color.White), ClientRectangle);
    //绘制空间对象
    foreach (XFeature feature in features)
        feature.draw(g, view, true, 0);
    //回收绘图工具
    g.Dispose();
    //获得前景窗口的绘图工具
    Graphics graphics = CreateGraphics();
    //把背景窗口内容绘制到前景窗口上
    graphics.DrawImage(backwindow, 0, 0);
}
```

UpdateMap 函数首先检查当前地图窗口是否可见，如果不可见就不用绘制了，直接返回；然后调用了一个 XView 的 UpdateMapWindow 函数（该函数还没有偏写），其目的是将当前地图窗口的范围告诉 view，让它能及时更新，其中 ClientRectangle 是窗口的标准属性，记载了窗口的大小；接下来，在背景窗口中绘图；最后把背景窗口的内容复制到前景窗口。

现在把 UpdateMapWindow 函数的代码补充如下。

BasicClasses.cs/XView

```
public void UpdateMapWindow(Rectangle rect)
{
```

```
            MapWindowSize = rect;
            Update(CurrentMapExtent, MapWindowSize);
        }
```

现在试试运行程序,读者应该惊喜地发现,地图窗口不再闪烁了!

5.3 解决显示内容消失的问题

尽管显示效果提升了,可是还有不尽如人意的地方,本章之前提到的一些问题依然存在。如图 5-1 所示,当移动窗口时,窗口中的内容如果被移到屏幕外边,再移回来时,被移出的内容就没有了;当最小化窗口,再复原窗口时,窗口中的地图内容也全都没有了。

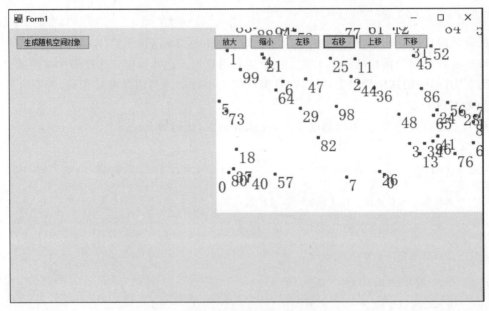

图 5-1 移动窗口后被覆盖的内容消失了

内容消失是什么原因呢?原来,窗口被部分或全部遮挡时,程序会自动重绘之前在窗口中添加的一些可视化控件,如上述界面中的那些按钮,因为它们是由程序自动维护的。但是,窗口中编程绘制的地图内容却无法享受到自动重绘的待遇,这就需要编程者主动维护,否则不会进行自动重绘,所以也就造成内容不见了。

那么如何知道什么时候该重绘,什么时候不该重绘呢?Windows 会提醒,当需要重绘时,地图窗口会收到一个 Paint 事件,只要重写这个 Paint 事件就行了。

但是下一个问题又来了,重绘什么呢?是不是把 UpdateMap 函数重新执行一遍?这是不需要的,因为已经有了背景窗口,所以在重绘时,只需要把背景窗口内容再重新复制到前景窗口中就好了。现在来试一下,为地图窗口 Form1 添加一个事件处理函数 Paint,代码如下。

Form1.cs

```
        private void Form1_Paint(object sender, PaintEventArgs e)
        {
            if (backwindow != null)
                e.Graphics.DrawImage(backwindow, 0, 0);
        }
```

该函数相当简单,就是把背景窗口搬到前景窗口,其中的绘图工具 Graphics 直接从 Paint 事件的参数 e 中获得就好了。现在试一下运行程序,发现无论怎样移动窗口,或切换窗口状态,里面的地图内容都不会消失了。

此外,值得注意的是,在这里,我们并没有像 UpdateMap 函数中一样,在执行完绘图操作后,运行 graphics.Dispose() 命令回收绘图工具。其原因是,此处的 e.Graphics 并非由我们生成,而是直接引用的,而且在执行完毕上述语句后,可能还需要继续执行 Paint 事件的其他响应函数,因此我们不应该主动回收。一个简单原则就是:谁生成的,谁回收。这个原则其实也适用于所有涉及资源回收的类对象,比如 Bitmap。

有了 Paint 函数,我们发现,其实可以在 UpdateMap 函数中,直接调用 Paint 函数把背景窗口的内容绘制到前景窗口中,因为它们做的是同一件事。调用 Paint 函数的方法有些特殊,因为 Paint 函数是一个系统定义的窗口事件,我们需要通过系统的消息函数激活这个事件,这个消息函数就是 Invalidate,其含义就是令窗口内容失效,重绘窗体。代码如下。

Form1.cs

```
public void UpdateMap()
{
    //如果地图窗口被最小化了,就不用绘制了
    if (ClientRectangle.Width * ClientRectangle.Height == 0) return;
    //更新 view,以确保其地图窗口尺寸是正确的
    view.UpdateMapWindow(ClientRectangle);
    //如果背景窗口不为空,则先清除
    if (backwindow != null) backwindow.Dispose();
    //根据最新的地图窗口尺寸建立背景窗口
    backwindow = new Bitmap(ClientRectangle.Width, ClientRectangle.Height);
    //在背景窗口上绘图
    Graphics g = Graphics.FromImage(backwindow);
    //清空窗口
    g.FillRectangle(new SolidBrush(Color.White), ClientRectangle);
    //绘制空间对象
    foreach (XFeature feature in features)
        if(feature.spatial.extent.IntersectOrNot(view.CurrentMapExtent))
            feature.draw(g, view, true, 0);
    //回收绘图工具
    g.Dispose();
    //重绘前景窗口
    Invalidate();
}
```

5.4 解决显示内容变形的问题

当然,还存在其他问题,例如当拖动地图窗口的边框时,其地图内容不随之变化。其实在拖动边框、改变窗口大小时,也会自动引发 Paint 事件,但由于此时背景窗口已经不适应于新的窗口大小了,所以简单地复制背景窗口变得没有意义。这时就需要调用 UpdateMap 函数重新绘制背景窗口和前景窗口了。窗口大小发生变化时,会触发 SizeChanged 事件,我们为地图窗口 Form1 添加一个事件处理函数 SizeChanged,代码如下。

Form1.cs

```
private void Form1_SizeChanged(object sender, EventArgs e)
{
    UpdateMap();
}
```

运行程序,拖动窗口边框改变地图窗口大小,地图内容可以自动填充了,但是新问题又出现了,如图 5-2 所示,填充的内容是变形的,所有的点都压缩到一起。确切地说,是由于 XView

中的ScaleX与ScaleY是根据地图窗口的宽、高和地图范围确定的,而实际上,这两个参数之间的比例关系,也就是地图的纵横比,应该是保持不变的。

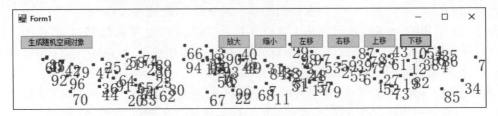

图 5-2　由于改变窗口大小造成的地图变形

如何保持ScaleX与ScaleY之间的比例关系不变,最简单的,令二者永远相等,这对大部分地图来说都是这样的。要实现这一点非常简单,只要在XView的Update函数中令二者都等于其中一个值即可,可以是其中的最大值或最小值,这样,就保证了显示内容不变形。修改后的Update函数代码如下,它令ScaleX及ScaleY均等于宽度或高度比值的最大值。

BasicClasses.cs/XView

```
public void Update(XExtent _extent, Rectangle _rectangle)
{
    CurrentMapExtent = _extent;
    MapWindowSize = _rectangle;
    MapMinX = CurrentMapExtent.getMinX();
    MapMinY = CurrentMapExtent.getMinY();
    WinW = MapWindowSize.Width;
    WinH = MapWindowSize.Height;
    MapW = CurrentMapExtent.getWidth();
    MapH = CurrentMapExtent.getHeight();
    ScaleX = ScaleY = Math.Max(MapW / WinW, MapH / WinH);
}
```

当然,读者也可以把上述函数中的Math.Max改成Math.Min,这样变形问题也不会发生,但显示内容可能有所变化。为理解此变化,我们添加一个新功能,就是"显示全图"。在form1.cs中,我们增加一个名为"bFullExtent"的按钮"全图",其单击事件处理函数代码如下。

Form1.cs

```
private void bFullExtent_Click(object sender, EventArgs e)
{
    if (features.Count == 0) return;
    XExtent fullextent = new XExtent(features[0].spatial.extent);
    for (int i = 1; i < features.Count; i++)
        fullextent.Merge(features[i].spatial.extent);
    view.Update(extent, ClientRectangle);
    UpdateMap();
}
```

该函数首先计算当前所有空间对象的最小外接地图范围(fullextent),然后据此更新当前视窗(view)重绘地图,达到显示全图的作用。这其中用到了XExtent的两个新的函数:一个是新的XExtent构造函数,它通过复制输入的地图范围构造新的地图范围;另一个是合并地图范围的Merge函数。为什么需要构造一个新的地图范围(fullextent),而不是直接等于features[0].spatial.extent呢?其原因是在调用Merge函数时,fullextent的值是会发生变化的,如果它的值是直接引用自features[0].spatial.extent,那么features[0]的空间范围也会发生变化,这显然是不对的。上述两个函数的实现代码如下。

BasicClasses.cs/XExtent

```
public XExtent(XExtent extent)
{
    upright = new XVertex(extent.upright);
    bottomleft = new XVertex(extent.bottomleft);
}
public void Merge(XExtent extent)
{
    upright.x = Math.Max(upright.x, extent.upright.x);
    upright.y = Math.Max(upright.y, extent.upright.y);
    bottomleft.x = Math.Min(bottomleft.x, extent.bottomleft.x);
    bottomleft.y = Math.Min(bottomleft.y, extent.bottomleft.y);
}
```

Merge 函数的原理是根据输入的地图范围，计算新的地图范围坐标极值，并更新当前地图范围；新的 XExtent 构造函数则通过复制节点的方法获得两个角点，它也引用了 XVertex 的一个新的构造函数，该构造函数其实也是复制了一个新的 XVertex 实例，避免修改原有实例，代码如下。

BasicClasses.cs/XVertex

```
public XVertex(XVertex v)
{
    x = v.x;
    y = v.y;
}
```

完成上述用于显示全图的代码后，重新运行程序，生成随机点，然后经过缩放、移动等浏览地图动作，再单击"全图"，会看到所有空间对象都会显示在地图窗口中。此时，如把 XView.Update 函数中的 Math.Max 改成 Math.Min，则发现，单击"全图"并不能保证显示的内容是完整的，而仅能保证单个轴向上是完整的。此外，不管是用 Math.Max 还是用 Math.Min，当显示全图时，地图内容都不在窗口中间，而是靠窗口的左方或下方。这是 XView 中的 ToMapVertex 和 ToScreenPoint 两个函数的问题造成的，这两个函数的代码如下。

BasicClasses.cs/XView

```
public Point ToScreenPoint(XVertex onevertex)
{
    double ScreenX = (onevertex.x - MapMinX) / ScaleX;
    double ScreenY = WinH - (onevertex.y - MapMinY) / ScaleY;
    return new Point((int)ScreenX, (int)ScreenY);
}

public XVertex ToMapVertex(Point point)
{
    double MapX = ScaleX * point.X + MapMinX;
    double MapY = ScaleY * (WinH - point.Y) + MapMinY;
    return new XVertex(MapX, MapY);
}
```

它们的坐标转换都是基于比例尺（ScaleX 和 ScaleY）及地图范围的最小横纵坐标值（MapMinX 和 MapMinY）的。而在新的 Update 函数中，由于 ScaleX 或 ScaleY 为保持地图不变形，被修改了取值，那这其实就意味着，当前在地图窗口中显示的地图范围与 Update 函数输入的地图范围已经不一致了，因此，MapMinX 和 MapMinY 也就不再是 Update 函数输入的地图范围的左下角 X 及 Y 坐标了。这就好比，我们希望把一个长方形的地图范围放进一个正方形的地图窗口中显示,那么,为了保证原有地图不变形,实际显示出来的地图范围也会是一个正方形,而不再是输入的长方形范围。基于上述考虑,我们就需要在 Update 函数中计算并更新实际显示的地图范围。新的 Update 函数代码如下。

BasicClasses.cs/XView

```
public void Update(XExtent _extent, Rectangle _rectangle)
{
    //给地图窗口赋值
    MapWindowSize = _rectangle;
    //计算地图窗口的宽度
    WinW = MapWindowSize.Width;
    //计算地图窗口的高度
    WinH = MapWindowSize.Height;
    //计算比例尺
    ScaleX = ScaleY = Math.Max(_extent.getWidth() / WinW, _extent.getHeight() / WinH);
    //根据比例尺计算新的地图范围的宽度
    MapW = ScaleX * WinW;
    //根据比例尺计算新的地图范围的高度
    MapH = ScaleY * WinH;
    //获得地图范围中心
    XVertex center = _extent.getCenter();
    //根据地图范围的中心,计算最小坐标极值
    MapMinX = center.x - MapW / 2;
    MapMinY = center.y - MapH / 2;
    //计算当前显示的实际地图范围
    CurrentMapExtent = new XExtent(MapMinX, MapMinX + MapW,
        MapMinY, MapMinY + MapH);
}
```

其过程就是,先计算比例尺、实际的地图范围(宽度和高度),然后根据希望显示的地图范围的中心,计算当前显示的坐标极值和地图范围。其中,获得地图范围中心的 getCenter 函数代码如下。

BasicClasses.cs/XExtent

```
public XVertex getCenter()
{
    return new XVertex((upright.x + bottomleft.x) / 2, (upright.y + bottomleft.y) / 2);
}
```

重新运行程序,发现当窗口尺寸发生变化时,地图内容的改变比较符合正确的感觉了。

5.5 提高显示效率

目前显示的地图数据都是比较简单的,所以显示速度好像还可以,但如果需要显示大量的空间对象,可能就要慢很多了。为此,一个提高显示效率的办法就是不要绘制那些不可能出现在当前地图窗口中的对象。如何判断一个空间对象是否会出现在当前窗口呢?只要判断当前地图窗口对应的地图范围与空间对象的地图范围是否相交即可,如不相交,那就不需要绘制了。

据此,修改 Form1.cs 中的 UpdateMap 函数,在绘制空间对象时,完成这一判断即可,部分修改代码如下。

Form1.cs

```
public void UpdateMap()
{
    ……
```

```
//绘制空间对象
foreach (XFeature feature in features)
    if(feature.spatial.extent.IntersectOrNot(view.CurrentMapExtent))
        feature.draw(g, view, true, 0);
    ……
}
```

XExtent 的 IntersectOrNot 函数是用来判断当前的地图范围(也就是 feature.spatial.extent)是否与输入的地图范围(即 view.CurrentMapExtent)相交,如果相交,就继续画下去。IntersectOrNot 函数定义如下。

BasicClasses.cs/XExtent

```
public bool IntersectOrNot(XExtent extent)
{
    return !(getMaxX() < extent.getMinX() || getMinX() > extent.getMaxX()
        || getMaxY() < extent.getMinY() || getMinY() > extent.getMaxY());
}
```

该函数就是排除所有不相交的可能,剩下的就必然是相交,其中只有逻辑判断,所以效率会很高。

现在把随机点的数量从 100 提高到 10 000,重新运行程序。尝试浏览地图,观察一下,当地图窗口中空间对象数量变少时,地图显示速度是否变快了。如果肉眼观察比较困难,可以在 Form1.UpdateMap 函数中增加一个时间(DateTime)变量,计算每次完成 UpdateMap 函数的运行时长,并把结果显示出来,或者通过 Console.WriteLine 打印出来看看。

5.6 总结

本章介绍了一些系统开发中的细节问题。经过上述的调整,相信迷你 GIS 变得更加强大了。但在实际的使用中,也许还会遇到各种奇怪的问题,希望读者能从本书中得到一些启发,试着解决这些问题。

第6章 矢量图层

图层是 GIS 里非常重要的概念,它是具备相同空间类型和属性数据结构的对象集合,通过对图层的定义和管理,就可以批量实现对其所包含的各个对象的操作。在之前的章节中,我们在 Form1.cs 中定义的全局变量 features 其实就是一个集合,可以被组合成一个图层。在 GIS 中,根据空间数据记载方式的不同,可分为矢量数据模型和栅格数据模型。截至目前,我们的开发工作都是基于矢量数据模型的,相应地,本章讨论的图层也是矢量图层,在后续章节中,我们会介绍栅格图层的开发工作。

6.1 建立属性数据的字段结构

矢量图层除了记录空间对象集合,还要记录一些通用的信息,比如图层名称、空间对象类型、属性字段信息等。其中,属性字段信息其实就是描述空间对象所具有的属性字段的特征或数据结构,例如属性名称和属性数据类型,在图层中把这些信息记录清楚,那么在每个空间对象中,就不必再重复记录了。

针对一个单独的属性字段信息,我们定义一个新的类 XField,用来记录它的特征,其类定义如下。

BasicClasses.cs

```
class XField
{
    public Type datatype;
    public string name;
    public XField(Type _dt, string _name)
    {
        datatype = _dt;
        name = _name;
    }
}
```

XField 包含属性字段的类型(datatype)及名称(name)。其中 datatype 可以是 C#语言支持的各种数据类型,如表 6-1 所示,读者可参见任何一本讲述 C#语言编程的教材了解关于数据类型的更详细解释。

表 6-1 C#语言支持的数据类型一览表

数据类型	取值范围	含义	类名
bool	true 或者 false	16 位布尔值	System.Boolean
byte	0~255	无符号 8 位整数	System.Byte

续表

数据类型	取值范围	含义	类名
char	0~65 535	Unicode 编码字符	System.Char
decimal	±1.0e−28~±7.9e28	有符号 128 位实数	System.Decimal
double	±5.0e−324~±1.7e308	有符号 64 位实数	System.Double
float	±1.5e−45~±3.4e38	有符号 32 位实数	System.Single
int	−2 147 483 648~2 147 483 647	有符号 32 位整数	System.Int32
long	−9 223 372 036 854 775 808~ 9 223 372 036 854 775 807	有符号 64 位整数	System.Int64
sbyte	−128~127	有符号 8 位整数	System.SByte
short	−32 768~32 767	有符号 16 位整数	System.Int16
string	变长字符串	字符串	System.String
uint	0~4 294 967 295	无符号 32 位整数	System.UInt32
ulong	0~18 446 744 073 709 551 615	无符号 64 位整数	System.UInt64
ushort	0~65 535	无符号 16 位整数	System.UInt16

如需要定义一个名为"roadname"的字符串(string)类型的属性字段，则可运行如下语句：
XField newField＝new XField(typeof(string),"roadname")。

一个空间对象通常具有多个属性字段，因此，它在图层中的定义应该是一个 XField 的数组，如 List＜Field＞。

6.2　空间对象类型

图层定义中需要记录空间对象的类型。本书暂时不会涉及三维空间对象，因此，可能的空间对象类型仅包括点、线、面三类。为此，我们定义一个枚举类型 SHAPETYPE 来记录它们，代码如下。

BasicClasses.cs

```
public enum SHAPETYPE
{
    Point,
    Line,
    Polygon,
    unknown
};
```

该枚举类型中还包含一个 unknown 枚举值，指的是未知的空间对象类型，这是出于完整性考虑添加的。

6.3　矢量图层类定义

我们定义一个新的类，名为 XVectorLayer，用于描述矢量图层，它是具有相同类型的空间实体的集合，其类定义如下。

BasicClasses.cs

```
class XVectorLayer
{
    public string Name;
    public SHAPETYPE ShapeType;
    public List<XFeature> Features = new List<XFeature>();
```

```csharp
        public XExtent Extent;
        public List<XField> Fields = new List<XField>();
        public bool LabelOrNot = true;
        public int LabelIndex = 0;

        public XVectorLayer(string _name, SHAPETYPE _shapetype)
        {
            Name = _name;
            ShapeType = _shapetype;
        }

        public void UpdateExtent()
        {
            if (Features.Count == 0)
                Extent = null;
            else
            {
                Extent = new XExtent(Features[0].spatial.extent);
                for (int i = 1; i < Features.Count; i++)
                    Extent.Merge(Features[i].spatial.extent);
            }
        }

        public void AddFeature(XFeature feature)
        {
            Features.Add(feature);
            if (Features.Count == 1)
                Extent = new XExtent(feature.spatial.extent);
            else
                Extent.Merge(feature.spatial.extent);
        }

        public void RemoveFeature(int index)
        {
            Features.RemoveAt(index);
            UpdateExtent();
        }

        public int FeatureCount()
        {
            return Features.Count;
        }

        public XFeature GetFeature(int index)
        {
            return Features[index];
        }

        public void Clear()
        {
            Features.Clear();
            Extent = null;
        }

        public void draw(Graphics graphics, XView view)
        {
            if (Extent == null) return;
            if (!Extent.IntersectOrNot(view.CurrentMapExtent)) return;
            for (int i = 0; i < Features.Count; i++)
            {
```

```
            if (Features[i].spatial.extent.IntersectOrNot(view.CurrentMapExtent))
                Features[i].draw(graphics, view, LabelOrNot, LabelIndex);
        }
    }
}
```

它包括 7 个属性成员：Name 是图层的名称；ShapeType 记录了空间对象类型，是枚举类型 SHAPETYPE 的一个取值；Features 是这个图层中包含的所有空间对象实体；Extent 是该图层的地图范围；Fields 为属性字段定义数组；LabelOrNot 决定在绘制图层时是否需要标注属性信息；LabelIndex 记录需要标注的属性序列号。

所有属性成员前面都加了 public，表示可以在外部引用，这只是为了开发时的便利。在实际中，应该根据情况，将需要的属性变成 private，即无法在类之外直接引用。比如说 Features，因为与它相关的操作通常需要类内其他成员配合，因此还是不要被类之外的函数操作为妙。其他 public 成员也可以在类之外直接读取和修改，但修改时也是要非常当心的，比如 ShapeType 就不能随便修改。

该图层的类定义还包括一系列函数，其构造函数需要初始化空间对象类型 ShapeType 及图层名称(Name)；UpdateExtent 函数用于更新图层的空间范围，如果图层中没有空间对象，则其空间范围为 null，否则就顺序合并每一个空间对象的范围，形成整个图层的空间范围；AddFeature 函数用于向数组 Features 里添加一个空间对象，在添加过程中，也需要通过合并 (Merge) 的方式实时修改图层空间范围 (Extent) 的取值；RemoveFeature 函数用于从 Features 中删除指定序号的空间对象，删除之后需要调用 UpdateExtent 函数更新图层的空间范围；FeatureCount 函数用于计算数组 Features 的数量；GetFeature 函数用于根据存储在数组 Features 中的序列号返回一个空间对象；Clear 函数用于删除图层中的所有空间对象，删除后，需要令图层空间范围变成 null；draw 函数用于绘制对象，在绘制之前，先检查图层范围是否为空，为空则表示没有空间对象，然后，检查图层的范围和当前地图范围是否相交，如果根本不相交，则没有继续绘制的必要了，之后，调用图层中每个 XFeature 实例的 draw 函数，其中引用了 LabelOrNot 和 LabelIndex 的属性值，在绘制每一个对象之前，我们还是根据第 5 章中的做法，检查一下它与当前视野范围是否相交，如果不相交就不需要绘制了。上述的一系列判断，有效地提高了图层绘制的效率。

6.4 矢量图层类的应用

根据上述图层的类定义，让我们来进一步完善迷你 GIS。打开 Form1.cs，将原来用于记录空间对象的 features 去掉，取而代之的是 XVectorLayer 的实例 layer，这个 layer 被初始化为一个点图层，其名称为"pointlayer"。

Form1.cs
```
public partial class Form1 : Form
{
    //List<XFeature> features = new List<XFeature>();
    XVectorLayer layer = new XVectorLayer("pointlayer", SHAPETYPE.Point);
    ……
```

注释掉 features 后，Form1.cs 里面立刻会有十几处错误提醒，不过都很容易解决。首先，在鼠标单击事件处理函数中，需要把针对 features 的引用都换成 layer，为了让读者看得清楚，这里保留了原始语句，只不过加了一条删除线，在实际编码中，请删掉或注释掉加了删除线的语句，但请注意，在之后的代码中，不会特别保留需要删除的语句。修改后的鼠标单击事件处理函数代码如下。

Form1.cs

```csharp
private void Form1_MouseClick(object sender, MouseEventArgs e)
{
    //检查是否有空间对象
    if (features.Count == 0)
    if (layer.FeatureCount() == 0)
    {
        MessageBox.Show("没有任何空间对象!");
        return;
    }
    //将鼠标单击位置转换成地图坐标
    XVertex onevertex = view.ToMapVertex(e.Location);
    //查找距离上述地图坐标最近的空间对象
    double mindistance = Double.MaxValue;
    int findid = -1;
    for (int i = 0; i < features.Count; i++)
    for (int i = 0; i < layer.FeatureCount(); i++)
    {
        //计算空间对象与某一地图位置之间的距离
        double distance = features[i].Distance(onevertex);
        double distance = layer.GetFeature(i).Distance(onevertex);
        if (distance < mindistance)
        {
            mindistance = distance;
            findid = i;
        }
    }
    //计算与地图距离对应的屏幕距离
    double ScreenDistance = view.ToScreenDistance(mindistance, onevertex);
    //如果屏幕距离过大，则表示单击不准确
    if (ScreenDistance > 5)
    {
        MessageBox.Show("鼠标单击位置不准确!");
    }
    //找到一个空间对象，显示其属性信息
    else
    {
        MessageBox.Show(features[findid].getAttribute(0).ToString());
        MessageBox.Show(layer.GetFeature(findid).getAttribute(0).ToString());
    }
}
```

在生成随机点对象的单击文件处理函数中，同样是把 features 换成 layer，修改后的代码如下。

Form1.cs

```csharp
private void bCreateRandomObjects_Click(object sender, EventArgs e)
{
    Random rand = new Random();
    layer.Clear();
    for (int i = 0; i < 10000; i++)
    {
        double x = rand.NextDouble() * Width;
        double y = rand.NextDouble() * Height;
        XPoint point = new XPoint(new XVertex(x, y));
        XAttribute attribute = new XAttribute();
```

```
            attribute.AddValue(i);
            XFeature feature = new XFeature(point, attribute);
            Layer.AddFeature(feature);
        }
        UpdateMap();
    }
```

针对 UpdateMap 函数，由于 layer 可以负责针对每一个对象的绘制，因此只需简单调用 draw 函数即可，最终的代码如下。

Form1.cs

```
public void UpdateMap()
{
    //如果地图窗口被最小化了,就不用绘制了
    if (ClientRectangle.Width * ClientRectangle.Height == 0) return;
    //更新 view,以确保其地图窗口尺寸是正确的
    view.UpdateMapWindow(ClientRectangle);
    //如果背景窗口不为空,则先清除
    if (backwindow != null) backwindow.Dispose();
    //根据最新的地图窗口尺寸建立背景窗口
    backwindow = new Bitmap(ClientRectangle.Width, ClientRectangle.Height);
    //在背景窗口上绘图
    Graphics g = Graphics.FromImage(backwindow);
    //清空窗口
    g.FillRectangle(new SolidBrush(Color.White), ClientRectangle);
    //绘制空间对象
    layer.draw(g, view);
    //回收绘图工具
    g.Dispose();
    //重绘前景窗口
    Invalidate();
}
```

最后一个需要修改的地方就是按钮"显示全图"的单击事件处理函数。在原有函数中，我们需要计算所有 features 合并的一个地图范围作为全图显示范围，现在，我们不需要这样做了，因为 layer 的 Extent 属性就是记载全图范围，可以直接引用。这样，代码得到进一步简化，如下。

Form1.cs

```
private void bFullExtent_Click(object sender, EventArgs e)
{
    view.Update(layer.Extent, ClientRectangle);
    UpdateMap();
}
```

现在已经解决了所有的错误，可以运行程序试试看了。

6.5 总结

使用图层将属性结构与空间类型相同的空间对象组织起来，是 GIS 中最常规的做法，否则，如果让用户直接面对和操作海量不同结构和类型的空间对象，那将是一种灾难。

在本章最后的程序运行过程中，结果与第 5 章似乎完全相同，不同之处在于以下两点：首先，数据组织形式变了；其次，数据处理效率变高了。例如，在绘制时，图层的 draw 函数会检查图层的整体范围与当前地图范围的空间关系，如果不相交，就避免了后面针对逐个对象进行

相交判断的必要；再例如，显示全图时，不需要每次都重新计算全图范围了。当图层中空间数据的数量非常多时，处理效率的差距就显现出来了。

　　图层的属性成员其实还可以根据需要进行添加，例如，用一个布尔类型的属性记录图层是否需要显示或是否可选择等。此外，图层的属性可在外部进行修改，读者可以尝试在界面中添加一个复选框，当复选框取值发生变化时，令图层中 LabelOrNot 属性值等于复选框的值，然后调用 UpdateMap 函数，则可实现空间对象标签显示与否的切换。

　　在本章的例子中，虽然定义了 XField，但是在图层操作中似乎没有用到，那是因为还没有读取真正的图层数据，而是随机生成了一些点对象，点对象仅给出了一个属性值，在代码中直接读取了属性值，没有涉及字段信息（即类型和字段名称），所以暂未涉及 XField，在之后的章节中将开始使用 XField 记录图层字段结构。

第7章

用鼠标实现浏览

鼠标是一种屏幕位置提取设备,在地图窗口中可以发挥很大的作用,在此之前,我们用鼠标实现了点选的操作,这一章我们打算让它发挥更大的作用,实现地图的缩放与平移。

7.1 定义鼠标的功能

鼠标有很多种动作,当它在屏幕上移动或按下一个按钮时,需要事先知道它想要做什么,才能做出相应的处理。为此,需要定义鼠标当前的操作类型。实际上,在第4章中,我们已经定义了一个用于地图浏览的枚举类型 XExploreActions,它包含放大、缩小及四向移动。当然,利用鼠标可以实现更灵活的地图浏览操作,这样,我们就需要在该枚举类型中,增加更多的枚举值,下面逐一定义。

- **鼠标滚轮缩放操作**:通过滚动鼠标上的滚轮,实现地图窗口的放大和缩小,这是目前非常通用的缩放操作,通过响应滚轮事件,根据滚动方向,就可确定当前的浏览操作类型。这与第6章的程序中单击按钮"放大"或"缩小"达到的效果是一样的。可以直接借用枚举类型 XExploreActions 中现有的 zoomin 和 zoomout 两个枚举值。在本书中,我们定义鼠标滚轮向前滚动是放大,向后滚动时缩小。当然,读者完全可以反过来定义。
- **鼠标拖动拉框放大**:按住鼠标的某一个键,移动鼠标,在移动过程中,地图窗口中出现一个矩形框,然后抬起该鼠标键,则矩形框中框选的地图范围成为接下来整个地图窗口中要显示的内容,也就是说,用一个小的地图范围填充整个地图窗口,这显然是一个放大操作。该操作类型似乎与按照固定比例放大的 zoomin 操作不完全一样,为此,我们在 XExploreActions 中定义了一个新的值:zoominbybox。在本书中,我们定义按住鼠标左键拖动,并且按住键盘上的按键 Shift 时,执行的是拉框放大操作。
- **鼠标拖动平移**:仍然是按住鼠标的某一个键,移动鼠标,在移动过程中,整个地图窗口的内容都随着鼠标的移动而移动,如图7-1所示,也即地图范围在实时变化,但缩放比例是不变的,移动的方向是自由的,为此,我们在 XExploreActions 中定义了一个新的值:pan。在本书中,我们定义按住鼠标左键拖动,执行的是平移操作。
- **空操作**:因为鼠标的各种事件可能是随时发生的,如上述定义,一些操作需要我们去处理,而除此之外的操作,完全不需理会。我们可能需要一个枚举值来记录当前的状态,为此,我们在 XExploreActions 中定义了一个新的值指代无操作:noaction。当然,noaction 也特别适合用来初始化浏览操作,也就是说,在浏览开始时,我们什么实际的浏览动作都没做,但 XExploreActions 的实例总是需要一个取值才合适,这时,即可令它为 noaction。

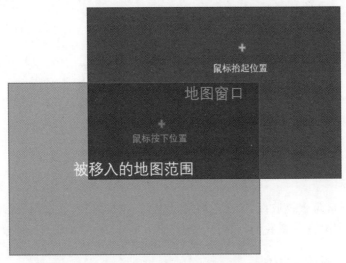

图 7-1 移动操作示意图

根据上述定义,完善后的 XExploreActions 可定义如下。

BasicClasses.cs

```
enum XExploreActions
{
    zoomin, zoomout,
    moveup, movedown, moveleft, moveright,
    zoominbybox, pan, noaction
};
```

完成上述功能定义后,让我们来将这些功能与鼠标的动作关联起来,为此,需要为 Form1 添加四个鼠标事件处理函数,添加后,在 Form1.cs 中会自动出现如下的新函数。

Form1.cs

```
/// <summary>
/// 按下鼠标某个按键时触发的事件
/// </summary>
/// <param name = "sender"></param>
/// <param name = "e"></param>
private void Form1_MouseDown(object sender, MouseEventArgs e)
{

}

/// <summary>
/// 鼠标移动时触发的事件
/// </summary>
/// <param name = "sender"></param>
/// <param name = "e"></param>
private void Form1_MouseMove(object sender, MouseEventArgs e)
{

}

/// <summary>
/// 鼠标按键抬起时触发的事件
/// </summary>
```

```
/// <param name = "sender"></param>
/// <param name = "e"></param>
private void Form1_MouseUp(object sender, MouseEventArgs e)
{

}
/// <summary>
/// 鼠标滚轮滚动时触发的事件
/// </summary>
/// <param name = "sender"></param>
/// <param name = "e"></param>
private void Form1_MouseWheel(object sender, MouseEventArgs e)
{

}
```

这里需要特别说明的是滚轮事件处理函数 Form1_MouseWheel,它并不能像其他函数一样,通过在设计器的事件列表中找到,并由系统自动添加(至少在作者所用的 Visual Studio 环境下无法找到),而只能通过手工修改 Form1.Designer.cs 文件,修改方法非常简单,就是在 InitializeComponent 函数中找到其他鼠标事件处理函数,在它们后面,添加一个针对滚轮事件(MouseWheel)的引用即可,当然,其实这句话可以添加到 InitializeComponent 函数的任何地方,放到此处只是为了看起来更加规整,代码如下。

Form1.Designer.cs/Form1.InitializeComponent()

```
……
            this.MouseDown  += new System.Windows.Forms.MouseEventHandler(this.Form1_MouseDown);
            this.MouseMove  += new System.Windows.Forms.MouseEventHandler(this.Form1_MouseMove);
            this.MouseUp += new System.Windows.Forms.MouseEventHandler(this.Form1_MouseUp);
            this.MouseWheel += new System.Windows.Forms.MouseEventHandler(this.Form1_MouseWheel);
……
```

接下去,我们需要在 Form1.cs 中,为鼠标事件处理函数增加两个全局变量 MouseDownLocation 及 MouseMovingLocation,前者记录了鼠标键被按下去的时候鼠标所在的位置,后者则记录了鼠标移动时所处的位置。此外,又定义了一个 XExploreActions 类型的变量 currentMouseAction,用于记录鼠标目前的动作,其初始值为 noaction,代码如下。

Form1.cs

```
public partial class Form1 : Form
{
    XVectorLayer layer = new XVectorLayer("pointlayer", SHAPETYPE.Point);
    XView view = null;
    Bitmap backwindow;
    Point MouseDownLocation, MouseMovingLocation;
    XExploreActions currentMouseAction = XExploreActions.noaction;
    ……
```

现在,所有的准备工作都已完成,我们可以通过逐一实现上述鼠标事件处理函数,完成各项基于鼠标的地图浏览功能。

7.2 鼠标按键事件

鼠标按键事件是连续发生的,即按下(MouseDown)->移动(MouseMove)->抬起(MouseUp)。

由于在 Form1.cs 中，原来就有一个处理鼠标单击（MouseClick）事件的函数，而这个函数的存在会干扰上述鼠标按键过程，因此，我们先暂时屏蔽该函数。可以在 Form1 的设计器里，在事件 MouseDown 后面，删掉现有的函数名称即可。这样，在 Form1.cs 中，Form1_MouseClick 函数依然存在，但已经不会被调用了，而该函数还不需要删除，因为其代码内容可能被后续章节所采用。接下来，我们来逐一实现鼠标按键按下、鼠标移动和鼠标按键抬起的事件处理函数。

鼠标按键按下事件是最简单的部分，我们希望通过鼠标的动作判断用户的浏览意图，同时记录鼠标键的按下位置。首先，我们会判断是否按下的是鼠标左键，如果不是，则直接返回；接着，我们判断是否用户同时也按住了键盘上的按键 Shift，如果是，则用户希望拉框放大（zoominbybox），否则，用户是希望平移地图（pan）。代码如下。

Form1.cs

```csharp
private void Form1_MouseDown(object sender, MouseEventArgs e)
{
    if (e.Button != MouseButtons.Left) return;
    MouseDownLocation = e.Location;
    if (Control.ModifierKeys == Keys.Shift)
        currentMouseAction = XExploreActions.zoominbybox;
    else
        currentMouseAction = XExploreActions.pan;
}
```

当鼠标移动时，我们需要记录鼠标实时移动的位置，同时根据不同浏览意图，修改地图窗口的内容，比如说，我们希望在拉框放大时，在窗口中显示一个矩形框，在移动地图时，地图内容会跟着鼠标一起移动，但是，这些修改显示内容的动作应该放在窗口更新内容函数 Paint 中处理为好，至于如何处理，我们稍后解决，此处，我们只需直接调用激活 Paint 函数的 Invalidate 命令即可，代码如下。

Form1.cs

```csharp
private void Form1_MouseMove(object sender, MouseEventArgs e)
{
    MouseMovingLocation = e.Location;
    if (currentMouseAction == XExploreActions.zoominbybox||
        currentMouseAction == XExploreActions.pan)
    {
        Invalidate();
    }
}
```

当鼠标按键抬起时，就是需要真正处理地图浏览动作的时候了。我们首先判断鼠标按键按下和抬起时地图的位置是否一样，如果是一样的，那就无须操作了；否则，将上述鼠标位置转成地图坐标。针对拉框放大操作，建立新的地图范围，更新 view；针对平移操作，根据鼠标移动的相对距离更新 view 的地图中心。完成 view 的更新后，重绘地图，完成拉框放大或平移操作。不管何种情况，退出此函数前，都需要复原地图浏览动作，将其赋值成 noaction。代码如下。

Form1.cs

```csharp
private void Form1_MouseUp(object sender, MouseEventArgs e)
{
    if (MouseDownLocation == e.Location)
    {
        currentMouseAction = XExploreActions.noaction;
```

```
            return;
    }
    XVertex v1 = view.ToMapVertex(MouseDownLocation);
    XVertex v2 = view.ToMapVertex(e.Location);

    if (currentMouseAction == XExploreActions.zoominbybox)
    {
        XExtent extent = new XExtent(v1, v2);
        view.Update(extent, ClientRectangle);
    }
    else if (currentMouseAction == XExploreActions.pan)
    {
        view.OffsetCenter(v1, v2);
    }
    UpdateMap();
    currentMouseAction = XExploreActions.noaction;
}
```

上述代码中，有两点需要特别注意。根据两个地图坐标 v1 及 v2，构建新的地图范围是 XExtent 已经存在的一个构造函数，但是，这个原本的构造函数要求这两个输入值一个是左下角点，另一个是右上角点，然而，上述函数中的 v1 和 v2 不一定满足这个要求，这显然是一个不可靠的调用。为此，我们应该做的事情是完善 XExtent 的构造函数，让其适应性更高，放松对输入角点的要求，自动计算角点代表的极值，赋值给 upright 及 bottomleft，具体代码如下。

BasicClasses.cs/XExtent

```
public XExtent(XVertex _oneCorner, XVertex _anotherCorner)
{
    upright = new XVertex(Math.Max(_anotherCorner.x, _oneCorner.x),
                          Math.Max(_anotherCorner.y, _oneCorner.y));
    bottomleft = new XVertex(Math.Min(_anotherCorner.x, _oneCorner.x),
                             Math.Min(_anotherCorner.y, _oneCorner.y));
}
```

MouseUp 事件处理函数代码中的 view.OffsetCenter(v1, v2) 函数也是一个尚未实现的新函数，其目的就是根据两个输入坐标值的相对位移变化来更新地图范围的中心。它在 XView 中的实现代码如下。

BasicClasses.cs/XView

```
public void OffsetCenter(XVertex vFrom, XVertex vTo)
{
    Point pFrom = ToScreenPoint(vFrom);
    Point pTo = ToScreenPoint(vTo);
    Point newCenterPoint = new Point(MapWindowSize.Width / 2 - pTo.X + pFrom.X,
        MapWindowSize.Height / 2 - pTo.Y + pFrom.Y);
    XVertex newCenter = ToMapVertex(newCenterPoint);
    UpdateMapCenter(newCenter);
}
```

OffsetCenter 函数首先获得输入坐标的屏幕位置，然后据此计算新的屏幕中心，进而算出新的地图中心坐标，然后调用另外一个新的 UpdateMapCenter 函数，实现地图中心的更新。这里，可能一些读者会认为，不必通过屏幕坐标，直接通过地图坐标的偏移量即可计算新的地图中心。如果地图坐标是可量算的平面直角投影坐标，那么这种做法是可行的；但是，如果该坐标是球面地理坐标，则不可行，因为此时坐标值为不可量算，不可加减，当然，如果坐标为球面地理坐标，那么 ToMapVertex 及 ToScreenPoint 两个函数的内容也需要更新，在此不做过多讨论。UpdateMapCenter 函数定义如下。

BasicClasses.cs/XView

```
private void UpdateMapCenter(XVertex newCenter)
{
    CurrentMapExtent.SetCenter(newCenter);
    Update(CurrentMapExtent, MapWindowSize);
}
```

其中又一次引入了 SetCenter 新函数，它被定义在 XExtent 中，代码如下。

BasicClasses.cs/XExtent

```
internal void SetCenter(XVertex newCenter)
{
    double width = getWidth();
    double height = getHeight();
    upright = new XVertex(newCenter.x + width / 2, newCenter.y + height / 2);
    bottomleft = new XVertex(newCenter.x - width / 2, newCenter.y - height / 2);
}
```

SetCenter 函数利用地图范围现有的宽度和高度，加上新的中心，计算出新的角点。

完成上述编码工作后，其实已经可以运行程序，实现鼠标拉框放大及平移操作了，只不过显得有些奇怪，缺乏移动中的提示信息，这时就需要在 Paint 函数中，根据浏览动作，绘制相应的信息，而事件处理函数 MouseUp 会通过 Invalidate 命令调用它。完善后的 Paint 函数如下。

Form1.cs

```
private void Form1_Paint(object sender, PaintEventArgs e)
{
    if (backwindow == null) return;
    if (currentMouseAction == XExploreActions.pan)
    {
        e.Graphics.DrawImage(backwindow,
            MouseMovingLocation.X - MouseDownLocation.X,
            MouseMovingLocation.Y - MouseDownLocation.Y);
    }
    else if (currentMouseAction == XExploreActions.zoominbybox)
    {
        e.Graphics.DrawImage(backwindow, 0, 0);
        int x = Math.Min(MouseDownLocation.X, MouseMovingLocation.X);
        int y = Math.Min(MouseDownLocation.Y, MouseMovingLocation.Y);
        int width = Math.Abs(MouseDownLocation.X - MouseMovingLocation.X);
        int height = Math.Abs(MouseDownLocation.Y - MouseMovingLocation.Y);
        e.Graphics.DrawRectangle(new Pen(Color.Red, 2), x, y, width, height);
    }
    else
    {
        e.Graphics.DrawImage(backwindow, 0, 0);
    }
}
```

上述 Paint 函数首先判断用作双缓冲的背景窗口是否有内容，如果没有，则不需要绘制，直接返回；如果有，则根据当前鼠标浏览动作做相应处理。如果现在是平移操作，则将背景窗口的内容按照当前的偏移量进行绘制；如果是拉框放大操作，则首先把背景窗口的内容复制到当前窗口，然后计算两个鼠标位置代表的矩形框范围。最后，绘制一个红色的矩形框；如果当前非上述两种操作，则直接将背景窗口的内容复制到当前窗口即可。

现在再次运行一下程序，发现效果好多了，唯一的不足就是放大后的地图无法缩小，这时，就需要 7.3 节的鼠标滚轮操作来帮忙了。

7.3 鼠标滚轮事件

此次鼠标滚轮事件就是实现放大和缩小地图,由于滚轮是一种瞬间执行的事件,因此其操作就类似单击一个按钮,根据滚轮参数 e.Delta 的符号来决定所采取的动作,再根据动作修改 view,然后重绘地图即可。代码如下。

Form1.cs

```
private void Form1_MouseWheel(object sender, MouseEventArgs e)
{
    XExploreActions action = XExploreActions.noaction;
    if (e.Delta > 0)
    {
        action = XExploreActions.zoomin;
    }
    else
    {
        action = XExploreActions.zoomout;
    }
    view.ChangeView(action);
    UpdateMap();
}
```

现在运行迷你 GIS,会发现它的地图浏览功能已经非常便捷了。Form1 界面上原有的那些浏览按钮已经失去意义,可以直接删除,对应的单击事件处理函数 MapExploreButtonClick 也可以删掉了。最终的界面如图 7-2 所示。

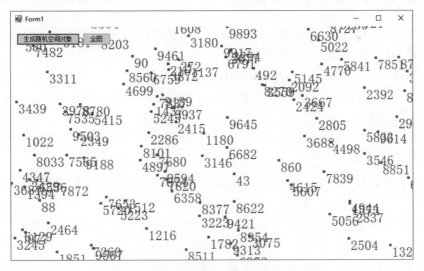

图 7-2　清理多余的地图浏览按钮后的界面

7.4 总结

现在,读者也许发现,就像常用的 GIS 商业软件一样,迷你 GIS 地图的浏览功能变得非常方便。目前还保留的按钮只有两个,一个是"生成随机空间对象",另一个是"全图"。显然,我们不能仅用随机生成的方式来构建空间对象图层,在第 8 章中,我们将学习如何打开真正的地图图层数据。

显示全图功能其实也可以整合入鼠标操作中,比如双击鼠标按键,读者可以自己尝试。对于书中定义的鼠标操作方式,如果读者觉得不习惯,也完全可以修改,这就是底层开发的好处。

第8章

读取Shapefile中的点实体

▶▶▶

目前很多空间信息已经数字化,不再需要一个点一个点地输入电脑中。这些数字化的信息存储于各种数据库或文件中,需要有能力从这些数据源中读取数据。其中,很多数据都以ESRI 公司的 Shapefile 形式或者以可以转换成 Shapefile 的形式存储。因此,我们这一章就学习如何从 Shapefile 中读取数据。学会读取 Shapefile 文件的意义很大,首先,可以令这个 GIS 成为一个开放的系统,获得更多的已有数据。其次,可以学习一下空间数据是如何存储到电脑中的,这样,也可以设计自己的数据存储方式。

8.1 Shapefile 文件结构概览

Shapefile 白皮书是一份描述 Shapefile 数据存储格式的说明性文件,对正确读取文件有很大帮助,所以读者先从 ESRI 公司的网站上下载 Shapefile 的白皮书,网址如下:http://www.esri.com/library/whitepapers/pdfs/Shapefile.pdf。

或者读者可以在网络搜索引擎中搜索关键词"ESRI Shapefile Technical Description",通常找到的第一项就是这本白皮书。

Shapefile 白皮书中详细介绍了 Shapefile 的文件格式,建议读者能够认真地阅读,此处仅把其中的关键信息摘录如下。

首先,一个完整的 Shapefile 文件实际上是由多个文件组成的,其中必不可少的两个文件如下:

- *.shp 文件:记录了每一个对象的空间数据,即 XFeature 中的 spatial。
- *.dbf 文件:记录了每一个对象的属性数据,即 XFeature 中的 attribute。

在本章中,我们将仅介绍 shp 文件的读取方法,dbf 文件的读取放在以后章节中介绍。shp 文件是一个二进制文件,也就是说,每一字节都代表的是一个数值,而不是 ASCII 码,如果在文本处理软件中打开,见到的只会是乱码。在这样的二进制文件中,通常是由一个或多字节构成一个完整的、有意义的数字,每个数字根据所在位置不同具有不同的含义。在 shp 文件中只包括三种数字,如下。

- Big Integer:由 4 字节构成的整数,高位数字存储于前面,例如,整数 287454020 用十六进制表示就是 0x11223344,其中"0x"表示后面的数字是十六进制的,这个数字由 4 字节构成,字节值分别为 0x11,0x22,0x33,0x44。在文件中,如果按照 Big Integer 的形式存储,那么在文件中的存储顺序是 0x11,0x22,0x33,0x44。
- Little Integer:同样是由 4 字节构成的整数,但高位数字存储于后面。以上面的数字为例,0x11223344,如果按照 Little Integer 的形式存储,那么在文件中的存储顺序是 0x44,0x33,0x22,0x11。

- Little Double：由 8 字节构成的双精度浮点数,高位数字存储于后面,Double 型的数字用十六进制表示法比较复杂,这里就不举例说明了,但要记住的一点就是,它在文件中是由连续 8 字节组成的。

可能读者会觉得很奇怪,为什么要有 Big 和 Little 的区别,这其实与计算环境或中央处理器(central process unit,CPU)有关。对于大部分 CPU 来说,字节都是按照 Little 形式存储的,在 C#语言中也是这样；但在一些情况下,可能是按照 Big 形式存储的,比如在网络上传输数字时。然而,为何要在一个文件中出现 Big 和 Little 两种字节顺序,这个答案只能由几十年前 Shapefile 的设计者回答了。缺省情况下,如果利用 C#语言来读取上述文件,则可以正确地读取 Little Integer 和 Little Double 型的数字,但读到 Big Integer 型数字就是错误的,需要转换字节顺序才行。读取方法和转换方法会稍后介绍。

每一个 shp 文件的结构都是一样的,包括一个文件头和一系列记录,每条记录就是一个空间对象实体,包括一个记录头和记录内容。文件头的大小是固定的,一共有 100 字节,由如下信息顺序构成：

- 7 个 Big Integer 型数字,目前没有实际意义,共计 28 字节。
- 1 个 Little Integer 型数字,版本号,没有实际意义,4 字节。
- 1 个 Little Integer 型数字,代表的是空间对象类型(Shape Type),4 字节,关于它代表的具体空间对象类型稍后介绍。
- 4 个 Little Double 型数字,分别记录这个文件中所有空间对象的坐标中的最小横坐标、纵坐标和最大横坐标、纵坐标,即空间范围,也就是定义的 XExtent,共计 32 字节。
- 4 个 Little Double 型数字,如果不涉及三维空间对象,没有实际意义,共计 32 字节。

从上面的信息中可以看到,实际从文件头中需要读到的信息就是空间对象类型和空间范围,接下来就是如何读取这些信息。

8.2　读取 shp 文件头

读取 shp 文件,需要定义一个新的类,叫作 XShapefile,它专门负责 Shapefile 的读取。本章我们先读取 Shapefile 中的 shp 文件。在这个类中,先定义一个叫作 ShapefileHeader 的结构体,它记录了 shp 文件的文件头。当然,记得把这个类及结构体放到 BasicClasses.cs 中,代码如下。

BasicClasses.cs

```
public class XShapefile
{
    [StructLayout(LayoutKind.Sequential, Pack = 4)]
    struct ShapefileHeader
    {
        public int Unused1, Unused2, Unused3, Unused4;
        public int Unused5, Unused6, Unused7, Unused8;
        public int ShapeType;
        public double Xmin;
        public double Ymin;
        public double Xmax;
```

```
            public double Ymax;
            public double Unused9, Unused10, Unused11, Unused12;
        };
    }
```

  struct 是结构体的关键词前缀。结构体与类很相似,但结构体成员在内存中的字节存储顺序是可以按照定义的顺序存储的。这样,就可以一次性地把文件头读进来了,效率比较高。为此,在这个结构体定义前面,加了一句话"[StructLayout(LayoutKind. Sequential, Pack = 4)]",它是一种用于编译阶段的说明,目的是告诉 C♯语言在编译或运行程序的时候,记住严格按照定义的字节顺序和字节数存储数据,如果不加这句话,有时候 C♯语言为了提高运行效率,可能会在结构体中擅自增加一些空的字节,以补齐字节的长度,或者调整成员的存储顺序,这样,读文件的时候就会错位,所以一定要记得加这句话。这句说明涉及的一些关键词、类和方法是来自 System. Runtime. InteropServices 类库,所以记得在 using 中添加该类库。

  定义好结构体之后,定义一个新的 ReadFileHeader 函数,用来读取文件头。因为它目前可能不会是一个在 XShapefile 之外被使用的函数,所以没有给它增加前缀 public,而且它可以作为类似数学函数库中的通用函数一样使用,因此,我们加上关键词 static,令它成为一个静态函数,定义如下。

BasicClasses. cs/XShapefile

```
static ShapefileHeader ReadFileHeader(BinaryReader br)
{
    return (ShapefileHeader)XTools.FromBytes2Struct(br, typeof(ShapefileHeader));
}
```

  这个函数异常的简单,其输入值为一个二进制文件读取器,然后调用了一个名为 XTools. FromBytes2Struct 的函数,完成文件头读取。这个 XTools 及其函数并非 C♯语言自带的一个类库,而是我们应该自行在 XGIS 类库中构建,它应该是所有常规而通用的方法的合集,可以被各个类所调用,它包含的方法应为静态函数,FromBytes2Struct 函数将成为 XTools 的第一个函数,其作用是从二进制文件中读取给定的字节,匹配特定的结构体,其定义如下。

BasicClasses. cs

```
public class XTools
{
    public static Object FromBytes2Struct(BinaryReader br, Type type)
    {
        byte[] buff = br.ReadBytes(Marshal.SizeOf(type));
        GCHandle handle = GCHandle.Alloc(buff, GCHandleType.Pinned);
        Object result = Marshal.PtrToStructure(handle.AddrOfPinnedObject(), type);
        handle.Free();
        return result;
    }
}
```

  上述函数实现的结构体读取方法是一种超越 C♯语言常规操作的方式,类似于将内存中的一块东西直接映射到一个结构体上。首先,函数的输入参数是一个二进制文件读取类(BinaryReader)的实例,它是 System. IO 类库中的,所以记得在 using 中添加,打开一个 shp 文件后,就可以获得一个 BinaryReader 的实例,这个在讲解如何调用 ReadFileHeader 方法时会涉及,另外一个参数就是需要读到的结构体的类型;其次,buff 字符串数组从文件中读取了与所需结构体同样大小的一系列字节;再次,handle 获得了这个 buff 数组在内存中的指针;

从次,这个指针指向的内存就被映射给一个所需结构体实例 result;最后,将 handle 释放,就是说将这块内存还给 C♯语言管理了,接着,返回 result。整个过程如图 8-1 所示。

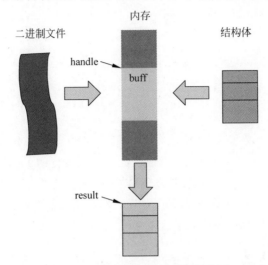

图 8-1 成块读取文件的过程示意图

获得结构体读入结果之后,还需要以此强制类型转换,告之系统,这是一个说明类型的结构体,比如在调用结果前面加上"(ShapefileHeader)",接下来,就可以直接读取其中的成员了。

有了读文件头函数,下面我们来尝试编写读取整个 shp 文件的函数,该函数同样是一个静态函数,而且,由于它会在外部被调用,我们给它加了前缀 public。代码如下。

BasicClasses.cs/XShapefile

```
public static XVectorLayer ReadShapefile(string shpfilename)
{
    FileStream fsr = new FileStream(shpfilename, FileMode.Open);
    BinaryReader br = new BinaryReader(fsr);
    ShapefileHeader sfh = ReadFileHeader(br);
    SHAPETYPE ShapeType = Int2Shapetype[sfh.ShapeType];
    XVectorLayer layer = new XVectorLayer(shpfilename, ShapeType);
    layer.Extent = new XExtent(sfh.Xmax, sfh.Xmin, sfh.Ymax, sfh.Ymin);
    //其他代码
    br.Close();
    fsr.Close();
    return layer;
}
```

上述函数的返回值是一个矢量图层,其输入值是一个名为 shpfilename 的 shp 磁盘文件。首先,获得读取该文件的 FileStream 及 BinaryReader,前者是对应于这个磁盘文件的文件流,后者是读这个文件流的工具,这两个类都来自于 System.IO 类库;之后,调用 ReadFileHeader 函数,获得一个 ShapefileHeader 的实例 sfh;接着,获得这个文件中存储的空间实体的空间类型(ShapeType)及空间范围(extent),初始化矢量图层(layer);然后,进行读取操作,该部分尚未完成;最后,记得关闭 fsr 和 br,就是把操作这个文件的权限返还给操作系统,否则文件可能无法被再次打开了,并且返回 layer。

在获得空间类型时,用到了 Int2Shapetype,它其实是一个字典,记录了枚举类型 SHAPETYPE 取值与 shp 文件头里记录的整数型空间类型之间的对应关系。Shapefile 中的空间类型字段 ShapeType 可能有多个取值,其中常用到的三种类型如下。

- ShapeType=1:点实体,就是 XPoint。

- ShapeType＝3：线实体，就是XLine。
- ShapeType＝5：面实体，就是XPolygon。

据此，我们定义字典Int2Shapetype如下。

BasicClasses.cs/XShapefile

```
static Dictionary<int, SHAPETYPE> Int2Shapetype = new Dictionary<int, SHAPETYPE>
{
    {1, SHAPETYPE.Point},
    {3, SHAPETYPE.Line},
    {5, SHAPETYPE.Polygon}
};
```

显然，截至目前，这个ReadShapefile函数已经是可以运行的了，但返回值是一个没有任何空间对象的空的矢量图层。我们可以在地图窗体中加一个按钮，在事件处理函数中写一句话"XVectorLayer layer＝XShapefile.ReadShapefile(你的shp文件路径);"，通过对返回值layer的断点跟踪，就可以验证是否正确读取了这个shp文件。

8.3 读取shp记录

文件头之后就是逐条的记录，每条记录都包括一个12字节长度的记录头和记录内容，记录头的构成如下。

- 1个Big Integer型数字，4字节，代表记录的序号，是顺序生成的，也就是1,2,3,…，实际上并不需要读取。
- 1个Big Integer型数字，4字节，代表记录内容的"字"数，一个字指的是一个双字节，而且这里还包括了接下去的这个Little Integer，因此，假设读到的数字是a，则实际的记录内容字节数应该是a×2－4。
- 1个Little Integer型数字，4字节，代表记录的空间类型，实际是重复了文件头中的ShapeType。

据此，定义记录头的结构体，如下。

BasicClasses.cs/XShapefile

```
[StructLayout(LayoutKind.Sequential, Pack = 4)]
struct RecordHeader
{
    public int RecordNumber;
    public int RecordLength;
    public int ShapeType;
};
```

读记录头的函数如下，它几乎与读文件头的函数是一样的，只不过将ShapefileHeader替换成RecordHeader。

BasicClasses.cs/XShapefile

```
static RecordHeader ReadRecordHeader(BinaryReader br)
{
    return (RecordHeader)XTools.FromBytes2Struct(br, typeof(RecordHeader));
}
```

在记录头中，RecordLength是一个有用的参数，需要被正确读取，但由于它是一个Big Integer，因此需要颠倒其字节顺序重新构造正确数值才行。这个函数实际上可以实现Big

Integer 到 Little Integer 的转换，也可以实现从 Little Integer 到 Big Integer 的转换，我们把这个通用的函数命名为 ReverseInt，并定义在 XTools 中，代码如下。

BasicClasses.cs/XTools

```
public static int ReverseInt(int value)
{
    byte[] barray = BitConverter.GetBytes(value);
    Array.Reverse(barray);
    return BitConverter.ToInt32(barray, 0);
}
```

该函数首先利用 BitConverter 把输入的整数转换成一个字节数组，利用 Array.Reverse 函数将该数组中的元素顺序颠倒过来，最后，再次利用 BitConverter 函数把这个字节数组转换成一个整数返回。

相应地，我们可以丰富 ReadShapefile 函数，开始逐条读取记录，代码如下。

BasicClasses.cs/XShapefile

```
public static XVectorLayer ReadShapefile(string shpfilename)
{
    FileStream fsr = new FileStream(shpfilename, FileMode.Open);
    BinaryReader br = new BinaryReader(fsr);
    ShapefileHeader sfh = ReadFileHeader(br);
    SHAPETYPE ShapeType = Int2Shapetype[sfh.ShapeType];
    XExtent extent = new XExtent(sfh.Xmax, sfh.Xmin, sfh.Ymax, sfh.Ymin);
    XVectorLayer layer = new XVectorLayer(shpfilename, ShapeType);
    while (br.PeekChar() != -1)
    {
        RecordHeader rh = ReadRecordHeader(br);
        int ByteLength = XTools.ReverseInt(rh.RecordLength) * 2 - 4;
        byte[] RecordContent = br.ReadBytes(ByteLength);
        if (ShapeType == SHAPETYPE.Point)
        {
            XPoint onepoint = ReadPoint(RecordContent);
            XAttribute attribute = new XAttribute();
            XFeature feature = new XFeature(onepoint, attribute);
            layer.AddFeature(feature);
        }
        //其他代码
    }
    br.Close();
    fsr.Close();
    return layer;
}
```

为了顺序读取所有记录，我们利用了一个 while 循环，其循环条件"br.PeekChar()!=-1"用于判断是否读到了文件末端。实际的每条记录内容长度 ByteLength 是读到文件头中的记录长度乘以 2 减去 4，其原因是读到的数字代表记录的双字节数长度，而且还包括了一个 4 字节的整数（即空间对象实体类型），因此要做上述处理。获得实际的记录内容长度后，就一次性把这条记录的所有内容读入字节数组 RecordContent 中。然后，就可以根据不同的 ShapeType 对字节数组 RecordContent 进行处理了。

在本章，我们先完成点实体的读取。这里需要一个 ReadPoint 函数，就是用来读一条点实体的记录，并返回一个 XPoint 类型的结果；我们暂时没有属性信息，所以就先声明一个空的 XAttribute；然后，构建一个 XFeature，并添加到图层中。

ReadPoint 函数是一个尚未定义的新函数，它根据 shp 文件中点实体的存储格式读入一个 XPoint 实例。一个点实体的记录内容结构非常简单，只有两个 Little Double 型的数字，如下。

- 1 个 Little Double 型数字，记录点实体的横坐标。
- 1 个 Little Double 型数字，记录点实体的纵坐标。

结合 RecordContent，读 ReadPoint 函数代码如下。

BasicClasses.cs/XShapefile

```
static XPoint ReadPoint(byte[ ] RecordContent)
{
    double x = BitConverter.ToDouble(RecordContent, 0);
    double y = BitConverter.ToDouble(RecordContent, 8);
    return new XPoint(new XVertex(x, y));
}
```

到此为止，已经完成了针对一个点实体 shp 文件的读取。

8.4 更新的迷你 GIS

现在我们在 Form1 中添加一个按钮"读取 Shapefile"，用来读取一个 shp 文件，其名称属性可以为"bReadShp"，双击该按钮，为它添加单击事件处理函数，代码如下。

Form1

```
private void bReadShp_Click(object sender, EventArgs e)
{
    OpenFileDialog dialog = new OpenFileDialog();
    dialog.Filter = "Shapefile|*.shp";
    if (dialog.ShowDialog() != DialogResult.OK) return;
    layer = XShapefile.ReadShapefile(dialog.FileName);
    layer.LabelOrNot = false;
    view.Update(layer.Extent, ClientRectangle);
    UpdateMap();
}
```

该单击事件处理函数利用 C♯ 语言标准类库提供的 OpenFileDialog 找到一个 shp 文件，作为参数传给 XShapefile.ReadShapefile，其返回值就是 Form1 里的全局变量——矢量图层 layer。由于我们只读取了空间部分，属性部分都是完全空的，所以我们令 layer 的 LabelOrNot 为 false。最后，将视图（view）的地图范围更新为 layer 的范围，重绘地图。图 8-2 即打开某个点类型 shp 文件后的运行结果，打开后，可以用鼠标实现自由浏览。

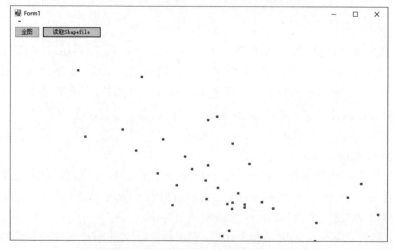

图 8-2 读点类型 shp 文件后的运行结果

8.5 总结

本章介绍了 Shapefile 的基本概念,并重点介绍了点类型 shp 文件的读取方法。在编程过程中,还应用了一些利用率较低的功能,比如内存块的读取等。此外,面向对象的思想也有所体现,希望读者能很好地理解和吸收。

本章设计完成的 GIS 已经是一个可用的点类型 shp 文件读取、显示和浏览工具,读者可以在此基础上做很多的改进,比如调整地图缩放移动比例等。界面中的按钮"生成随机空间对象",已经没有意义了,可删除该按钮及其单击事件处理函数。

第9章 读取Shapefile中的线和面实体

前几章学习过的内容都是以点为学习对象,本章将拓展到线和面,完善它们的类定义,并且看看如何从 Shapefile 中读取线和面。线和面实体虽然比点要复杂得多,但是因为我们已经定义了一个比较好的类库框架,所以接下来的学习应该会轻车熟路。

9.1 更完善的 XLine 及 XPolygon

目前 XLine 和 XPolygon 的类定义中都只有两个函数,一个是构造函数,另一个是绘图函数。其中,构造函数的内容是空的,只需要调用其父类 XSpatial 的构造函数即可,而绘图函数则可以继续完善。XSpatial 中的 vertexes 属性成员记录构成线实体或面实体的节点数组,我们可以据此数组绘制空间对象。

针对 XLine,其绘图函数就是绘制一条折线,绘图函数代码如下。

BasicClasses.cs/XLine

```
public override void draw(Graphics graphics, XView view)
{
    List<Point> points = view.ToScreenPoints(vertexes);
    graphics.DrawLines(new Pen(Color.Red, 2), points.ToArray());
}
```

该函数首先调用 view.ToScreenPoints 函数将 vertexes 转成屏幕坐标点列表(points),然后利用绘图工具的 DrawLines 函数绘制了一条像素宽度为 2 的红色线条,显然,线条宽度和颜色是可以由读者随意修改的。由于 DrawLines 函数要求的输入参数是一个定长数组,因此,我们需要用 ToArray 函数把 points 转成一个定长数组。

view.ToScreenPoints 函数是一个尚未实现的函数,其作用就是批量实现地图坐标与屏幕坐标之间的转换,其代码如下。

BasicClasses.cs/XView

```
public List<Point> ToScreenPoints(List<XVertex> vertexes)
{
    List<Point> points = new List<Point>();
    foreach(XVertex v in vertexes)
    {
        points.Add(ToScreenPoint(v));
    }
    return points;
}
```

针对 XPolygon，其绘图函数是绘制一个多边形，绘图函数代码如下。

BasicClasses.cs/XPolygon

```
public override void draw(Graphics graphics, XView view)
{
    Point[] points = view.ToScreenPoints(vertexes).ToArray();
    graphics.FillPolygon(new SolidBrush(Color.Yellow), points);
    graphics.DrawPolygon(new Pen(Color.Blue, 1), points);
}
```

上述函数与 XLine 的绘图函数稍有变化，其绘制部分包含两步，先是绘制一个用黄色填充的实心多边形，再绘制一个蓝色的边框，由于两次绘制都需要输入屏幕坐标点数组，为了避免重复调用 ToArray 函数，我们在坐标转换时，就直接将 points 转换成了数组，这也是一个提高效率的方法。

draw 绘图函数是 XLine 和 XPolygon 的类定义中必须要完成的部分，有了该函数，我们就可以读取和绘制线和面类型的 Shapefile 了。

此外，针对线实体和面实体可能会有一些特殊的属性，比如线实体的长度、面实体的面积，我们也可以尝试添加进去。

长度计算非常简单，就是逐个计算一对相邻结点间线段的长度，然后累加起来。而面积计算稍微有些复杂，计算任意一个多边形的面积可用以下的方法。假设多边形由 n 个节点构成，即 $(x_i, y_i), i=1,2,\cdots,n$，定义第 i 点与第 $i+1$ 点之间矢量积的计算公式为

$$p_i = x_i \times y_{i+1} - x_{i+1} \times y_i$$

则面积公式为

$$\text{Area} = (p_1 + p_2 + p_3 + \cdots + p_n)/2$$

其中，

$$p_n = x_n \times y_1 - x_1 \times y_n$$

这里，多边形的首节点和尾节点不管是否重叠，都不影响计算结果，因为重叠的一对节点的矢量积是 0。当然，为了统一考虑，可以规定，首节点和尾节点不必重叠，即默认首尾节点之间还有一条边。此外，如果多边形节点是按照顺时针记录的，则面积的计算结果是负值，反之则为正值，如图 9-1 所示。当然，如果仅是想计算面积，可以取绝对值，但这种计算面积的方法也可用于识别一个多边形的节点构成方向，这在一些拓扑分析中可能是非常有用的。

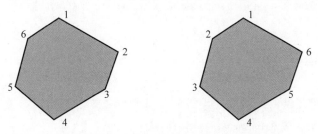

图 9-1　多边形节点构成方向（左图为顺时针，右图为逆时针）

考虑到计算长度和面积的通用性，我们把这些方法放到 XTools 中，代码如下。

BasicClasses.cs/XTools

```
public static double CalculateLength(List<XVertex> _vertexes)
{
    double length = 0;
    for (int i = 0; i < _vertexes.Count - 1; i++)
```

```csharp
            length += _vertexes[i].Distance(_vertexes[i + 1]);
        }
        return length;
    }

    public static double CalculateArea(List<XVertex> _vertexes)
    {
        double area = 0;
        for (int i = 0; i < _vertexes.Count - 1; i++)
        {
            area += VectorProduct(_vertexes[i], _vertexes[i + 1]);
        }
        area += VectorProduct(_vertexes[_vertexes.Count - 1], _vertexes[0]);
        return area / 2;
    }

    public static double VectorProduct(XVertex v1, XVertex v2)
    {
        return v1.x * v2.y - v1.y * v2.x;
    }
```

上述代码中 CalculateLength 函数用于计算节点序列构成的折线长度，CalculateArea 函数用于计算由多个节点构成的多边形面积，矢量积的计算交由 VectorProduct 函数完成。

现在，我们来完善 XLine 及 XPolygon 的类定义，把长度和面积计算结果增加进去，最终的 XLine 及 XPolygon 的类定义代码如下，其中长度和面积分别成为 XLine 和 XPolygon 的一个属性成员，在构造函数中被赋值。

BasicClasses.cs

```csharp
public class XLine : XSpatial
{
    public double length;
    public XLine(List<XVertex> _vertexes) : base(_vertexes)
    {
        length = XTools.CalculateLength(_vertexes);
    }

    public override void draw(Graphics graphics, XView view)
    {
        List<Point> points = view.ToScreenPoints(vertexes);
        graphics.DrawLines(new Pen(Color.Red, 2), points.ToArray());
    }
}

public class XPolygon : XSpatial
{
    public double area;
    public XPolygon(List<XVertex> _vertexes) : base(_vertexes)
    {
        area = XTools.CalculateArea(_vertexes);
    }

    public override void draw(Graphics graphics, XView view)
    {
        Point[] points = view.ToScreenPoints(vertexes).ToArray();
        graphics.FillPolygon(new SolidBrush(Color.Yellow), points);
        graphics.DrawPolygon(new Pen(Color.Blue, 1), points);
    }
}
```

9.2 线与面 shp 文件的读取

在 shp 文件中,线和面的结构与点相比复杂一些,这主要是因为 shp 文件中的一条线记录可能包括多个独立的线实体,而面记录也可能包括多个独立的面实体。但在记录内容上,线和面的结构是相同的。

- 4 个 Little Double 型数字,分别代表这条记录中所有线或面实体的坐标中最小横纵坐标和最大横纵坐标,即空间范围,也就是定义的 XExtent,共计 32 字节。
- 1 个 Little Integer 型数字,代表这条记录包含独立的面实体或线实体的数量,假设这个数量是 N。
- 1 个 Little Integer 型数字,代表这条记录构成所有面实体或线实体的节点的数量,假设这个数量是 M。
- N 个 Little Integer 型数字,代表每个独立的面实体或线实体在节点坐标对数组中的起始位置。
- 2×M 个 Little Double 型数字,顺序地记载着所有 M 个节点的横坐标和纵坐标值。

在上述结构中,对 N 和 M 的理解可以参照图 9-2。假设目前处理的是一个线实体的记录,包含两个独立的线实体,共有 8 个节点,第一个线实体由 2 个节点构成,第二个线实体由 6 个节点构成,则它们在文件中的记录方式如图 9-2 所示。

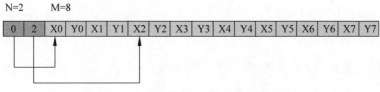

图 9-2 多组线实体或面实体的存储结构

根据上面的介绍,我们可以开始读取线或面的 shp 文件了,模仿 XShapefile 中的 ReadPoint 函数。先写一个 ReadLines 函数,由于一条记录可能包含多个线实体,而 XLine 只包含一个独立的线实体,所以这个函数的返回值应该是 List<XLine>,函数定义如下。

BasicClasses.cs/XShapefile

```
static List<XLine> ReadLines(byte[] RecordContent)
{
    int N = BitConverter.ToInt32(RecordContent, 32);
    int M = BitConverter.ToInt32(RecordContent, 36);
    int[] parts = new int[N + 1];

    for (int i = 0; i < N; i++)
    {
        parts[i] = BitConverter.ToInt32(RecordContent, 40 + i * 4);
    }
    parts[N] = M;
    List<XLine> lines = new List<XLine>();
    for (int i = 0; i < N; i++)
    {
        List<XVertex> vertexes = new List<XVertex>();
        for (int j = parts[i]; j < parts[i + 1]; j++)
        {
```

```
                double x = BitConverter.ToDouble(RecordContent, 40 + N * 4 + j * 16);
                double y = BitConverter.ToDouble(RecordContent, 40 + N * 4 + j * 16 + 8);
                vertexes.Add(new XVertex(x, y));
            }
            lines.Add(new XLine(vertexes));
        }
        return lines;
    }
```

上述函数首先跳过了前 32 字节,这是因为前 32 字节记载的是本条记录中所有线实体的横纵坐标极值。如果一条记录包含多个实体,那么这个范围对于单个实体来说是没有意义的,不能直接赋值给 XLine 中的 extent 属性。因此就没有读这 4 个 Little Double 型数字的必要了。

之后,读取独立的空间实体的数量 N 和总的节点数 M,根据 N,构造了一个包含 N+1 个元素的数组 parts,其中前 N 个元素记载的是每个独立实体的起始点位置,而最后一个元素值为 M,这样做的目的是方便记载每一个独立实体点簇的起始和终止位置。例如,第 j 个实体的点的序号就是从 parts[j] 到 parts[j+1],但不包括 parts[j+1]。

接着,就可以分别为每个独立的实体完成其节点的读取,生成 XLine,增加到返回值线实体数组 lines 中,然后返回最终结果即可。

读取面实体的 ReadPolygons 函数与上述函数几乎是一样的,除了将 XLine 换成 XPolygon,代码如下。

BasicClasses.cs/XShapefile

```
static List<XPolygon> ReadPolygons(byte[] RecordContent)
{
    int N = BitConverter.ToInt32(RecordContent, 32);
    int M = BitConverter.ToInt32(RecordContent, 36);
    int[] parts = new int[N + 1];
    for (int i = 0; i < N; i++)
    {
        parts[i] = BitConverter.ToInt32(RecordContent, 40 + i * 4);
    }
    parts[N] = M;
    List<XPolygon> polygons = new List<XPolygon>();
    for (int i = 0; i < N; i++)
    {
        List<XVertex> vertexes = new List<XVertex>();
        for (int j = parts[i]; j < parts[i + 1]; j++)
        {
            double x = BitConverter.ToDouble(RecordContent, 40 + N * 4 + j * 16);
            double y = BitConverter.ToDouble(RecordContent, 40 + N * 4 + j * 16 + 8);
            vertexes.Add(new XVertex(x, y));
        }
        polygons.Add(new XPolygon(vertexes));
    }
    return polygons;
}
```

接下来,完成 ReadShapefile 函数,把线和面的读取过程添加进去,其中更新的部分用了粗体字着重突出,代码如下。

BasicClasses.cs/XShapefile

```csharp
public static XVectorLayer ReadShapefile(string shpfilename)
{
    FileStream fsr = new FileStream(shpfilename, FileMode.Open);
    BinaryReader br = new BinaryReader(fsr);
    ShapefileHeader sfh = ReadFileHeader(br);
    SHAPETYPE ShapeType = Int2Shapetype[sfh.ShapeType];
    XVectorLayer layer = new XVectorLayer(shpfilename, ShapeType);
    layer.Extent = new XExtent(sfh.Xmax, sfh.Xmin, sfh.Ymax, sfh.Ymin);
    while (br.PeekChar() != -1)
    {
        RecordHeader rh = ReadRecordHeader(br);
        int ByteLength = XTools.ReverseInt(rh.RecordLength) * 2 - 4;
        byte[] RecordContent = br.ReadBytes(ByteLength);
        if (ShapeType == SHAPETYPE.Point)
        {
            XPoint onepoint = ReadPoint(RecordContent);
            XAttribute attribute = new XAttribute();
            XFeature feature = new XFeature(onepoint, attribute);
            layer.AddFeature(feature);
        }
        else if (ShapeType == SHAPETYPE.Line)
        {
            List<XLine> lines = ReadLines(RecordContent);
            for (int i = 0; i < lines.Count; i++)
            {
                XFeature onefeature = new XFeature(lines[i], new XAttribute());
                layer.AddFeature(onefeature);
            }
        }
        else if (ShapeType == SHAPETYPE.Polygon)
        {
            List<XPolygon> polygons = ReadPolygons(RecordContent);
            for (int i = 0; i < polygons.Count; i++)
            {
                XFeature onefeature = new XFeature(polygons[i], new XAttribute());
                layer.AddFeature(onefeature);
            }
        }
    }
    br.Close();
    fsr.Close();
    return layer;
}
```

函数增加了两个条件判断，分别用来处理线和面的读取，利用 ReadLines 函数和 ReadPolygons 函数读到的实体列表被逐一添加到图层中，它们的属性信息暂时仍然是空的。

9.3 功能更加完善的 GIS

现在我们可以直接运行程序来尝试读取线文件或面文件了。运行程序，单击"读取 Shapefile"按钮，找到一个 Shapefile 文件，打开。

9.4 总结

本章完成了 Shapefile 文件中空间数据 shp 文件的读取，当然，shp 文件还包括很多种不同的空间实体类型，本章只是读了其中的点、线、面三种。显然，这是触类旁通的，只要能够根据 Shapefile 白皮书理解其文件结构，就可很容易地读取各种其他空间对象类型。

学会读取 Shapefile 文件并不是最终的目的，希望读者能以此为参考，学会设计自己的文件结构。只有这样，才可能有创新的基础，为特定的、更复杂和更专门的应用提供更加有效的空间数据结构支撑。

第 10 章

读取Shapefile中的属性数据

GIS 区别于传统 CAD(计算机辅助设计)系统的主要特点就是它既包含空间数据也包含属性数据。在数据库管理系统中,属性数据出现得比空间数据早很多,其类型也比较多,多采用关系型数据结构存储,也就是二维表。Shapefile 的属性数据也是这样存储的,而且它采用了一种相当古老的数据库文件格式 dbf,dbf 其实就是英文"database file"的缩写。本章将介绍如何读取此类文件。

10.1 dbf 文件结构及文件头

dbf 文件也是一个二进制文件,它通常由四部分构成:文件头、字段描述区、文件头结束标志和数据区。文件头由 32 字节构成;字段描述区由 $32 \times n$ 字节构成,其中 n 为字段数量;文件头结束标志是一个特定的单字节;数据区由实际数据构成。dbf 文件作为典型的关系型数据存储文件,是大量记录的汇总,每条记录都是针对一个对象的属性描述,包含一组字段,所有记录的字段类型、数量、存储长度都是完全相同的。

文件头的 32 字节由以下部分构成。
- 第 1 字节:文件头开始标志。
- 第 2~4 字节:文件建立或修改的日期,为 3 个单字节,分别记录年、月、日。
- 第 5~8 字节:为一个 32 位整数,表示文件中记录的个数。
- 第 9~10 字节:为一个 16 位整数,表示文件头长度,其取值为 $32+1+n \times 32$,其中 n 为字段数量。
- 第 11~12 字节:每条记录的字节总长度。
- 第 13~32 字节:暂无须读取。

据此,我们可以在 XShapefile 中为 dbf 文件头定义一个结构体 DBFHeader,代码如下。

BasicClasses.cs/XShapefile

```
[StructLayout(LayoutKind.Sequential, Pack = 4)]
struct DBFHeader
{
    public byte FileType, Year, Month, Day;
    public int RecordCount;
    public short HeaderLength, RecordLength;
    public long Unused1, Unused2;
    public int Unused3;
}
```

其中，单字节的都采用了 byte 数据类型，32 位整数是 int 类型，16 位整数是 short 类型。针对最后面的 20 个未使用字节，我们用了两个 64 位整数 long 类型和一个 32 位整数 int 类型来记录。一些读者可能认为使用字节数组更好，但字节数组在结构体定义中似乎不被支持，因此，我们用了这种折中的方式。

dbf 文件中建立或修改的日期都用了单字节，这就意味着，年的表示法只能用两位，如 2022 年，在 dbf 文件里只会记录 22。这在 20 世纪 70 年代 dbf 文件诞生时尚不存在问题，但到了 2000 年，出现了著名的"千年虫"问题，也就是在 dbf 文件中存在无法区别 2000 年和 1900 年的缺陷，这显然是当初设计 dbf 文件时所没有考虑到的。幸好，在我们读取 dbf 文件数据时，暂时还不必关心数据的建立和修改时间问题。

10.2 字段描述区

dbf 文件字段描述区是由 n 组 32 字节构成的，n 为字段数量，由于所有 dbf 文件记录共享完全相同的字段结构，因此这 n 个字段可以放在一起描述，其中每个字段的描述信息如下：

- 第 1～11 字节：字段名。
- 第 12 字节：字段类型。
- 第 13～16 字节：在记录中的起始位置。
- 第 17 字节：字段的字节长度。
- 第 18 字节：如果字段为浮点数，此处记录小数点后位数。
- 第 19～32 字节：暂无须读取。

字段描述结构体 DBFField 在代码中的定义如下，由于该结构体稍后会被 XField 访问，因此，我们为其增加了前缀 public。

BasicClasses.cs/XShapefile

```
[StructLayout(LayoutKind.Sequential, Pack = 1)]
public struct DBFField
{
    public byte b1, b2, b3, b4, b5, b6, b7, b8, b9, b10, b11;
    public byte FieldType;
    public int DisplacementInRecord;
    public byte LengthOfField;
    public byte NumberOfDecimalPlaces;
    public long Unused1;
    public int Unused2;
    public short Unused3;
}
```

上述定义中，首先要注意的是 Pack=1，在之前的结构体定义中，Pack 通常为 4，那是因为，结构体内的各个属性成员的字节构成恰好可为 4 的倍数，编译时不会填充占位符，而 DBFField 的结构体定义有些复杂，以防万一，我们把打包参数（即 Pack）定为 1，这样就能确保结构体与硬盘文件在物理存储上是完全一致的。当然，读者可能会好奇，既然 Pack=1 可以确保正确，那为什么其他结构体还要选择 Pack=4，其原因是 Pack 值大一些，会提高结构体的操作效率，就好像搬运货物，一次多搬运一些，搬运的总时间会短一样。

DBFField 在文件名的定义上也有些奇怪，因无法定义字节数组，我们就直接定义了 11 个独立的字节；而针对暂时无须读取的 14 字节，我们采用了一个 long 类型＋一个 int 类型＋一个 short 类型来填充这部分。

DBFField 中的字段类型 FieldType 实际为一个字符，不同的字符代表了不同的数据类

型,常用的几种字符对应的数据类型列举如下:

- 'C':字符。
- 'D':日期。
- 'N':数值类型,小数位数可能为 0 或大于 0。
- 'F':浮点数,小数点位数不一定。
- 'L':逻辑型。

我们在读取过程中,为了将上述类型换算成 C♯ 语言支持的数据类型,对其进行了简化和概括。其中,如果数值类型的小数位数为 0 则被对应成 C♯ 语言的 int,否则对应成 C♯ 语言的 double,浮点数类型一律被对应成 C♯ 语言的 double,其余所有数据类型都对应成 C♯ 语言的 string。当然,读者可以对上述对应关系做更精准的转换。

字段描述区的诸多字段都需要读入并转成 XField 的实例,为此,我们为 XField 增加了一个构造函数,其输入值是一个二进制文件读写器,代码如下。

BasicClasses.cs/XField

```
public int DBFFieldLength;

public XField(BinaryReader br)
        {
            XShapefile.DBFField dbfField = (XShapefile.DBFField)XTools.FromBytes2Struct(br,
typeof(XShapefile.DBFField));
            DBFFieldLength = dbfField.LengthOfField;
             byte[] bs = new byte[] {dbfField.b1,dbfField.b2,dbfField.b3,dbfField.b4,
dbfField.b5,
                 dbfField.b6,dbfField.b7,dbfField.b8,dbfField.b9,dbfField.b10,dbfField.b11};
            name = XTools.BytesToString(bs).Trim();
            switch ((char)dbfField.FieldType)
            {
                case 'N':
                    if (dbfField.NumberOfDecimalPlaces == 0)
                        datatype = Type.GetType("System.Int32");
                    else
                        datatype = Type.GetType("System.Double");
                    break;
                case 'F':
                    datatype = Type.GetType("System.Double");
                    break;
                default:
                    datatype = Type.GetType("System.String");
                    break;
            }
        }
```

在构造函数之前,我们为 XField 增加了一个字段长度属性成员 DBFFieldLength,它记录了在 dbf 文件中该字段值的实际字节长度,来自于结构体 DBFField 中的 LengthOfField 成员。该值会在未来被使用到。这个新的构造函数首先读取字段描述区结构体,然后读出字段名称(name)和转换字段类型(datatype),完成 XField 的初始化工作。其中字段名称的读取方法是先构造一个长度为 11 的字节数组,然后把这个字节数组转成字符串,再赋值给字段名称。这并不是说每个字段名称的长度都是 11,而是根据其中特殊字节 0 的出现作为字段名称的结束标志,0 之前的字节数组构成了真正的字符串部分,而如果一直没有 0 出现,则这 11 字节就全部用来构成字符串。上述操作被写入 XTools 中的 BytesToString 函数中,代码如下。

BasicClasses.cs/XTools

```
public static string BytesToString(byte[] byteArray)
{
    int count = byteArray.Length;
    for (int i = 0; i < byteArray.Length; i++)
    {
        if (byteArray[i] == 0)
        {
            count = i;
            break;
        }
    }
    return Encoding.GetEncoding("gb2312").GetString(byteArray, 0, count);
}
```

上述函数首先寻找结束标志,然后利用 C♯ 语言标准类库 System.Text 中的 Encoding 实现字节数组到字符串的转换,转换时还需要指定所用的编码规则。考虑到字段名称中可能有中文,我们选用了"gb2312"作为字符集。而实际上,由于原始字节数组采用的可能是其他字符集,即便都是中文,转换后的字符串也可能会出现乱码。如果这种情况发生,可试试更换字符集。

现在,我们在 XShapefile 中写一个一次性读取所有字段信息的函数,其输入值为一个 dbf 文件路径,返回值为一个 XField 列表,代码如下。

BasicClasses.cs/XShapefile

```
static List<XField> ReadDBFFields(string dbffilename)
{
    FileStream fsr = new FileStream(dbffilename, FileMode.Open);
    BinaryReader br = new BinaryReader(fsr);
    DBFHeader dh = (DBFHeader)XTools.FromBytes2Struct(br, typeof(DBFHeader));
    int FieldCount = (dh.HeaderLength - 33) / 32;
    List<XField> fields = new List<XField>();
    for (int i = 0; i < FieldCount; i++)
        fields.Add(new XField(br));
    br.Close();
    fsr.Close();
    return fields;
}
```

10.3 读取数据区

在完成上述准备工作后,可以直接读取 dbf 文件中的具体字段值部分了,这其实相对来说比较简单,因为在 dbf 文件数据区中,不管是什么数据类型,其值都是以字符串的形式存储的,而且长度已知(即 XField 中的 DBFFieldLength),因此,只要顺序读取下去即可。此外,每条记录前有一个特殊的开始标志字节。具体代码如下。

BasicClasses.cs/XShapefile

```
static List<XAttribute> ReadDBFValues(string dbffilename, List<XField> fields)
{
    FileStream fsr = new FileStream(dbffilename, FileMode.Open);
    BinaryReader br = new BinaryReader(fsr);
    DBFHeader dh = (DBFHeader)XTools.FromBytes2Struct(br, typeof(DBFHeader));
    int FieldCount = (dh.HeaderLength - 33) / 32;
    br.ReadBytes(32 * FieldCount + 1);               //跳过字段区及结束标志字节
    List<XAttribute> attributes = new List<XAttribute>();
    for (int i = 0; i < dh.RecordCount; i++)         //开始读取具体数值
```

```
        {
            XAttribute attribute = new XAttribute();
            char tempchar = (char)br.ReadByte();        //每个记录的开始都有一个起始字节
            for (int j = 0; j < FieldCount; j++)
                attribute.AddValue(fields[j].DBFValueToObject(br));
            attributes.Add(attribute);
        }
        br.Close();
        fsr.Close();
        return attributes;
    }
```

上述函数完成了所有字段值的一次性读取,其输入函数为一个 dbf 文件路径和 XField 列表,返回值为一个 XAttribute 列表。可以看到,具体数值读取部分非常简单,首先生成一个新的 XAttribute 实例 attribute,然后,跳过开始标志字节,根据字段数量,逐一读取字段值,添加到 attribute 中即可。其中,DBFValueToObject 函数是 XField 的一个新的函数,用于把读到的 dbf 文件数值转成我们定义的字段值,其代码如下。

BasicClasses.cs/XShapefile

```
    public object DBFValueToObject(BinaryReader br)
    {
        byte[] temp = br.ReadBytes(DBFFieldLength);
        string sv = XTools.BytesToString(temp).Trim();
        if (datatype == Type.GetType("System.String"))
            return sv;
        else if (datatype == Type.GetType("System.Double"))
            return double.Parse(sv);
        else if (datatype == Type.GetType("System.Int32"))
            return int.Parse(sv);
        return sv;
    }
```

10.4 完整的 Shapefile 读取函数

我们把上述三项读取部分整合进 ReadShapefile 函数,这就几乎完成了读取整个 Shapefile 的工作,整合后的代码如下。由于函数较长,我们把本次修改的代码加粗显示。

BasicClasses.cs/XShapefile

```
    public static XVectorLayer ReadShapefile(string shpfilename)
    {
        FileStream fsr = new FileStream(shpfilename, FileMode.Open);
        BinaryReader br = new BinaryReader(fsr);
        ShapefileHeader sfh = ReadFileHeader(br);
        SHAPETYPE ShapeType = Int2Shapetype[sfh.ShapeType];
        XVectorLayer layer = new XVectorLayer(shpfilename, ShapeType);
        layer.Extent = new XExtent(sfh.Xmax, sfh.Xmin, sfh.Ymax, sfh.Ymin);
        string dbffilename = shpfilename.ToLower().Replace(".shp", ".dbf");
        layer.Fields = ReadDBFFields(dbffilename);
        List<XAttribute> attributes = ReadDBFValues(dbffilename, layer.Fields);
        int index = 0;
        while (br.PeekChar() != -1)
        {
            RecordHeader rh = ReadRecordHeader(br);
            int ByteLength = XTools.ReverseInt(rh.RecordLength) * 2 - 4;
            byte[] RecordContent = br.ReadBytes(ByteLength);
```

```
            if (ShapeType == SHAPETYPE.Point)
            {
                XPoint onepoint = ReadPoint(RecordContent);
                XFeature feature = new XFeature(onepoint, attributes[index]);
                layer.AddFeature(feature);
            }
            else if (ShapeType == SHAPETYPE.Line)
            {
                List<XLine> lines = ReadLines(RecordContent);
                for (int i = 0; i < lines.Count; i++)
                {
                    XFeature onefeature = new XFeature(lines[i],
new XAttribute(attributes[index]));
                    layer.AddFeature(onefeature);
                }
            }
            else if (ShapeType == SHAPETYPE.Polygon)
            {
                List<XPolygon> polygons = ReadPolygons(RecordContent);
                for (int i = 0; i < polygons.Count; i++)
                {
                    XFeature onefeature = new XFeature(polygons[i],
new XAttribute(attributes[index]));
                    layer.AddFeature(onefeature);
                }
            }
            index++;
    }
    br.Close();
    fsr.Close();
    return layer;
}
```

首先，要生成 dbf 文件名，就是把原来 shp 文件名中的". shp"替换成". dbf"，但是要注意这两个文件一定要在同一个文件夹内，而且除扩展名外，文件名一定要是相同的，这对于标准的 Shapefile 文件来说没有问题，所有相关的文件都必须存储在同一个目录下，且文件名相同，扩展名不同。接着，所有的字段信息被一次性读入，并赋值给 layer.Fields。所有属性值信息也被一次性读入，放在一个 XAttribute 列表中，并用整数变量 index 记录当前需要提取的属性元素序号。在将列表中每一个元素赋值给各个空间对象时，我们需要注意，针对点对象来说，可直接赋值；而针对线和面对象，可能存在多个空间对象共享同一组属性的情况。因此，我们为 XAttribute 增加了一个构造函数，其目的就是复制输入的另一个 XAttribute 的实例，代码如下。

BasicClasses.cs/XAttribute

```
public XAttribute()
{
}

public XAttribute(XAttribute a)
{
    foreach (object v in a.values)
        values.Add(v);
}
```

上述代码其实一次性添加了两个构造函数，第一个构造函数完全是一个空函数，而第二个构造函数才是我们需要的。我们之所以也添加第一个空函数，是因为它其实是每一个类的缺省构造函数,如果一个类没有任何明确定义的构造函数,则它自动拥有一个参数为空的构造函数,而如果我们自定义了一个,如上述代码中的第二个构造函数,则这个自动拥有的空构造函数就失效了。这在大多数情况下没什么问题,然而,针对 XAttribute 来说,我们有时希望用空构造函数来初始化该类,有时希望用类似复制的方式构造该类,因此,我们就必须给出两种构造函数。

至此,我们完成了 Shapefile 文件的完整读取。

10.5 GIS 的再次完善

完成属性信息的读取后,我们来验证一下读取的数据是否正确。在我们的项目中,添加一个新的窗口,取名 FormAttribute,这个窗口的作用是显示某个图层所有对象的属性值。在这个窗口中增加一个控件类 DataGridView 的实例,取名 dgvValues,DataGridView 实际上就是一个带表头的二维表格。接下来,我们修改 dgvValues 的 Dock 属性值为 Fill,其目的是让这个控件填满整个窗口,然后打开 FormAttribute.cs,修改它的构造函数如下,其输入参数是一个矢量图层(layer)。

FormAttribute.cs

```
public FormAttribute(XVectorLayer layer)
{
    InitializeComponent();
    for (int i = 0; i < layer.Fields.Count; i++)
    {
        dgvValues.Columns.Add(layer.Fields[i].name, layer.Fields[i].name);
    }
    for (int i = 0; i < layer.FeatureCount(); i++)
    {
        dgvValues.Rows.Add();
        for (int j = 0; j < layer.Fields.Count; j++)
        {
            dgvValues.Rows[i].Cells[j].Value = layer.GetFeature(i).getAttribute(j);
        }
    }
}
```

在上述构造函数中,InitializeComponent()是缺省语句,用来初始化控件,然后根据 layer 的字段信息为 dgvValues 添加一系列的列,在添加函数 Columns.Add 中,需要两个参数,一个是这个字段的名字,另一个是要显示在表头上的文字,这里可以是一样的字符串,也可以是不一样的字符串,例如,字段名是英文,但希望显示在表头上时用中文,这样就可以给不同的值。

增加表头以后,就需要给表中的每个元素赋值,需要一行一行地增加,每一行对应 layer 中的一条记录,即一个 XFeature,增加一行后,再调用 XFeature 的 getAttribute 函数取得属性值赋给表中的每个元素。其中,从一个图层中获得一个 XFeature 的是 GetFeature 函数。

接下来,在主窗体 Form1 中添加一个按钮"打开属性表",这样,当读取一个 Shapefile 时,单击它就可以看到属性表了,按钮"打开属性表"的单击事件处理函数代码如下。

Form1.cs

```
private void bOpenAttribute_Click(object sender, EventArgs e)
{
    FormAttribute form = new FormAttribute(layer);
    form.ShowDialog();
}
```

现在我们运行程序,图 10-1 就是打开一个面图层后的运行结果。

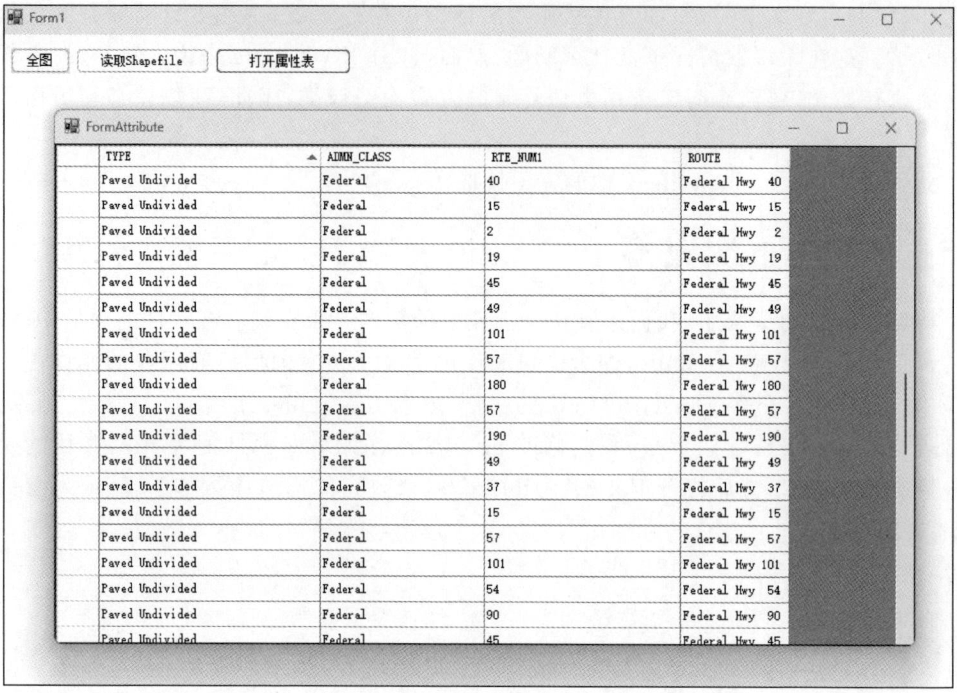

图 10-1　打开面图层后显示的空间实体和属性信息

如果读者会使用 ESRI 公司的 ArcMap,也可以使用 ArcMap 打开这个 Shapefile 文件,看看打开的空间实体及其属性信息的内容是不是一样的。

10.6　总结

在本章,我们完成了对 Shapefile 文件的读取,这应该是非常重要的一个步骤,因为,从此以后,我们的迷你 GIS 就能成为一个真正可用的工具了,至少可以用来浏览已有的空间数据了。

针对属性信息的读取,我们采用了相对简单的方式,把 dbf 文件里存储的不同数据类型都归并成了 C♯语言中的三种类型,读者其实可以进一步完善,以便更好更完整地实现属性字段值的读入。

目前,属性信息和空间信息都可以显示了,但二者之间的关联还没有建立,在后续的章节中,我们将做进一步的介绍。

第11章

空间数据文件的读写

我们已经了解了 Shapefile 的格式,并实现了读取功能,但是在写入 Shapefile 文件的功能时,可能会遇到问题,因为 Shapefile 是一个包含了多个独立的硬盘文件的数据结构,只会写 shp 或 dbf 文件是不够的,还需要写诸如 prj 文件、shx 文件等,这也许会花费太多且不必要的力气,因为这种松散的 Shapefile 文件构成并非是一种优化的数据存储方式。为此,我们考虑可否自己定义一种空间数据文件格式实现读取和写入,同时也让我们体会一下,自定义一个 GIS 文件格式是怎样一个过程。

定义一个好的 GIS 文件格式并不简单,它既要节省空间、支持多种类型数据,还要有很高的数据存取效率。本章介绍的文件格式只是一个学习的范例,介绍如何定义自己的文件,读者可在此基础上设计更优化的文件格式。

11.1 数据类型与文件结构

首先,我们希望把空间数据和属性数据写入一个文件中,这个文件也是一个二进制文件,应该包含四类数据类型:

- 整数类型,对应 C#语言中的 sbyte、byte、short、ushort、int、uint、long 和 ulong。
- 字符类型,对应 C#语言中的 char。
- 实数类型,对应 C#语言中的 double、float 及 decimal。
- 字符串类型,对应 C#语言中的 string。
- 布尔类型,对应 C#语言中的 bool。

针对空间数据来说,主要是坐标值,所以用整数(int)和双精度浮点数(double)一般就够了;而对于属性数据,就需要兼顾各种类型,而且在文件中占据的字节数也各有不同,就需要逐一考虑了。此外,在这个自定义的 GIS 文件中,都是采用 Little 形式写入文件,也就是将高位数字存储于前面低位字节中,这与 C#语言的内部记载方式是一致的。

写入一个 GIS 文件实际上就是把 XVectorLayer 的所有成员信息写入文件中。观察 XLayer 的定义,我们发现目前有以下属性成员(当然今后还可以增加):

- public string Name;
- public SHAPETYPE ShapeType;
- public List<XFeature> Features=new List<XFeature>();
- public XExtent Extent;
- public List<XField> Fields=new List<XField>();

- public boolLabelOrNot=true;
- public intLabelIndex=0。

其中,LabelOrNot 及 LabelIndex 没有必要存储在文件中,因为它们仅作用于地图显示,并且可以动态修改,而其他成员需要存储到文件中。

整个文件可以包含四部分,如图 11-1 所示,包括一个记载图层基本信息的文件头,一个记载图层名称的字符串,一组字段信息,以及所有的空间对象。

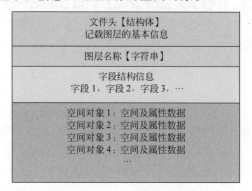

图 11-1　自定义 GIS 文件结构

11.2　文件头与图层名的写入

首先,模仿 Shapefile,我们也定义一个文件头,包含以下内容。
- 4 个 double,用来记载地图范围,分别为最小横纵坐标和最大横纵坐标,共 32 字节。
- 1 个 int,用来记载图层中地图对象的数量,4 字节。
- 1 个 int,用来记载图层中地图对象的类型,其取值参考枚举类型 SHAPETYPE,4 字节。
- 1 个 int,用来记载属性字段的个数,4 字节。

与之对应的一个结构体 MyFileHeader 定义如下,我们同时增加一个读写自定义 GIS 文件的类 XMyFile,并把这个结构体放入这个新类中。

BasicClasses.cs

```
public class XMyFile
{
    [StructLayout(LayoutKind.Sequential, Pack = 4)]
    struct MyFileHeader
    {
        public double MinX, MinY, MaxX, MaxY;
        public int FeatureCount, ShapeType, FieldCount;
    };
}
```

如何将这个结构体写入文件呢?我们先定义一个专用于将结构体实例转存成字节数组的方法,之后,就可以直接把字节数组写入文件了。由于这个方法具有通用性,我们把它作为一个静态函数放入 XTools 中,它其实就是 FromBytes2Struct 函数的一个逆函数,代码如下。

BasicClasses.cs/XTools

```
public static byte[] FromStructToBytes(object struc)
{
    byte[] bytes = new byte[Marshal.SizeOf(struc.GetType())];
```

```
    GCHandle handle = GCHandle.Alloc(bytes, GCHandleType.Pinned);
    Marshal.StructureToPtr(struc, handle.AddrOfPinnedObject(), false);
    handle.Free();
    return bytes;
}
```

FromStructToBytes 函数首先定义一个与结构体字节数等长的字节数组,然后把结构体实例值放入这个数组,最后返回这个数组即可。

接下来在 XMyFile 中写一个专门用于将一个 MyFileHeader 的实例写入文件的函数,演示对 FromStructToBytes 函数的调用,WriteFileHeader 函数的代码如下。

BasicClasses.cs/XMyFile

```
static void WriteFileHeader(XVectorLayer layer, BinaryWriter bw)
{
    MyFileHeader mfh = new MyFileHeader();
    mfh.MinX = layer.Extent.getMinX();
    mfh.MinY = layer.Extent.getMinY();
    mfh.MaxX = layer.Extent.getMaxX();
    mfh.MaxY = layer.Extent.getMaxY();
    mfh.FeatureCount = layer.FeatureCount();
    mfh.ShapeType = (int)(layer.ShapeType);
    mfh.FieldCount = layer.Fields.Count;
    bw.Write(XTools.FromStructToBytes(mfh));
}
```

上述函数首先声明一个 MyFileHeader 的实例 mfh,给 mfh 的各个成员赋值,然后利用 XTools.FromStructToBytes 函数转换成字节数组,写到文件中。其中 BinaryWriter 类型的 bw 是一个与某个文件相连的文件写入工具,在打开一个文件时会得到这个工具。

回忆图 11-1,文件头下一部分是图层名称,为什么它不能放入文件头中呢?是因为图层名称是一个字符串,它的长度不固定,不适合放入有固定长度的结构体中。把一个字符串写入一个二进制文件的方法是首先要写一个整数,记录字符串的长度,然后再将字符串转换成字节数组写入,可专门定义一个 WriteString 函数来做这件事。由于这个函数也有一定通用性,故把它放入 XTools 中,代码如下。

BasicClasses.cs/XTools

```
public static void WriteString(string s, BinaryWriter bw)
{
    byte[] sbytes = Encoding.GetEncoding("gb2312").GetBytes(s);
    bw.Write(sbytes.Length);
    bw.Write(sbytes);
}
```

WriteString 函数首先调用语句 Encoding.GetEncoding("gb2312").GetBytes 将字符串转换成字节数组,然后写入该字节数组的长度 Length,最后写入该字节数组。前文已经讲过为什么用"gb2312",这里不再赘述。

现在,我们来写一个 WriteFile 函数作为写文件过程的主框架,代码如下。

BasicClasses.cs/XMyFile

```
public static void WriteFile(XVectorLayer layer, string filename)
{
    FileStream fsr = new FileStream(filename, FileMode.Create);
    BinaryWriter bw = new BinaryWriter(fsr);
    WriteFileHeader(layer, bw);
```

```
        XTools.WriteString(layer.Name, bw);
        //其他内容
        bw.Close();
        fsr.Close();
}
```

这个函数的输入包括一个 XVectorLayer 类型的图层和一个要写入的文件路径。函数首先根据这个文件路径新建一个文件，获得其二进制文件写入工具 bw，然后调用 WriteFileHeader 函数完成对文件头的写入，再调用 WritingString 函数完成对图层名称的写入，其他内容暂时空在那里，最后关闭文件。

11.3 字段信息的写入

图 11-1 中第三部分是字段信息的写入。写入方法就是逐个写入每个字段的类型和字段名称，其中字段类型要转成整数才好存储，C#语言支持的数据类型如表 6-1 所示。

这些类型就是 XField 中 datatype 的取值，而如果希望将这些取值存入文件中，可考虑定义一个包含了所有数据类型的数组，当需要保存到文件中时，只需要保存某个数据类型在该数组中的整数序号即可。我们将这样的数组定义在 XMyFile 中，它是一个静态列表，代码如下。

BasicClasses.cs/XMyFile

```
static List<Type> AllTypes = new List<Type>{
    typeof(bool),
    typeof(byte),
    typeof(char),
    typeof(decimal),
    typeof(double),
    typeof(float),
    typeof(int),
    typeof(long),
    typeof(sbyte),
    typeof(short),
    typeof(string),
    typeof(uint),
    typeof(ulong),
    typeof(ushort)
};
```

接着，我们可以在 XMyFile 中写一个输出所有字段信息到文件的 WriteFields 函数，针对每个字段，先写字段类型，再写字段名称，代码如下。

BasicClasses.cs/XMyFile

```
static void WriteFields(List<XField> fields, BinaryWriter bw)
{
    for (int fieldindex = 0; fieldindex < fields.Count; fieldindex++)
    {
        XField field = fields[fieldindex];
        bw.Write(AllTypes.IndexOf(field.datatype));
        XTools.WriteString(field.name, bw);
    }
}
```

之后，可以把上述函数加入 WriteFile 函数中，增加的语句被加粗显示。

BasicClasses.cs/XMyFile

```
public static void WriteFile(XVectorLayer layer, string filename)
{
```

```
FileStream fsr = new FileStream(filename, FileMode.Create);
BinaryWriter bw = new BinaryWriter(fsr);
WriteFileHeader(layer, bw);
XTools.WriteString(layer.Name, bw);
WriteFields(layer.Fields, bw);
//其他内容
bw.Close();
fsr.Close();
}
```

11.4 空间和属性数据值的写入

最后一部分是对图层中每个空间对象的写入，包括空间数据和属性数据的写入。空间数据相对简单，我们可以回忆 XSpatial 的定义，它仅包括三个属性：中心点（centroid）、范围（extent）、坐标点数组（vertexes），其中 centroi0d、extent 以及 XSpatial 的子类 XPoint、XLine、XPolygon 额外增加的属性（如 area，length 等）都可以通过 vertexes 计算获得，因此，只要完成 vertexes 的写入即可。

因此，我们先在 XVertex 中定义一个输出单个节点到二进制文件的 Write 函数，代码如下。

BasicClasses.cs/XVertex

```
public void Write(BinaryWriter bw)
{
    bw.Write(x);
    bw.Write(y);
}
```

针对多个 XVertex 的写入，需要先写入一个整数，用于记录 XVertex 的总数，然后顺序写入每一个 XVertex，我们把它定义到 XMyFile 中，代码如下。

BasicClasses.cs/XMyFile

```
static void WriteMultipleVertexes(List<XVertex> vs, BinaryWriter bw)
{
    bw.Write(vs.Count);
    for (int vc = 0; vc < vs.Count; vc++)
        vs[vc].Write(bw);
}
```

针对属性数据的写入相对复杂一些，首先需要确定每一个属性值的类型，然后调用对应的 Write 函数，我们把该函数定义到 XAttribute 中，代码如下。

BasicClasses.cs/XAttribute

```
public void Write(BinaryWriter bw)
{
    for (int i = 0; i < values.Count; i++)
    {
        Type type = GetValue(i).GetType();
        if (type.ToString() == "System.Boolean")
            bw.Write((bool)GetValue(i));
        else if (type.ToString() == "System.Byte")
            bw.Write((byte)GetValue(i));
        else if (type.ToString() == "System.Char")
            bw.Write((char)GetValue(i));
        else if (type.ToString() == "System.Decimal")
```

```
            bw.Write((decimal)GetValue(i));
        else if (type.ToString() == "System.Double")
            bw.Write((double)GetValue(i));
        else if (type.ToString() == "System.Single")
            bw.Write((float)GetValue(i));
        else if (type.ToString() == "System.Int32")
            bw.Write((int)GetValue(i));
        else if (type.ToString() == "System.Int64")
            bw.Write((long)GetValue(i));
        else if (type.ToString() == "System.UInt16")
            bw.Write((ushort)GetValue(i));
        else if (type.ToString() == "System.UInt32")
            bw.Write((uint)GetValue(i));
        else if (type.ToString() == "System.UInt64")
            bw.Write((ulong)GetValue(i));
        else if (type.ToString() == "System.SByte")
            bw.Write((sbyte)GetValue(i));
        else if (type.ToString() == "System.Int16")
            bw.Write((short)GetValue(i));
        else if (type.ToString() == "System.String")
            XTools.WriteString((string)GetValue(i), bw);
    }
}
```

上述函数中，除最后一项字符串属性值用了自定义的写入方法之外，其他类型属性值都利用了 BinaryWriter.Write 的各种重载函数，其中原始数据类型名用作强制类型转换，它与 C# 语言类型名的对应关系见表 6-1。

空间数据和属性数据分别输出以后，我们可以在 XMyFile 中写一个输出一个图层中所有 XFeature 的 WriteFeatures 函数，代码如下。

BasicClasses.cs/XMyFile

```
static void WriteFeatures(XVectorLayer layer, BinaryWriter bw)
{
    for (int featureindex = 0; featureindex < layer.FeatureCount(); featureindex++)
    {
        XFeature feature = layer.GetFeature(featureindex);
        WriteMultipleVertexes(feature.spatial.vertexes, bw);
        feature.attribute.Write(bw);
    }
}
```

上述函数异常简单，针对逐个 XFeature，分别写入坐标点数组及属性值即可。WriteFeatures 函数已经是写文件的最后一个函数了，现在可以最终完成 WriteFile 函数了。代码如下。

BasicClasses.cs/XMyFile

```
public static void WriteFile(XVectorLayer layer, string filename)
{
    FileStream fsr = new FileStream(filename, FileMode.Create);
    BinaryWriter bw = new BinaryWriter(fsr);
    WriteFileHeader(layer, bw);
    XTools.WriteString(layer.Name, bw);
    WriteFields(layer.Fields, bw);
    WriteFeatures(layer, bw);
    bw.Close();
    fsr.Close();
}
```

11.5 自定义文件的读取

我们已经完成了将一个图层写入自定义 GIS 文件的过程，但是很难判断它到底是否正确，为此，需要再实现一个读取的过程，把输出的文件重新读回来显示。这是一个与输出文件完全相反的过程，也是一个与 XShapefile 中读文件类似的过程，为此，需要完成一系列相关函数的定义。以下这些函数都必须包含至少一个参数，就是 BinaryReader 类型的 br，代表文件打开后的读取工具。

首先是 ReadString 函数，用于从文件中读一个字符串，也定义在 XTools 中。该函数先读取一个整数，确定字符串的字节长度，然后读出相应长度的字节，并恢复成字符串返回。代码如下。

BasicClasses.cs/XTools

```
public static string ReadString(BinaryReader br)
{
    int length = br.ReadInt32();
    byte[] sbytes = br.ReadBytes(length);
    return Encoding.GetEncoding("gb2312").GetString(sbytes);
}
```

ReadFields 函数，用于从文件中读取字段信息，由于它主要用于自定义文件，因此，把它放在 XMyFile 中。代码如下。

BasicClasses.cs/XMyFile

```
static List<XField> ReadFields(BinaryReader br, int FieldCount)
{
    List<XField> fields = new List<XField>();
    for (int fieldindex = 0; fieldindex < FieldCount; fieldindex++)
    {
        Type fieldtype = AllTypes[br.ReadInt32()];
        string fieldname = XTools.ReadString(br);
        fields.Add(new XField(fieldtype, fieldname));
    }
    return fields;
}
```

一个新的 XVertex 构造函数，用于从文件中读一个 XVertex 实例，放在 XVertex 中。代码如下。

BasicClasses.cs/XVertex

```
public XVertex(BinaryReader br)
{
    x = br.ReadDouble();
    y = br.ReadDouble();
}
```

ReadMultipleVertexes 函数，用于连续读取多个 XVertex 实例，放在 XMyFile 中。代码如下。

BasicClasses.cs/XMyFile

```
static List<XVertex> ReadMultipleVertexes(BinaryReader br)
{
    List<XVertex> vs = new List<XVertex>();
    int vcount = br.ReadInt32();
    for (int vc = 0; vc < vcount; vc++)
        vs.Add(new XVertex(br));
    return vs;
}
```

一个新的 XAttribute 构造函数，相当于从文件中读取一个 XFeature 的所有属性值。该构造函数与 Write 函数结构非常相似，只不过该函数需要事先知道字段结构，逐个根据字段数据类型选择适当的读取函数，因此，其输入参数还包括一个字段数组。代码如下。

BasicClasses.cs/XAttribute

```csharp
public XAttribute(List<XField> fs, BinaryReader br)
{
    for (int i = 0; i < fs.Count; i++)
    {
        Type type = fs[i].datatype;
        if (type.ToString() == "System.Boolean")
            AddValue(br.ReadBoolean());
        else if (type.ToString() == "System.Byte")
            AddValue(br.ReadByte());
        else if (type.ToString() == "System.Char")
            AddValue(br.ReadChar());
        else if (type.ToString() == "System.Decimal")
            AddValue(br.ReadDecimal());
        else if (type.ToString() == "System.Double")
            AddValue(br.ReadDouble());
        else if (type.ToString() == "System.Single")
            AddValue(br.ReadSingle());
        else if (type.ToString() == "System.Int32")
            AddValue(br.ReadInt32());
        else if (type.ToString() == "System.Int64")
            AddValue(br.ReadInt64());
        else if (type.ToString() == "System.UInt16")
            AddValue(br.ReadUInt16());
        else if (type.ToString() == "System.UInt32")
            AddValue(br.ReadUInt32());
        else if (type.ToString() == "System.UInt64")
            AddValue(br.ReadUInt64());
        else if (type.ToString() == "System.SByte")
            AddValue(br.ReadSByte());
        else if (type.ToString() == "System.Int16")
            AddValue(br.ReadInt16());
        else if (type.ToString() == "System.String")
            AddValue(XTools.ReadString(br));
    }
}
```

ReadFeatures 函数，用于读取文件中所有 XFeatures 的空间数据及属性值，放在 XMyFile 中。该函数顺序读出每个 XFeature 的空间部分和属性部分，然后添加到图层中。由于需要事先知道 XFeature 的数量，因此输入参数中还包括 FeatureCount，读入的所有 XFeature 被直接添加到输入图层（layer）中。代码如下。

BasicClasses.cs/XMyFile

```csharp
static void ReadFeatures(XVectorLayer layer, BinaryReader br, int FeatureCount)
{
    for (int featureindex = 0; featureindex < FeatureCount; featureindex++)
    {
        List<XVertex> vs = ReadMultipleVertexes(br);
        XAttribute attribute = new XAttribute(layer.Fields, br);
        XSpatial spatial = null;
        if (layer.ShapeType == SHAPETYPE.Point)
            spatial = new XPoint(vs[0]);
        else if (layer.ShapeType == SHAPETYPE.Line)
```

```
            spatial = new XLine(vs);
        else if (layer.ShapeType == SHAPETYPE.Polygon)
            spatial = new XPolygon(vs);
        XFeature feature = new XFeature(spatial, attribute);
        layer.AddFeature(feature);
    }
}
```

上述函数逐个读入每个 XFeature 的空间坐标数组及属性值，根据图层的空间类型构造不同的空间实体，然后生成一个新的 XFeature 实例，添加到图层中。

最后，我们来写一个 ReadFile 函数，用于完成对文件的读取，它的返回值就是一个图层，代码如下。

BasicClasses.cs/XMyFile

```
public static XVectorLayer ReadFile(string filename)
{
    FileStream fsr = new FileStream(filename, FileMode.Open);
    BinaryReader br = new BinaryReader(fsr);
    MyFileHeader mfh = (MyFileHeader)(XTools.FromBytes2Struct(br, typeof(MyFileHeader)));
    SHAPETYPE ShapeType = (SHAPETYPE)Enum.Parse(typeof(SHAPETYPE), mfh.ShapeType.ToString());
    string layername = XTools.ReadString(br);
    XVectorLayer layer = new XVectorLayer(layername, ShapeType);
    layer.Fields = ReadFields(br, mfh.FieldCount);
    layer.Extent = new XExtent(mfh.MinX, mfh.MaxX, mfh.MinY, mfh.MaxY);
    ReadFeatures(layer, br, mfh.FeatureCount);
    br.Close();
    fsr.Close();
    return layer;
}
```

这个函数首先打开一个文件，然后读出文件头 MyFileHeader，从中获得空间实体类型 ShapeType，接着读取图层名（layername）和字段信息（fields），然后建立一个新的图层（layer），完成读取 layer 包含的所有字段、空间范围和 XFeature，最后关闭文件，返回图层。

11.6 读写过程测试

在窗口 Form1 中添加两个按钮，分别是"写入自定义文件"和"读取自定义文件"。按钮"写入自定义文件"的单击事件处理函数代码如下。

Form1.cs

```
private void bWriteMyFile_Click(object sender, EventArgs e)
{
    SaveFileDialog dialog = new SaveFileDialog();
    if (dialog.ShowDialog() != DialogResult.OK) return;
    XMyFile.WriteFile(layer, dialog.FileName);
    MessageBox.Show("图层已被写入" + dialog.FileName);
}
```

按钮"读取自定义文件"的单击事件处理函数代码如下。

Form1.cs

```
private void bReadMyFile_Click(object sender, EventArgs e)
{
    OpenFileDialog dialog = new OpenFileDialog();
    if (dialog.ShowDialog() != DialogResult.OK) return;
```

```
    layer = XMyFile.ReadFile(dialog.FileName);
    layer.LabelOrNot = false;
    view.Update(layer.Extent, ClientRectangle);
    UpdateMap();
}
```

运行程序,先可以单击"读取 Shapefile"添加一个图层,然后可单击"写入自定义文件"。这样,就拥有了第一个自定义的 GIS 图层文件,并且它是集成了空间数据与属性数据于一体的,用资源管理器可以找到这个文件。现在重新运行一下程序,单击"读取自定义文件",然后试试"全图"和"打开属性表"功能,看看自定义文件是否真的被正确读入了。刚开始,读者也许感觉不到与第 10 章程序运行有什么变化,但实际上,自定义的文件已经可以替代 Shapefile 文件,并且能够被正确地读取和写入了。

11.7 总结

这是一个内容相当丰富的章节,需要仔细、反复地阅读和理解,更重要的是,读者将发现数据的存储和管理已经可以完全在我们掌握之下,任何过程、细节,甚至可能的错误,读者都可以了然于胸,这将为读者今后设计更为高效的文件结构打下重要基础。

到此为止,已经基本完成了 GIS 的两大功能,数据管理与可视化,在接下来的章节中,将开始考虑空间分析功能的实现。

第12章

点选空间对象

不具备空间分析功能的 GIS 的价值是有限的,之前,我们也实现了一些简单的分析或计算功能,例如计算两点之间的直线距离、计算一个线实体的长度、计算一个面实体的面积等。而在空间分析中,一个最基本的功能就是针对空间对象进行选择,通常包括两种选择方法,一种是点选,即用鼠标单击选择被点中的空间对象,另外一种是框选或多边形选择,即用鼠标拖动画一个矩形框或绘制一个多边形选择框,选择在框中的一组空间对象。在本章中,将介绍点选。

点选实际上就是判断点与空间实体之间的关系,这种关系判断与空间实体的类型是息息相关的,我们会首先定义一个通用的选择框架,然后再逐一讨论不同空间实体的点选方法。

12.1 点选框架的建立

我们定义一个新的类 XSelect,用于执行所有相关的选择操作,其内部函数可以是静态的,以便于调用。首先,我们建立点选函数的一个框架。点选就是在屏幕上或者地图上选择一个点,找到在给定范围内与该点有交集的空间对象。在第 1 章中,我们实际上已经实现了一个面向点实体的点选功能,在本章,我们将从另外一个更为通用的角度来实现这个功能,最初的框架性代码如下。

BasicClasses.cs

```
public class XSelect
{
    public class SelectResult
    {
        public XFeature feature;
        public double criterion;
        public SelectResult(XFeature _feature, double _criterion)
        {
            feature = _feature;
            criterion = _criterion;
        }
    }

    public static List < SelectResult > SelectFeaturesByVertex(XVertex vertex, List < XFeature > features, double tolerance)
    {
        List < SelectResult > selection = new List < SelectResult >();
        XExtent extent = new XExtent(vertex.x - tolerance, vertex.x + tolerance,
            vertex.y - tolerance, vertex.y + tolerance);
```

```
            foreach (XFeature feature in features)
            {
                if (!extent.IntersectOrNot(feature.spatial.extent)) continue;
                double distance = feature.spatial.Distance(vertex);
                if (distance <= tolerance)
                    selection.Add(new SelectResult(feature,distance));
            }
            selection.Sort((x, y) => x.criterion.CompareTo(y.criterion));
            return selection;
        }
    }
```

其中 SelectFeaturesByVertex 函数就是点选主函数,其输入参数包括点选的位置 (vertex)、候选空间对象集(features)和距离阈值(tolerance)。其含义就是,在候选集 (features)中找到所有距离点选位置(vertex)小于阈值(tolerance)的所有空间对象,因此,该函数的返回值是一个 SelectResult 的实例集合。

SelectResult 是在 XSelect 内部定义的一个类,用于记录选择结果,每一个选择结果包括选择的空间对象(feature)以及一个对应的数值参数(criterion),该参数在不同的选择情况下具有不同的含义。在 SelectFeaturesByVertex 函数中,该参数记录的就是空间对象与单击位置之间的距离,因为有了这样的参数,我们就可据此排序,找出距离单击位置最近或最远的空间对象。代码中的语句"selection.Sort((x,y)⇒x.criterion.CompareTo(y.criterion))"就保证了 selection 按照其 criterion 从小到大排列元素,也就是从近到远,如果希望颠倒次序,只需要将 x 和 y 调换一下即可。

在 SelectFeaturesByVertex 函数中,首先初始化返回结果 selection,并构造一个由单击位置及距离阈值间的空间范围(extent),一般来说这是一个非常小的范围;然后,针对每一个空间对象,先判断其空间范围是否与 extent 相交,如果不相交,那么就直接跳过,由于这里只有逻辑判断,因此运算速度会非常快,这一步其实是对结果的粗选;接着,针对粗选出来的空间对象,计算其空间部分与单击位置(vertex)的距离,如果结果小于 tolerance,就添加至 selection 中;最后,利用一个 Sort 函数对 selection 基于其 criterion 进行排序,并返回结果,退出函数。

其中,一个似乎很关键的语句就是对 spatial.Distance 函数的调用。让我们转到 XSpatial,看一下 Distance 函数的实现方法,只有一句话,就是"return centroid.Distance (vertex);",该函数假设,不管是什么空间对象,它与某个空间位置之间的距离都可简化为其中心点与该位置之间的距离。这针对点对象是可行的,但是针对线或面对象,则过于简单。因此,XSpatial 的 Distance 函数应该根据空间对象类型的不同,调用不同的计算方法,如果想要达到这个目的,我们可以考虑将 Distance 函数定义成一个抽象类,然后在其子类 XPoint、XLine、XPolygon 中分别实现这个抽象函数。据此,Distance 函数在 XSpatial 中的定义修改如下。

BasicClasses.cs/XSpatial

```
    public abstract double Distance(XVertex vertex);
```

在 XPoint 中,实现该抽象函数非常简单,代码如下。

BasicClasses.cs/XPoint

```
    public override double Distance(XVertex vertex)
    {
        return centroid.Distance(vertex);
    }
```

而针对线及面的距离计算则复杂得多了，我们在接下来的章节中分别实现。

12.2 点到线实体的距离

XLine 的 Distance 函数实现方法就是，找到从输入点位置到构成这个线实体每一条线段的所有距离中最短的那个，如图 12-1 所示，计算一个点到一个由四条线段 P1、P2、P3、P4 构成的线实体的距离，该点到每个线段的最短距离分别是 D1、D2、D3、D4，显然，其中有到线段端点的，也有到该点在线段上垂足的（只要垂足在线段上），那么，这四个距离中最小的，即 D2，就是 Distance 函数的返回值。

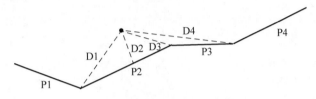

图 12-1　点到线实体的距离

经过上述分析，我们知道，核心的问题是计算一个点到一条线段的距离，利用矢量点积和叉积运算的方法，可以比较快速地算出点到线段的距离。设点 M 及点 N 都为 XVertex 实例，相关概念介绍如下。

- 矢量：从 M 到 N 的矢量 MN 也可以是 XVertex 实例，且 MN.x＝N.x－M.x，MN.y＝N.y－M.y；
- 点积：M 与 N 的点积为 M·N＝M.x×N.x＋M.y×N.y；
- 叉积：M 与 N 的叉积为 M×N＝M.x×N.y－M.y×N.x。

第 9 章中涉及多边形面积时的矢量积实际就是叉积。基于上述概念，计算点 C 到线段 AB 最短距离的计算步骤描述如下。

① 令 dot1＝AB·BC。
② 如果 dot1＞0，则点 B 是线段 AB 距离点 C 最近的点，返回 BC 间的距离作为结果。
③ 令 dot2＝BA·AC。
④ 如果 dot2＞0，则点 A 是线段 AB 距离点 C 最近的点，返回 AC 间的距离作为结果。
⑤ 如果上述两个条件都不满足，说明点 C 在线段 AB 上的垂足在线段上，令 d 为点 A 到点 B 的距离，令 r＝AB×AC/d，则 r 的绝对值即为点 C 与其垂足间的距离，即点 C 到线段 AB 的最短距离。

上述算法可翻译成以下三个静态函数，考虑到公用性，这些函数可置于 XTools 中。第一个函数是总体的运算步骤，后两个函数涉及的是矢量运算，其中 CrossProduct 函数还调用了之前定义的 VectorProduct 函数计算叉积。

BasicClasses.cs/XTools

```
public static double DistanceBetweenPointAndSegment(XVertex A, XVertex B, XVertex C)
{
    if (A.IsSame(B)) return B.Distance(C);
    double dot1 = DotProduct(A, B, C);
    if (dot1 > 0) return B.Distance(C);
    double dot2 = DotProduct(B, A, C);
    if (dot2 > 0) return A.Distance(C);
    double dist = CrossProduct(A, B, C) / A.Distance(B);
    return Math.Abs(dist);
```

```csharp
}
static double DotProduct(XVertex A, XVertex B, XVertex C)
{
    XVertex AB = new XVertex(B.x - A.x, B.y - A.y);
    XVertex BC = new XVertex(C.x - B.x, C.y - B.y);
    return AB.x * BC.x + AB.y * BC.y;
}

static double CrossProduct(XVertex A, XVertex B, XVertex C)
{
    XVertex AB = new XVertex(B.x - A.x, B.y - A.y);
    XVertex AC = new XVertex(C.x - A.x, C.y - A.y);
    return VectorProduct(AB, AC);
}
```

在 DistanceBetweenPointAndSegment 函数中的第一句话，是我们为了提高函数的适用性，避免 0 作为被除数，特别判断了一下构成线段的两个节点是否重合，如果重合就直接返回一个距离，它涉及一个尚未实现的函数，就是 XVertex 的 IsSame 函数，代码如下。

BasicClasses.cs/XVertex

```csharp
public bool IsSame(XVertex vertex)
{
    return x == vertex.x && y == vertex.y;
}
```

DotProduct 及 CrossProduct 函数是专门为 DistanceBetweenPointAndSegment 函数服务的类内部函数，因此，它们没有加前缀 public。

获取了点到线段的距离之后，点到线实体的距离就很简单了，现在来完成 XLine 中的这个 Distance 函数，代码如下。

BasicClasses.cs/XLine

```csharp
public override double Distance(XVertex vertex)
{
    double distance = Double.MaxValue;
    for (int i = 0; i < vertexes.Count - 1; i++)
    {
        distance = Math.Min(XTools.DistanceBetweenPointAndSegment(
            vertexes[i], vertexes[i + 1], vertex),
            distance);
    }
    return distance;
}
```

上述函数就是逐个线段地计算点到线段距离，直到找到最短的那个距离，然后返回。

12.3 点到面实体的距离

点与面实体之间的关系比较复杂，因为点可能在面实体的内部，在面实体的边线上，或者在面实体覆盖的区域之外。在不同情况下，距离的认定方式是不同的，我们首先做出如下 3 种定义。

- 点在面实体内部，但不在边线上，则点与面实体之间的距离为任意一个负数，如 −1。
- 点在面实体的边线上，则点与面实体之间的距离为 0。
- 点在面实体外部，则点与面实体之间的距离为点到其边线的距离为正数。

其中第一和第二种情况是一种拓扑分析，判断点与多边形之间的位置关系，而第三种情况实际上就是上一节计算点到线实体的距离，据此，我们可先构造一个 XPolygon 的 Distance 函数，代码如下。

BasicClasses.cs/XPolygon

```
public override double Distance(XVertex vertex)
{
    bool inside;
    if (Contains(vertex, out inside))
    {
        if (inside) return -1;
        else return 0;
    }
    else
    {
        List<XVertex> vs = new List<XVertex>();
        vs.AddRange(vertexes);
        vs.Add(vertexes[0]);
        XLine line = new XLine(vs);
        return line.Distance(vertex);
    }
}
```

显然，其中的 Contains 函数非常重要，它用来判断该面（多边形）是否包含输入点，特别地，这个函数还有一个标注为 out 的参数 inside，它用来记录，如果点被多边形包含，则点在多边形内部还是多边形边线上，如果在内部返回 -1，否则返回 0。当 Contains 函数返回值为 false 时，构造一个线实体，返回线实体的距离计算结果。在构造线实体之前，我们特意新建了一个节点数组，它包含原有节点数组，同时增加了数组中的第一个节点，目的是确保构成多边形的每一条边都能够被考虑进去。

下面，我们重点看一下这个 Contains 函数到底如何写，其本质就是点与面的拓扑关系判断，目前有多种方法，这里介绍射线法，如图 12-2 所示，射线法的原理就是以点选位置（图中的实心小圆圈）为起点沿任意方向做一条射线，看射线与面的轮廓线的交点数量，如果是偶数，就表示点没有被面包括，如果是奇数，就表示被包括了。为了简单考虑，这条射线通常是沿坐标轴的，例如下图就是沿着横坐标的。

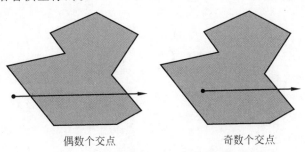

偶数个交点　　　　　　　　奇数个交点

图 12-2　用射线法判断点与面的位置关系

在具体计算时，就是计算射线与每一条边的交点数，然后再累加起来，如图 12-2 所示的情况，比较容易计算交点数，但有时会有一些特殊情况，如图 12-3 所示。

- 情况 1：射线刚好与一条边重合，且点在边的延长线上，则认为交点数为 0。
- 情况 2：射线刚好与一条边重合，且点恰恰就在这条边上，这时，可令 inside 为 false，然后直接返回 true，标识点被多边形包含，且在多边形边线上。

- 情况 3：点与面的某个节点重合，与情况 2 一样，令 inside 为 false，然后直接返回 true。
- 情况 4：射线刚好穿过面的某个节点，显然，这个节点与构成这个面的两条边相关，但应该只计算一次交点个数，为此，规定如下：如果这个节点是一个边的下端点，即其纵坐标值小于或等于另一个端点的纵坐标值，那就认为交点数为 0，否则交点数为 1。

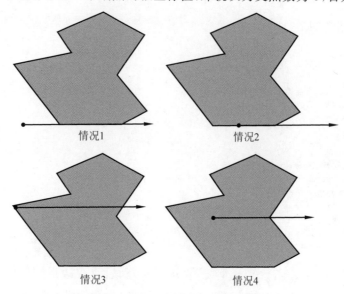

图 12-3　射线法的各种特殊情况

设节点为 mp，线段的两个端点分别为 $p1$ 和 $p2$，射线是沿横轴向右的，就是横坐标逐渐增大，纵坐标不变，在一般情况下，射线及该线段所在的两条直线的交点坐标 $(x0, y0)$ 计算公式如下。

$$x0 = p1.x + (mp.y - p1.y) \times (p2.x - p1.x)/(p2.y - p1.y)$$
$$y0 = mp.y$$

根据上述定义，在 XPolygon 中完成 Contains 函数，代码如下。

BasicClasses.cs/XPolygon

```csharp
public bool Contains(XVertex vertex, out bool inside)
{
    int count = 0;
    inside = true;
    for (int i = 0; i < vertexes.Count; i++)
    {
        //满足情况 3
        if (vertexes[i].IsSame(vertex))
        {
            inside = false;
            return true;
        }
        //由序号为 i 及 next 的两个节点构成一条线段，一般情况下 next 为 i + 1，
        //而针对最后一条线段，i 为 vertexes.Count - 1, next 为 0
        int next = (i + 1) % vertexes.Count;
        //确定线段的坐标极值
        double minX = Math.Min(vertexes[i].x, vertexes[next].x);
        double minY = Math.Min(vertexes[i].y, vertexes[next].y);
        double maxX = Math.Max(vertexes[i].x, vertexes[next].x);
        double maxY = Math.Max(vertexes[i].y, vertexes[next].y);
        //如果线段是平行于射线的
```

```
            if (minY == maxY)
            {
                //满足情况 2
                if (minY == vertex.y && vertex.x >= minX && vertex.x <= maxX)
                {
                    inside = false;
                    return true;
                }
                //满足情况 1 或者射线与线段平行无交点
                else continue;
            }
            //点在线段坐标极值之外,不可能有交点
            if (vertex.x > maxX || vertex.y > maxY || vertex.y < minY) continue;
            //计算交点横坐标,纵坐标无须计算,就是 vertex.y
            double X0 = vertexes[i].x + (vertex.y - vertexes[i].y) *
                (vertexes[next].x - vertexes[i].x) / (vertexes[next].y - vertexes[i].y);
            //交点在射线反方向,按无交点计算
            if (X0 < vertex.x) continue;
            //交点即为 vertex,且在线段上
            if (X0 == vertex.x)
            {
                inside = false;
                return true;
            }
            //射线穿过线段下端点,不记数
            if (vertex.y == minY) continue;
            //其他情况下,交点数加一
            count++;
        }
        //根据交点数量确定面是否包括点
        return count % 2 != 0;
    }
```

由于上述函数判断情况较多,特意加了注释。该函数就是逐一构造各个形成面的线段,判断它与节点对象射线的相交关系,如果满足直接判断的情况,则直接返回点面位置关系判断结果,否则累加交点个数,根据奇偶性判断。

从 XPolygon 的 Distance 函数可以看到,如果点不在多边形内部,则还需要计算它到边线的距离。然而,在实际的点选操作时,通常会认为只有点在多边形内部或边线上才认为是被选中,否则,即便离边线很近,也不会认为是选中。针对此种情况,我们可以在 XSelect 的 SelectFeaturesByVertex 函数中,针对空间实体类型为 XPolygon 的对象做特殊处理,如直接调用其 Contains 函数,决定是否选中,而不需要先计算距离,再判断是否在阈值以内,这样会提高一些效率。

12.4 实现屏幕点选

到此为止,我们实际上已经完成了所有三种空间实体的点选处理,但如何调用这些选择功能仍然是一个问题。我们想象的一个应用场景是,用户打开一个图层,在屏幕中单击选中一个或多个空间对象,然后弹出一个对话框,说明选中了几个空间对象。下面我们来尝试实现。

在 Form1.cs 中,已经定义了 MouseDown、MouseUp、MoveMove 等鼠标事件处理函数,我们希望把选择操作也添加进去,为此,我们首先在枚举类型 XExploreActions 中先增加一个新的枚举值 select,代码如下。

BasicClasses.cs/XVertex

```
public enum XExploreActions
{
    zoomin, zoomout, select,
    moveup, movedown, moveleft, moveright,
    zoominbybox, pan, noaction
};
```

然后,我们定义按键 Alt+鼠标右键就是选择操作,在鼠标事件处理函数 MouseDown 中,可修改代码如下。

Form1.cs

```
private void Form1_MouseDown(object sender, MouseEventArgs e)
{
    if (e.Button != MouseButtons.Left) return;
    MouseDownLocation = e.Location;
    else if (Control.ModifierKeys == Keys.Shift)
        currentMouseAction = XExploreActions.zoominbybox;
    if (Control.ModifierKeys == Keys.Alt)
        currentMouseAction = XExploreActions.select;
    else
        currentMouseAction = XExploreActions.pan;
}
```

最后在鼠标事件处理函数 MouseUp 中,完成选择操作,代码如下。

Form1.cs

```
private void Form1_MouseUp(object sender, MouseEventArgs e)
{
    XVertex v1 = view.ToMapVertex(MouseDownLocation);
    if (MouseDownLocation == e.Location)
    {
        if (currentMouseAction == XExploreActions.select)
        {
            List<XSelect.SelectResult> fs = XSelect.SelectFeaturesByVertex(
                v1, layer.Features, view.ToMapDistance(5));
            MessageBox.Show("选中空间对象数量:" + fs.Count);
        }
        currentMouseAction = XExploreActions.noaction;
        return;
    }

    XVertex v2 = view.ToMapVertex(e.Location);

    if (currentMouseAction == XExploreActions.zoominbybox)
    {
        XExtent extent = new XExtent(v1, v2);
        view.Update(extent, ClientRectangle);
    }
    else if (currentMouseAction == XExploreActions.pan)
    {
        view.OffsetCenter(v1, v2);
    }
    UpdateMap();
    currentMouseAction = XExploreActions.noaction;
}
```

在上述事件处理函数中,我们先把单击位置的地图坐标 v1 求出来,然后,当鼠标按键按下位置与鼠标按键抬起位置一致时，判断当前的地图动作是否为 select，如果是，就调用 XSelect 的 SelectFeaturesByVertex 函数查询被点选中的空间对象集合。其中，传入参数 1 为 v1，参数 2 为候选集 layer.Features，参数 3 为距离阈值，这里，我们将屏幕 5 个像素对应的地图长度作为阈值，从屏幕距离到地图距离需要在 XView 中定义一个新的函数，也即上述代码中的 ToMapDistance 函数，该函数定义如下。

BasicClasses.cs/XView

```
public double ToMapDistance(int pixelCount)
{
    Point p1 = new Point(0, 0);
    Point p2 = new Point(0, pixelCount);
    XVertex v1 = ToMapVertex(p1);
    XVertex v2 = ToMapVertex(p2);
    return v1.Distance(v2);
}
```

上述函数构造了两个间距为 pixelCount 的屏幕点，然后分别将它们转换成地图坐标点，再计算两点间的距离，并返回结果。

现在运行一下程序，打开一个图层，按下按键 Alt，然后在某个空间对象上单击鼠标左键，看看是否会弹出一个显示选中数量的对话框。

12.5 总结

单从结果看，似乎本章的点选效果与第 1 章差不多，但程序实现过程已经发生了很大的变化，选择效率也更高了。点选时的距离阈值决定了单击瞄准时的范围，在本节的案例中，我们用了 5 个像素，读者可以修改这个值，或者可以将其设置成一个参数，由用户来决定。点选面时，前文提到，可以令距离阈值不发挥作用，仅利用拓扑计算判断点是否在多边形内部或边线上，读者可以自行尝试。

本章的测试程序非常简单，读者可能希望看到点选一个空间对象后，这个空间对象的颜色可以发生变化，而不是仅弹出一个显示选中数量的窗口，这一点将在第 13 章介绍框选空间对象时实现。

第13章 框选空间对象及选择集操作

框选与点选的不同之处在于,框选是在屏幕上用鼠标拖动一个框,凡是落在框内的,就表示被选中了,因此,其实现方式其实比点选要简单得多,只需处理 XSpatial 的空间范围与拉框范围之间的包含关系即可,甚至无须考虑其实际的空间实体类型。

不论是框选还是点选,我们选择的目的是希望针对被选择的对象做进一步的处理,比如高亮显示、删除、保存等,这时就需要一个集合来记录这些被选中的对象。如何操作选择集也是本章需要重点讨论的。

13.1 框选算法

同样的,我们在 XSelect 中,添加一个框选函数,代码如下。

BasicClasses.cs/XSelect

```
public static List<SelectResult> SelectFeaturesByExtent(XExtent extent, List<XFeature> features)
{
    List<SelectResult> selection = new List<SelectResult>();
    foreach (XFeature feature in features)
    {
        if (extent.Includes(feature.spatial.extent))
            selection.Add(new SelectResult(feature, 0));
    }
    return selection;
}
```

上述函数的输入值是代表选择区域的地图范围(extent)及候选对象集(features),函数核心是 XExtent 的 Includes 函数,其目的就是判断该地图范围是否包含另一个地图范围,如果包含就返回 true,否则返回 false,当返回值为 true 时,则添加到返回值 selection 里,其中 SelectResult 实例的 criterion 取值并不是必需的,因此这里直接给了一个 0 值。框选函数返回值与点选函数一样,为一组 SelectResult 的集合。

Includes 函数被定义在 XExtent 中,代码如下。

BasicClasses.cs/XExtent

```
public bool Includes(XExtent extent)
{
    return (
        getMaxX() >= extent.getMaxX() &&
        getMinX() <= extent.getMinX() &&
```

```
        getMaxY() >= extent.getMaxY() &&
        getMinY() <= extent.getMinY());
}
```

Includes 函数只有一句话，就是判断该空间对象范围的四个坐标极值是否都在输入的地图范围的四个对应坐标极值之内，如果是就表示包含。

至此，框选命令其实已经全部完成了。

13.2 实现屏幕框选

在 Form1.cs 的事件处理函数 MouseUp 中，我们这样定义，当用户按住按键 Alt，同时鼠标按键按下和抬起时的位置是相同时，判断为点选，而当位置不同时，则为框选。为此，修改文件处理函数 MouseUp 如下。

Form1.cs

```
/// <summary>
/// 鼠标按键抬起时触发的事件
/// </summary>
/// <param name = "sender"></param>
/// <param name = "e"></param>
private void Form1_MouseUp(object sender, MouseEventArgs e)
{
    XVertex v1 = view.ToMapVertex(MouseDownLocation);
    if (MouseDownLocation == e.Location)
    {
        if (currentMouseAction == XExploreActions.select)
        {
            List<XSelect.SelectResult> fs = XSelect.SelectFeaturesByVertex(
                v1, layer.Features, view.ToMapDistance(5));
            MessageBox.Show("选中空间对象数量:" + fs.Count);
        }
        currentMouseAction = XExploreActions.noaction;
        return;
    }

    XVertex v2 = view.ToMapVertex(e.Location);

    if (currentMouseAction == XExploreActions.zoominbybox)
    {
        XExtent extent = new XExtent(v1, v2);
        view.Update(extent, ClientRectangle);
    }
    else if (currentMouseAction == XExploreActions.pan)
    {
        view.OffsetCenter(v1, v2);
    }
    else if (currentMouseAction == XExploreActions.select)
    {
        List<XSelect.SelectResult> fs = XSelect.SelectFeaturesByExtent(
            new XExtent(v1, v2), layer.Features);
        MessageBox.Show("选中空间对象数量:" + fs.Count);
    }
    UpdateMap();
    currentMouseAction = XExploreActions.noaction;
}
```

观察被加粗的几句代码，它们的作用就是构造一个搜索地图范围，然后调用 XSelect 的

SelectFeaturesByExtent 函数,并显示选中的对象数量。

现在可尝试运行程序,但我们发现,实际上并不清楚画出的范围到底在哪里,就是说,在拉框过程中,我们需要增加一个随鼠标移动而不断变化的矩形框为好,这非常简单,因为拉框放大操作其实已经实现了这个矩形框,只要采用类似的方式即可。为此,我们修改事件处理函数 MouseMove 和 Paint,把 XExploreActions 的枚举值 select 也添加到判断条件中,代码如下。

Form1.cs

```csharp
private void Form1_MouseMove(object sender, MouseEventArgs e)
{
    MouseMovingLocation = e.Location;
    if (currentMouseAction == XExploreActions.zoominbybox ||
        currentMouseAction == XExploreActions.pan ||
        currentMouseAction == XExploreActions.select)
    {
        Invalidate();
    }
}
private void Form1_Paint(object sender, PaintEventArgs e)
{
    if (backwindow == null) return;
    if (currentMouseAction == XExploreActions.pan)
    {
        e.Graphics.DrawImage(backwindow,
            MouseMovingLocation.X - MouseDownLocation.X,
            MouseMovingLocation.Y - MouseDownLocation.Y);
    }
    else if (currentMouseAction == XExploreActions.zoominbybox ||
        currentMouseAction == XExploreActions.select)
    {
        e.Graphics.DrawImage(backwindow, 0, 0);
        int x = Math.Min(MouseDownLocation.X, MouseMovingLocation.X);
        int y = Math.Min(MouseDownLocation.Y, MouseMovingLocation.Y);
        int width = Math.Abs(MouseDownLocation.X - MouseMovingLocation.X);
        int height = Math.Abs(MouseDownLocation.Y - MouseMovingLocation.Y);
        e.Graphics.DrawRectangle(new Pen(new SolidBrush(Color.Red), 2), x, y, width, height);
    }
    else
    {
        e.Graphics.DrawImage(backwindow, 0, 0);
    }
}
```

在事件处理函数 Paint 中,不管是拉框放大(zoominbybox)还是拉框选择(select),都是在屏幕上随鼠标移动绘制一个红色的矩形框。读者也可以修改代码,为不同操作定制不同的边线颜色,这是非常容易的。

13.3 定义选择集

在目前实现的屏幕点选和屏幕框选操作中,我们仅显示了一下选择集的数量,这显然是不够的,我们希望基于选择集实现更多的操作,例如高亮显示被选中的对象。为此,我们在 XVectorLayer 图层中增加一个属性,它为被选中的空间对象集合,代码如下。

BasicClasses.cs/XVectorLayer

```csharp
public List<XFeature> SelectedFeatures = new List<XFeature>();
```

在 XSelect 选择操作中，结果是 SelectResult 的集合，并非是 XFeature 的集合，因此，需要一个函数实现转换，该函数代码如下。

BasicClasses.cs/XSelect

```csharp
public static List<XFeature> ToFeatures(List<SelectResult> selection)
{
    List<XFeature> features = new List<XFeature>();
    foreach (SelectResult sr in selection)
        features.Add(sr.feature);
    return features;
}
```

之后，我们在 XVectorLayer 中添加一个选择操作，用来维护其 SelectedFeatures 属性。代码如下。

BasicClasses.cs/XVectorLayer

```csharp
public void SelectByVertex(XVertex vertex, double tolerance)
{
    SelectedFeatures = XSelect.ToFeatures(
        XSelect.SelectFeaturesByVertex(vertex, Features, tolerance));
}

public void SelectByExtent(XExtent extent)
{
    SelectedFeatures = XSelect.ToFeatures(
        XSelect.SelectFeaturesByExtenthoo = ]i111(extent, Features));
}
```

接着，我们需要在点选和框选时，直接调用 XVectorLayer 的上述两个函数，执行相关选择操作，代码如下，见加粗显示部分，可以看出，代码稍微简洁了一些。

Form1.cs

```csharp
private void Form1_MouseUp(object sender, MouseEventArgs e)
{
    XVertex v1 = view.ToMapVertex(MouseDownLocation);
    if (MouseDownLocation == e.Location)
    {
        if (currentMouseAction == XExploreActions.select)
        {
            layer.SelectByVertex(v1, view.ToMapDistance(5));
            MessageBox.Show("选中空间对象数量:" + layer.SelectedFeatures.Count);
        }
        currentMouseAction = XExploreActions.noaction;
        return;
    }

    XVertex v2 = view.ToMapVertex(e.Location);

    if (currentMouseAction == XExploreActions.zoominbybox)
    {
        XExtent extent = new XExtent(v1, v2);
        view.Update(extent, ClientRectangle);
    }
    else if (currentMouseAction == XExploreActions.pan)
    {
        view.OffsetCenter(v1, v2);
    }
    else if (currentMouseAction == XExploreActions.select)
```

```
            {
                layer.SelectByExtent(new XExtent(v1, v2));
                MessageBox.Show("选中空间对象数量:" + layer.SelectedFeatures.Count);
            }
            UpdateMap();
            currentMouseAction = XExploreActions.noaction;
        }
```

13.4 选择集的高亮显示

经过上述修改，图层中的 SelectedFeatures 属性已经与选择操作紧密关联起来了，但这仍然不够，用户还是不知道到底哪些对象被选中了，我们需要把选中的结果高亮显示出来。这其实是一个有点复杂的操作，涉及好几个类的改变，以及新的类的定义。接下来，看看我们如何一步一步达到此目的。

首先，让我们回顾一下，一个空间实体是如何绘制的，绘制的颜色是在哪里被设定的，以 XPolygon 为例，如果读者没有做过修改的话，那么无论是什么多边形，其填充的颜色都是黄色，而边框是蓝色，边线宽度是 1。如果我们希望针对不同多边形定制不同颜色怎么办？那显然，这些颜色和宽度的设置就需要作为参数传递给 draw 绘图函数才行。我们先来实现这一步。

现在需要定义一个新的类，用来保存这些绘图设置，我们将其命名为 XThematics，其类定义如下。

BasicClasses.cs

```
public class XThematic
{
    //线实体显示样式
    public Pen LinePen = new Pen(Color.Black, 1);
    //面实体显示样式
    public Pen PolygonPen = new Pen(Color.Blue, 1);
    public SolidBrush PolygonBrush = new SolidBrush(Color.Yellow);
    //点实体显示样式
    public Pen PointPen = new Pen(Color.Red, 1);
    public SolidBrush PointBrush = new SolidBrush(Color.White);
    public int PointRadius = 5;

    public XThematic()
    {

    }

    public XThematic(Pen _LinePen,
        Pen _PolygonPen, SolidBrush _PolygonBrush,
        Pen _PointPen, SolidBrush _PointBrush, int _PointRadius)
    {
        LinePen = _LinePen;
        PolygonPen = _PolygonPen;
        PolygonBrush = _PolygonBrush;
        PointPen = _PointPen;
        PointBrush = _PointBrush;
        PointRadius = _PointRadius;
    }
}
```

XThematics 涵盖了三种实体的显示样式，并且给出了初值，它包含两个构造函数，其中一个是空函数,也就是直接令各个显示属性使用初值,而另一个函数则为每个显示属性给出了自定义的值。

现在,我们在 XVectorLayer 中增加对 XThematics 的引用,利用 XThematics 定义两个属性实例,一个是非选中状态下的样式,一个是选中状态下的样式,并且在构造函数中,对选中状态下的样式进行参数定制,代码如下。

BasicClasses.cs/XVectorLayer

```
public XThematic UnselectedThematic, SelectedThematic;

public XVectorLayer(string _name, SHAPETYPE _shapetype)
{
    Name = _name;
    ShapeType = _shapetype;
    UnselectedThematic = new XThematic();
    SelectedThematic = new XThematic(new Pen(Color.Red, 1),
        new Pen(Color.Red, 1), new SolidBrush(Color.Pink),
        new Pen(Color.Red, 1), new SolidBrush(Color.Pink), 5);
}
```

可以看出,为了突出显示,我们为 UnselectedThematic 定制的样式以红色为主,当然,读者可以自行修改成自己感觉合适的样式。

接下来,我们需要将这些样式传递给绘图函数,这里就涉及 XSpatial 及其子类的 draw 函数,在其参数列表中需要增加一项 XThematic 的实例,具体修改如下。

BasicClasses.cs/XSpatial

```
public abstract void draw(Graphics graphics, XView view, XThematic thematic);
```

BasicClasses.cs/XPoint

```
public override void draw(Graphics graphics, XView view, XThematic thematic)
{
    Point screenpoint = view.ToScreenPoint(centroid);
    Rectangle rect = new Rectangle(
        screenpoint.X - thematic.PointRadius, screenpoint.Y - thematic.PointRadius,
        thematic.PointRadius * 2, thematic.PointRadius * 2);
    graphics.FillEllipse(thematic.PointBrush, rect);
    graphics.DrawEllipse(thematic.PointPen, rect);
}
```

BasicClasses.cs/XLine

```
public override void draw(Graphics graphics, XView view, XThematic thematic)
{
    List<Point> points = view.ToScreenPoints(vertexes);
    graphics.DrawLines(thematic.LinePen, points.ToArray());
}
```

BasicClasses.cs/XPolygon

```
public override void draw(Graphics graphics, XView view, XThematic thematic)
{
    Point[] points = view.ToScreenPoints(vertexes).ToArray();
    graphics.FillPolygon(thematic.PolygonBrush, points);
    graphics.DrawPolygon(thematic.PolygonPen, points);
}
```

从上述几个 draw 函数的实现即可看出,现在我们已经实现了对绘图过程的完全参数化,也就是说，我们可以更加容易地修改空间实体的显示样式，而不需要改变更底层的绘图函数。

同样地，在 XFeature 中，对其 draw 函数进行修改，增加 XThematic 参数，代码如下。

BasicClasses.cs/XFeature

```
public void draw(Graphics graphics, XView view,
    bool DrawAttributeOrNot, int index, XThematic thematic)
{
    spatial.draw(graphics, view, thematic);
    if (DrawAttributeOrNot)
        attribute.draw(graphics, view, spatial.centroid, index);
}
```

现在，回到 XVectorLayer，我们需要根据一个空间对象是否被选中，而决定选择什么样的样式传递给它的绘图函数，具体过程也在 draw 函数中，代码如下。

BasicClasses.cs/XVectorLayer

```
public void draw(Graphics graphics, XView view)
{
    if (Extent == null) return;
    if (!Extent.IntersectOrNot(view.CurrentMapExtent)) return;
    for (int i = 0; i < Features.Count; i++)
    {
        if (Features[i].spatial.extent.IntersectOrNot(view.CurrentMapExtent))
            Features[i].draw(graphics, view, LabelOrNot, LabelIndex,
                SelectedFeatures.Contains(Features[i])?SelectedThematic:UnselectedThematic);
    }
}
```

这里通过判断当前空间对象是否在选择集 SelectedFeatures 中，决定了是将 SelectedThematic 还是 UnselectedThematic 传递给 draw 函数。

现在，尝试运行程序，通过框选空间对象，我们惊喜地发现，被选中对象已经可以以一种不同的方式被高亮显示了。

然而，如果点选，被选中对象并不会高亮显示，其实这是因为在点选时我们没有更新地图，也即没有调用 UpdateMap 函数，而只要我们随意浏览一下地图，就会激活 UpdateMap 函数，这时刚刚点选中的对象就会被高亮显示了。现在我们可以在事件处理函数 MouseUp 中，把这个小问题修改一下，同时，去掉显示选中对象数量的对话框，因为它存在的意义已经不大了，修改后的代码如下。

Form1.cs

```
private void Form1_MouseUp(object sender, MouseEventArgs e)
{
    XVertex v1 = view.ToMapVertex(MouseDownLocation);
    if (MouseDownLocation == e.Location)
    {
        if (currentMouseAction == XExploreActions.select)
        {
            layer.SelectByVertex(v1, view.ToMapDistance(5));
            UpdateMap();
        }
        currentMouseAction = XExploreActions.noaction;
        return;
    }

    XVertex v2 = view.ToMapVertex(e.Location);
```

```
        if (currentMouseAction == XExploreActions.zoominbybox)
        {
            XExtent extent = new XExtent(v1, v2);
            view.Update(extent, ClientRectangle);
        }
        else if (currentMouseAction == XExploreActions.pan)
        {
            view.OffsetCenter(v1, v2);
        }
        else if (currentMouseAction == XExploreActions.select)
        {
            layer.SelectByExtent(new XExtent(v1, v2));
        }
        UpdateMap();
        currentMouseAction = XExploreActions.noaction;
}
```

13.5 操作选择集

目前的选择动作会清除已有的选择对象,然后重新根据选择条件进行选择,这在大多数情况下是可接受的,然而,在一些情况下,我们希望在现有的选择集中增加新的空间对象,或者希望从现有选择集中移除部分对象,针对这样的需求,我们定义如下操作场景。

- 移除已选中对象:当按住 Ctrl 键时,且根据最新选择条件选中的对象均已存在于图层当前选择集中时,则从选择集中移除这些新选中的对象。
- 添加选中对象:当按住 Ctrl 键时,且根据最新选择条件选中的对象不完全存在于图层当前选择集中时,则新选中的对象增加至选择集中。

两个场景都需要按住 Ctrl 键,场景 1 其实就代表已被选中的对象,如再次被选中,则表示想移除它,而场景 2 关注新被选中的对象,将其添加入选择集。上述场景应该说符合一般用户的日常操作习惯,当然,读者也可以自行修改规则。

现在我们修改 XVectorLayer 中的选择函数,让它支持选择集的改变。我们增加了一个 ModifySelection 函数,它根据新的选择结果以及一个是否需要改变的布尔型参数来决定选择集的构成,不管是点选还是框选,都可以调用该函数,代码如下。

BasicClasses.cs/XVectorLayer

```
public void SelectByVertex(XVertex vertex, double tolerance, bool modify)
{
    List<XFeature> features = XSelect.ToFeatures(
        XSelect.SelectFeaturesByVertex(vertex, Features, tolerance));
    ModifySelection(features, modify);
}

public void SelectByExtent(XExtent extent, bool modify)
{
    List<XFeature> features = XSelect.ToFeatures(
        XSelect.SelectFeaturesByExtent(extent, Features));
    ModifySelection(features, modify);
}

private void ModifySelection(List<XFeature> features, bool modify)
{
    if (!modify)
    {
        SelectedFeatures = features;
    }
```

```
        else
        {
            bool IncludeAll = true;
            foreach(XFeature feature in features)
            {
                if (!SelectedFeatures.Contains(feature))
                {
                    //情景2:添加入选择集
                    IncludeAll = false;
                    SelectedFeatures.Add(feature);
                }
            }
            if (IncludeAll)
            {
                //情景1:从选择集中移出
                foreach (XFeature feature in features)
                {
                    SelectedFeatures.Remove(feature);
                }
            }
        }
    }
```

在 ModifySelection 函数中,如果不需要将新的选择结果与原有选择集进行集成处理,也即 modify 参数为 false,则直接用新选择结果替代原有选择集；否则,按照之前定义的两种场景完成选择集的修改,其中 IncludeAll 作为一个标志,用来记录新选择结果是否完全被原有选择集囊括。

现在,我们需要修改 Form1.cs 的文件处理函数 MouseDown,让它接受 Ctrl 键被按下的情况,代码如下。

Form1.cs

```
    private void Form1_MouseDown(object sender, MouseEventArgs e)
    {
        if (e.Button != MouseButtons.Left) return;
        MouseDownLocation = e.Location;
        if (Control.ModifierKeys == Keys.Shift)
            currentMouseAction = XExploreActions.zoominbybox;
        else if (Control.ModifierKeys == Keys.Alt||
            Control.ModifierKeys == (Keys.Alt|Keys.Control))
            currentMouseAction = XExploreActions.select;
        else
            currentMouseAction = XExploreActions.pan;
    }
```

其中 Control.ModifierKeys == (Keys.Alt|Keys.Control)表示按键 Alt 及 Ctrl 同时被按下。接着,我们修改事件处理函数 MouseUp,将上述用来判断按键 Alt 及 Ctrl 是否同时被按下的逻辑值传递给图层选择函数中的 modify 参数,代码如下。

Form1.cs

```
    private void Form1_MouseUp(object sender, MouseEventArgs e)
    {
        XVertex v1 = view.ToMapVertex(MouseDownLocation);
        if (MouseDownLocation == e.Location)
        {
            if (currentMouseAction == XExploreActions.select)
            {
                layer.SelectByVertex(v1, view.ToMapDistance(5),
```

```
                Control.ModifierKeys == (Keys.Alt | Keys.Control));
            UpdateMap();
        }
        currentMouseAction = XExploreActions.noaction;
        return;
    }
    XVertex v2 = view.ToMapVertex(e.Location);
    if (currentMouseAction == XExploreActions.zoominbybox)
    {
        XExtent extent = new XExtent(v1, v2);
        view.Update(extent, ClientRectangle);
    }
    else if (currentMouseAction == XExploreActions.pan)
    {
        view.OffsetCenter(v1, v2);
    }
    else if (currentMouseAction == XExploreActions.select)
    {
        layer.SelectByExtent(new XExtent(v1, v2), Control.ModifierKeys == (Keys.Alt |
Keys.Control));
    }
    UpdateMap();
    currentMouseAction = XExploreActions.noaction;
}
```

现在，读者可以运行尝试，体会按住按键 Ctrl 后的不同操作方式。

13.6 总结

本章内容较多，我们提供了一些基本的框架，读者可以在此基础上不断完善。例如，本章的框选操作要求空间对象必须完全被包括在选择范围内，其实，在有些场景下，我们也可以认为与选择范围相交即是被选中了，这种情况就复杂得多了，需要判断很多情形，比如矩形与折线相交、矩形与多边形相交等。

不管是框选还是点选，我们其实都在枚举每一个空间对象去比较和计算，这样虽然代码简单而且易读，但是效率并不高，当有大量空间对象时，速度可能很慢，而更加高效的方法是建立空间索引，比如 R-Tree，相关内容我们会在后续章节介绍。

本章的选择集操作是以一个集合，即 SelectedFeatures，为目标进行的，另外的一种实现场景可以是给每个 XFeature 增加一个属性，比如 Selected，用来记录它是否被选中。这也许效率会更高一些，尤其是判断一个空间对象是否已被选中，就不需要用集合的 Contains 函数来判断了，而可以直接读取其 Selected 属性即可。当然，更高效率的方式就意味着更复杂的处理逻辑，读者可以在本书的基础上不断改进完善。

针对选择集可以实现更多操作，例如从图层中删除被选中的对象，将选中的对象保存至一个新的图层中，反选对象等。读者可尝试自己实现。

第 14 章

基于属性特征的对象选择

不论是点选还是框选操作,都是基于空间实体的,而针对每个 GIS 对象来说,还包括属性特征。属性特征通常以二维表形式保存,由记录和字段构成,每个 GIS 对象对应一条记录,每条记录包含若干字段。用户可以基于一个或多个字段进行查询,筛选出符合要求的 GIS 对象。该类查询其实在传统非空间数据库中也同样存在,通常通过基于 SQL 查询语言实现查询。SQL 语言内容庞杂,在本书中,我们暂时不打算介绍和支持 SQL 查询,而希望演示性地实现一些简单的属性查询方法,读者可以在此基础上自行扩展。

不管是空间查询还是属性查询,我们希望选择结果能拥有一种一致的表现方式。简单地说就是,不论何种查询获得的图层选择集在属性列表和地图窗口中都应该能够被高亮显示。

14.1 基于查询条件的对象选择

我们继续在 XSelect 中实现基本的属性查询函数。首先,为识别查询时涉及的判断条件,我们定义如下枚举类型,记录不同的比较方式,代码如下。

BasicClasses.cs/XSelect

```
public enum OPERATOR
{
    Equal, LessThan, MoreThan,
    LessEqual, MoreEqual, Has, NotEqual
}
```

从名称中就可以看出,判断条件包括等于(Equal)、小于(LessThan)、大于(MoreThan)、小于等于(LessEqual)、大于等于(MoreEqual)、包含(Has)和不等于(NotEqual)几种操作。

基于上述定义,我们给出属性查询函数,该函数针对一个单独的字段,给出查询条件,获得查询结果。其输入值包括待选的空间对象集、查询操作符、指定的属性字段序号及特征值,输出值为选到的空间对象集。代码如下。

BasicClasses.cs/XSelect

```
public static List<XFeature> SelectFeaturesByAttribute(List<XFeature> features,
    OPERATOR op, int fieldIndex, object key)
{
    List<XFeature> fs = new List<XFeature>();
    foreach (XFeature f in features)
    {
        object value = f.getAttribute(fieldIndex);
```

```
                if (CompareValue(value, op, key))
                    fs.Add(f);
        }
        return fs;
    }
```

SelectFeaturesByAttribute 函数针对候选集中的每个空间对象，找到其指定的属性值，将此属性值与特征值进行比较，如满足比较条件，则将该空间对象加入返回值对象集合中。

CompareValue 函数用于完成比较操作，其输入值为待比较的数值 value 及 key，以及操作符 op，输出为一个布尔值。由于并不是所有数据类型都可以适用于各种类型的操作符，因此，该函数需要针对不同数据类型做特殊处理。代码如下。

BasicClasses.cs/XSelect

```
    public static bool CompareValue(object value, OPERATOR op, object key)
    {
        if (op == OPERATOR.Equal)
            return value.ToString() == key.ToString();
        else if (op == OPERATOR.NotEqual)
            return value.ToString() != key.ToString();
        if (value is bool) return false;
        switch (op)
        {
            case OPERATOR.Has:
                if (value is string)
                    return value.ToString().IndexOf(key.ToString()) >= 0;
                else
                    return false;
            case OPERATOR.LessEqual:
                if (value is string)
                    return ((string)value).CompareTo((string)key) <= 0;
                else if (value is char)
                    return ((char)value).CompareTo((char)key) <= 0;
                else
                    return Convert.ToDouble(value).CompareTo(Convert.ToDouble(key)) <= 0;
            case OPERATOR.LessThan:
                if (value is string)
                    return ((string)value).CompareTo((string)key) < 0;
                else if (value is char)
                    return ((char)value).CompareTo((char)key) < 0;
                else
                    return Convert.ToDouble(value).CompareTo(Convert.ToDouble(key)) < 0;
            case OPERATOR.MoreEqual:
                if (value is string)
                    return ((string)value).CompareTo((string)key) >= 0;
                else if (value is char)
                    return ((char)value).CompareTo((char)key) >= 0;
                else
                    return Convert.ToDouble(value).CompareTo(Convert.ToDouble(key)) >= 0;
            case OPERATOR.MoreThan:
                if (value is string)
                    return ((string)value).CompareTo((string)key) > 0;
                else if (value is char)
                    return ((char)value).CompareTo((char)key) > 0;
                else
                    return Convert.ToDouble(value).CompareTo(Convert.ToDouble(key)) > 0;
        }
        return false;
    }
```

在 CompareValue 函数中,不论是 value 还是 key,其类型都是比较底层的 object,我们可以通过关键词 is 来判断具体的数据类型。此外,一般来说,key 的数据类型应该与 value 保持一致,但如果两者都是数值类型的,那么也可以不一致,比如说 value 为 double,key 为 int,则也可以比较。

由于不论何种数据类型,均支持相等(Equal)或不等(NotEqual)两种操作,所以我们先对这两种操作进行处理,通过 value.ToString()==key.ToString() 或 value.ToString()!=key.ToString() 即可完成判断,之所以调用 ToString 函数是因为,两个类型未知的 object 比较的是存储这两个 object 的地址,无论怎么比较都是不会相等的,必须指定成一种确定的数据类型才行,而任何一个 object 的实例都可以转成字符串,因此,可以在字符串层次比较二者相等或不等。而其他操作针对布尔类型的属性值就没有意义了,因此,针对此类型属性可直接返回 false。

之后,我们利用 switch 语句,逐个判断在不同操作符下,如何进行比较。包含(Has)操作符仅适用于字符串类型,通过在 value 中查找与 key 匹配的子字符串即可,而针对其他类型,直接返回 false。剩下的四种操作符需要完成大小比较,针对每种大小比较操作,我们的处理方式都是相同的,都采用了 C#语言标准类库中提供的 CompareTo 函数来完成,该函数通过返回正负值或 0 来表示前后两个被比较对象(也即调用者和函数参数)的大小。但是该函数要求明确调用者的数据类型,因此,为简化处理过程,我们将 string 和 char 类型的属性单独列出来,而由于剩下的数据类型皆为数值型,所以可全部转成 double 统一处理。

现在,我们可以在 XVectorLayer 中增加一个属性查询函数,用以操作图层选择集,该函数调用了 XSelect 的 SelectByAttribute 函数。代码如下。

BasicClasses.cs/XVectorLayer

```
public void SelectByAttribute(XSelect.OPERATOR op, int fieldIndex, object key, bool modify)
{
    List < XFeature > features = XSelect.SelectFeaturesByAttribute(Features, op, fieldIndex, key);
    ModifySelection(features, modify);
}
```

该函数类似 SelectByVertex 和 SelectByExtent 函数,也有一个 modify 参数,可以替换和增删现有选择集。

14.2 属性查询功能的实现

属性选择可以通过无界面的代码编写、函数调用完成,也可以通过人机交互定制查询条件,然后调用查询函数完成。在本节,我们尝试第二种方式,建立一个新的窗口,用来定义属性查询条件。我们为其命名为 FormAttributeQuery,由于它更多情况下是一个对话框,因此不需要改变窗口大小,所以其 FormBorderStyle 可以设置成 FixedToolWindow。

我们首先来完成界面设计(图 14-1)。它主要包括一个字段列表(lbFields),一个操作符列表(lbOperators),一个特征值输入框(tbKey),一个查询按钮(bQuery),一个关闭按钮(bClose),另外还有几个用于说明的文字标签。其中操作符列表的内容由于是固定的,我们可以在设计时就完成输入,其每一选项与枚举类型 OPERATOR 的枚举值都是一一对应的,而且顺序也是一致的,这样可以便于今后选项与枚举值之间的快速转换。字段列表和操作符列表都是单选,因此它们的 SelectionMode 属性需要设置为 One。

接着完成代码部分。该窗口的构造函数需要包含一个矢量图层,同时该图层也需要被赋

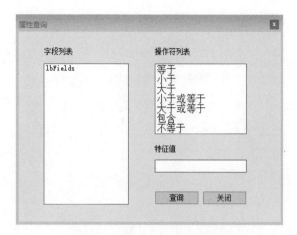

图 14-1　属性查询窗口界面设计

值给该类的一个属性以备后用，然后读出其所有字段信息添加至字段列表中。代码如下。

FormAttributeQuery.cs

```csharp
public partial class FormAttributeQuery : Form
{
    XVectorLayer layer;
    public FormAttributeQuery(XVectorLayer _layer)
    {
        InitializeComponent();
        layer = _layer;
        foreach(XField field in _layer.Fields)
        {
            lbFields.Items.Add(field.name);
        }
    }
}
```

单击按钮"关闭"的操作最简单，就是执行窗口关闭动作即可，代码如下。

FormAttributeQuery.cs

```csharp
private void bClose_Click(object sender, EventArgs e)
{
    Close();
}
```

单击按钮"查询"后，执行真正的查询操作。首先，需要确保字段列表、操作符列表及特征值都有正确的输入；其次，检查特征值的合法性；最后，调用图层的属性查询函数并弹出一个对话框，显示当前图层选择集的元素数量。代码如下。

FormAttributeQuery.cs

```csharp
private void bQuery_Click(object sender, EventArgs e)
{
    if (lbFields.SelectedItems.Count!= 1 ||
        lbOperators.SelectedItems.Count!= 1 ||
        tbKey.Text == "")
    {
        MessageBox.Show("请完成字段选择、操作符选择及特征值输入!");
        return;
    }
    int FieldIndex = lbFields.SelectedIndex;
```

```csharp
object key;
if (layer.Fields[FieldIndex].datatype == typeof(bool))
{
    bool value;
    if (!bool.TryParse(tbKey.Text, out value))
    {
        MessageBox.Show("请输入 bool 型特征值!");
        return;
    }
    key = value;
}
else if (layer.Fields[FieldIndex].datatype == typeof(char))
{
    if (tbKey.Text.Length != 1)
    {
        MessageBox.Show("请输入一个字符!");
        return;
    }
    key = tbKey.Text[0];
}
else if (layer.Fields[FieldIndex].datatype == typeof(string))
{
    key = tbKey.Text;
}
else
{
    double value;
    if (!double.TryParse(tbKey.Text, out value))
    {
        MessageBox.Show("请输入数值型特征值!");
        return;
    }
    key = value;
}
XSelect.OPERATOR op = (XSelect.OPERATOR)Enum.Parse(typeof(XSelect.OPERATOR),
    lbOperators.SelectedIndex.ToString());

layer.SelectByAttribute(op, FieldIndex, key, false);
MessageBox.Show("已选择" + layer.SelectedFeatures.Count + "个对象");
}
```

其中，特征值的合法性占据了函数的主要部分，需要根据字段数据类型检查特征值。我们将其分成四组：bool 型、字符型、字符串型和其他型（也即数值型）。针对不同类型，采用了不同的检测方法，其中 bool 型和数值型利用 TryParse，字符型直接检查输入的字符串长度是否为 1，字符串型无须检查。所有检查后获得的取值被赋给特征值 key。

在主窗口，我们需要增加一个按钮"查询"（bQuery），用来打开此查询窗口，该按钮的事件处理函数代码如下。

Form1.cs

```csharp
private void bQuery_Click(object sender, EventArgs e)
{
    FormAttributeQuery form = new FormAttributeQuery(layer);
    form.ShowDialog();
}
```

运行程序，打开一个图层，如图 14-2 所示，尝试查询，选择"NAME"字段，选择"包含"操作符，然后输入"a"，单击"查询"后，显示选中了 40 个空间对象。

图 14-2　通过属性查询获得的结果

然而，遗憾的是，我们没有在地图上看到这 40 个对象被高亮显示。但是，当我们关闭此查询对话框，然后简单浏览一下地图，则被选中对象变成高亮显示了。显然，我们更希望做到的效果是，在单击按钮"查询"之后，就能即刻在地图中看到查询结果。实现此功能的方法是利用自定义事件的形式。首先，在 FormAttributeQuery 中定义一个 UpdateSelect 事件；其次，在执行查询后，发出此事件；最后，让主窗口响应此事件，更新地图。FormAttributeQuery.cs 中的相关代码如下，其中，为了定义 UpdateSelect 事件，我们还需要定义一个代理函数 DelegateUpdateSelect，读者可参阅相关资料，了解其背后的原理。

FormAttributeQuery.cs

```
public partial class FormAttributeQuery : Form
{
    XVectorLayer layer;
    public delegate void DelegateUpdateSelect();
    public event DelegateUpdateSelect UpdateSelect;
    ……

    private void bQuery_Click(object sender, EventArgs e)
    {
        ……
        MessageBox.Show("已选择" + layer.SelectedFeatures.Count + "个对象");
        UpdateSelect();
    }
    ……
}
```

在 Form1.cs 中，我们需要修改原有的属性查询事件处理函数，在声明一个 FormAttributeQuery 的实例后，添加对 UpdateSelect 事件的处理函数 AfterSelect，然后再打开此窗口。而 AfterSelect 函数其实很简单，就是更新地图。代码如下。

Form1.cs

```
private void bQuery_Click(object sender, EventArgs e)
{
    FormAttributeQuery form = new FormAttributeQuery(layer);
```

```
        form.UpdateSelect += AfterSelect;
        form.ShowDialog();
    }

    private void AfterSelect()
    {
        UpdateMap();
    }
```

现在，我们再次运行程序，查询结果可以实时在地图窗口中显示出来了，而且我们可以多次修改查询条件，直到找到我们需要的结果。

14.3 基于属性窗口的空间对象选择

除了利用属性查询条件实现选择空间对象之外，我们还可以在属性列表中，直接通过人机交互的方式选择空间对象。目前的属性列表是在 DataGridView 控件中展示的，而该控件自身就提供多种交互式选择功能。例如，如图 14-3 所示，用鼠标左键按住每行记录前面的小方块，就可选中该记录；按住左键拖动，可连续选中多条记录；按下 Ctrl 键，同时单击鼠标左键，可添加或删除被选记录；按下 Shift 键，可批量选中两次鼠标左键按下时的所有记录。

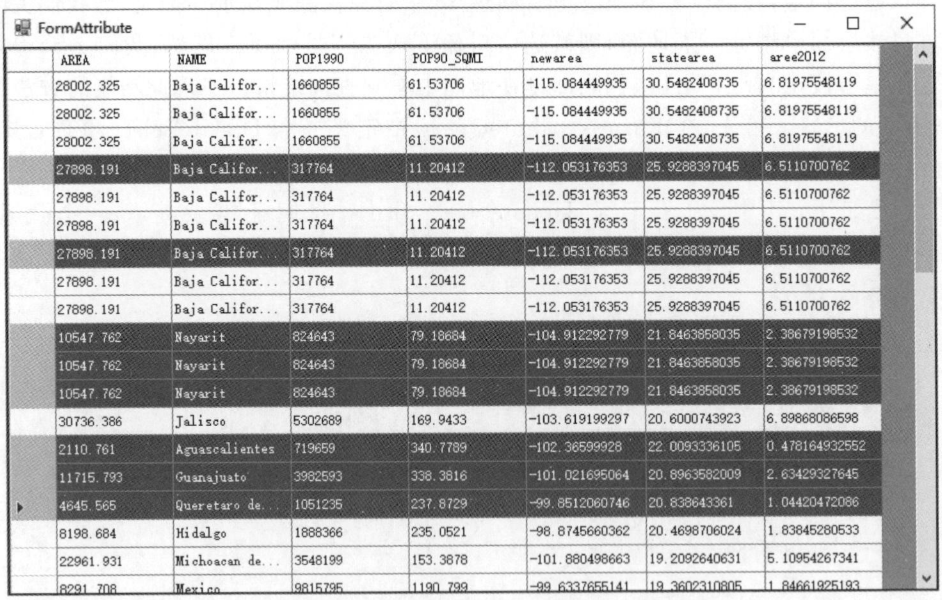

AREA	NAME	POP1990	POP90_SQMI	newarea	statearea	aree2012
28002.325	Baja Califor...	1660855	61.53706	-115.084449935	30.5482408735	6.81975548119
28002.325	Baja Califor...	1660855	61.53706	-115.084449935	30.5482408735	6.81975548119
28002.325	Baja Califor...	1660855	61.53706	-115.084449935	30.5482408735	6.81975548119
27898.191	Baja Califor...	317764	11.20412	-112.053176353	25.9288397045	6.5110700762
27898.191	Baja Califor...	317764	11.20412	-112.053176353	25.9288397045	6.5110700762
27898.191	Baja Califor...	317764	11.20412	-112.053176353	25.9288397045	6.5110700762
27898.191	Baja Califor...	317764	11.20412	-112.053176353	25.9288397045	6.5110700762
27898.191	Baja Califor...	317764	11.20412	-112.053176353	25.9288397045	6.5110700762
27898.191	Baja Califor...	317764	11.20412	-112.053176353	25.9288397045	6.5110700762
10547.762	Nayarit	824643	79.18684	-104.912292779	21.8463858035	2.38679198532
10547.762	Nayarit	824643	79.18684	-104.912292779	21.8463858035	2.38679198532
10547.762	Nayarit	824643	79.18684	-104.912292779	21.8463858035	2.38679198532
30736.386	Jalisco	5302689	169.9433	-103.619199297	20.6000743923	6.89868086598
2110.761	Aguascalientes	719659	340.7789	-102.36599928	22.0093336105	0.478164932552
11715.793	Guanajuato	3982593	338.3816	-101.021695064	20.8963582009	2.63429327645
4645.565	Queretaro de...	1051235	237.8729	-99.8512060746	20.838643361	1.04420472086
8198.684	Hidalgo	1888366	235.0521	-98.8745660362	20.4698706024	1.83845280533
22961.931	Michoacan de...	3548199	153.3878	-101.880498663	19.2092640631	5.10954267341
8291.708	Mexico	9815795	1190.799	-99.6337655141	19.3602310805	1.84661925193

图 14-3 利用 DataGridView 控件实现灵活的记录选择

通过上述方法选中的记录需要与图层的选择集保持一致。确保在列表中选中的记录在地图窗口中也会被高亮显示。这似乎不是一件很难的事，因为每一条属性记录都对应一个空间对象，只要把选中的记录对应的空间对象添加到图层的选择集中即可。一般来说，属性列表中的第一条记录就对应于图层空间对象的第一项，以此类推，就确定了对应关系。然而，DataGridView 提供了一种按照指定字段（列）排序的功能，单击某一列的表头就会打乱原有记录的顺序，这样，原有的对应关系就被打乱了。当然，我们可以屏蔽这一功能，不允许排序，但这样因噎废食的做法显然是不可取的。

为持续保持属性列表中的记录与图层空间对象的对应关系，我们在属性列表中可以增加一列，专门用来记录所对应空间对象的序号。这样，不论如何调整顺序，我们都可以找到对应的空间对象。这一特殊的列可以设置成不可见，并排在首列，在本书中，为了展示其作用，我们暂时令其可见。

根据上述思路，我们修改窗口 FormAttribute 的构造函数，同时，由于输入的矢量图层参数还需要后续使用，因此，我们将它作为一个类的属性成员保留，代码如下。

FormAttribute.cs

```
XVectorLayer layer;
public FormAttribute(XVectorLayer _layer)
{
    InitializeComponent();
    layer = _layer;
    //添加序号列
    dgvValues.Columns.Add("Index", "Index");
    for (int i = 0; i < layer.Fields.Count; i++)
    {
        dgvValues.Columns.Add(layer.Fields[i].name, layer.Fields[i].name);
    }
    for (int i = 0; i < layer.FeatureCount(); i++)
    {
        dgvValues.Rows.Add();
        dgvValues.Rows[i].Cells[0].Value = i;
        for (int j = 0; j < layer.Fields.Count; j++)
        {
            dgvValues.Rows[i].Cells[j + 1].Value = layer.GetFeature(i).getAttribute(j);
        }
    }
}
```

为了把当前图层的选择状态应用到属性列表里，我们添加了一个窗口的显示事件处理函数 Shown，该函数逐个检查每一个空间对象，如果空间对象处于选择集中，则令该属性记录的选择状态（Selected）为 true，代码如下。

FormAttribute.cs

```
private void FormAttribute_Shown(object sender, EventArgs e)
{
    //更新其选择状态
    for (int i = 0; i < layer.FeatureCount(); i++)
    {
        dgvValues.Rows[i].Selected = layer.SelectedFeatures.Contains(layer.GetFeature(i));
    }
}
```

有些读者可能疑惑，为什么要单独定义一个事件处理函数 Shown？把上述代码放入构造函数中为什么不可以？其原因是，构造函数执行完毕后，系统会自动复位 DataGridView 中所有记录的选择状态为 false，而 Shown 函数不会这样做。

现在运行程序，打开一个图层，用任意方式选中几个空间对象，然后打开属性表，会发现一些属性记录也会被自动选中，如果单击表头，修改列表的显示顺序，这些被选中记录的选择状态也不会发生错误。

接下来，用户可能会按照本节开始时介绍的交互式选择方法，修改属性列表中的记录选择状态，而此时，地图窗口中相应空间对象的显示方式并没有发生任何变化，这是因为我们还没有把属性列表中的选择集应用到图层中。通过分析，我们会发现，通常在属性窗口中抬起鼠标时，选择集会发生变化，据此，我们为属性列表增加一个鼠标抬起事件，用以更新图层选择集。同时，参考属性查询时更新地图窗口的方法，也自定义一个 UpdateSelect 事件，通知主窗口刷新地图。相关代码如下。

FormAttribute.cs

```
public delegate void DelegateUpdateSelect();
public event DelegateUpdateSelect UpdateSelect;

private void dgvValues_MouseUp(object sender, MouseEventArgs e)
{
    layer.SelectedFeatures.Clear();
    foreach(DataGridViewRow row in dgvValues.Rows)
    {
        if (row.Selected)
        {
            int index = (int)row.Cells[0].Value;
            layer.SelectedFeatures.Add(layer.GetFeature(index));
        }
    }
    UpdateSelect();
}
```

在 Form1.cs 中，我们需要修改原有的按钮"打开属性表"的事件处理函数，在声明一个 FormAttribute 的实例后，添加对 UpdateSelect 事件的处理函数 AfterSelect，再打开此窗口。而 AfterSelect 函数就是 14.2 节定义的重绘地图函数。代码如下。

Form1.cs

```
private void bOpenAttribute_Click(object sender, EventArgs e)
{
    FormAttribute form = new FormAttribute(layer);
    form.UpdateSelect += AfterSelect;
    form.ShowDialog();
}
```

现在运行程序，会发现，属性窗口已经与地图窗口实现了完全的选择状态一致。

但这里还可能出现的一个小错误，即当用户单击属性列表最后一行，也就是带星号的那一行时会报错。这是因为这一行是系统自动添加的，里面并无有意义的数值。为了取消系统自动添加此行的功能，我们只需将列表 dgvValues 的 AllowUserToAddRows 和 AllowUserToDeleteRows 两个属性设为 false 即可。

14.4 总结

本章介绍了两种基于属性特征进行对象选择的方法，分别是利用属性值查询和属性列表的人机交互选择。其中属性值查询还只是针对单个字段进行的双目逻辑判断，读者可以基于此进行扩充，实现更复杂的查询。或者，用户也可以将复杂的查询拆分成多个简单的查询，逐步达到选择目的。

目前，我们的迷你 GIS 已经变得有些复杂了，而我们的程序代码还并不能保证面面俱到，经常还会发生崩溃的情况。比如，在没有打开一个图层的情况下，单击"打开属性表"，就会报错。读者可尝试增加一些判断语句，以保证系统运行的稳定性。

第15章

栅格图层

在之前的章节,我们集中学习了基于矢量数据的各种管理和分析功能的实现。现在,来尝试一下栅格数据。在本书中,我们把栅格数据理解为是一张矩形图片,其每一个像素有一个颜色值或者其他特征值,代表该像素的属性。从数据结构上讲,栅格数据非常简单,但其分析功能还是很强大的,尤其是在遥感研究方面。

在本章中,我们学习如何将栅格数据作为一个图层添加到地图窗口中。而关于栅格图层分析功能的实现不是本书的重点,读者如果有兴趣,可阅读遥感图像数字处理方面的书籍。

15.1 栅格描述文件结构

目前许多商业 GIS 产品都有各种自定义的栅格文件格式,但由于栅格数据本身比较简单,其实都大同小异,所以我们打算在本章中自行设计一种格式。采用相似原理,读者也可以尝试读取其他格式的栅格文件。

首先,栅格数据可由两部分构成,一部分是"图片文件",比如一个 BMP 格式或 JPG 格式的文件,另一部分是"描述文件",用于记录这个图片的空间参考信息。关于图片文件,不需要过多考虑,因为那通常是已经存在的数据,比如遥感影像,而需要定义的是"描述文件"的内部结构。

描述文件为一个文本文件,这样比较利于编辑,它仅包含如下 5 行信息:

(1) 图片文件名;
(2) 图片覆盖范围的最小横坐标;
(3) 图片覆盖范围的最小纵坐标;
(4) 图片覆盖范围的最大横坐标;
(5) 图片覆盖范围的最大纵坐标。

这样的一个栅格描述文件,完全可以在电脑记事本中自行构造。特别地,我们定义这种描述文件的扩展名为".rst",这样,在查找和打开文件的时候比较容易识别,如图 15-1 所示。

如图 15-1 所示,mexico.rst 就是一个描述文件,其中,图片文件名并不包含文件存储的路径信息,所以要求图片文件与描述文件存在于同一目录下,即共享路径信息。此外,感觉比较费解的也许是如何获知图片覆盖范围。这个范围通常是伴随着遥感图像或其他类型栅格数据的,这就好比矢量数据的空间参考系统,没有空间参考系统的坐标是没有价值的,因为不知道它到底在地球上的什么地方,同样地,没有空间范围信息的栅格数据也是没用的。这里,读者也可能想到了,在之前处理矢量数据时,似乎也没有过多地关注过其空间参考系统,不知它是地理坐标还是投影坐标。是的,暂时还没有做到这一点,所以针对数据的很多量测性的分析是

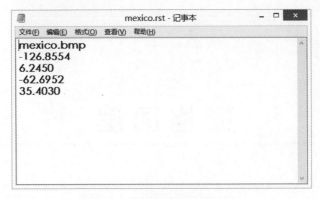

图 15-1　构造栅格数据描述文件

没有意义的，而且，如果多个图层基于不同的空间参考系统，则是没办法在同一个窗口中显示的，在后续的章节中，会讨论这个问题。在本章，先假设所有数据（包括栅格数据和矢量数据）都是采用同样的空间参考系统。

15.2　扩充的图层类定义

显然，我们需要定义一个栅格图层类，可命名为 XRasterLayer。该类与之前定义的矢量图层 XVectorLayer 应该有一些可共享的信息，比如图层名称、图层范围等，而且在图层操作方法上有些也是值得相互借鉴的，为此，考虑是否让它们成为兄弟关系，然后给它们找一个共同的父亲，这类似于 XSpatial 与其子类 XPoint、XLine 及 XPolygon 的关系形式。图层父类的名称叫 XLayer 最好，其类定义如下。

BasicClasses.cs

```
public abstract class XLayer
{
    public string Name;
    public XExtent Extent;
    public abstract void draw(Graphics graphics, XView view);
}
```

XLayer 是一个抽象类，包括图层名称（Name）、图层范围（Extent）及一个抽象函数（draw）。其实这些属性和方法在 XVectorLayer 中是已经定义的，现在我们令 XVectorLayer 成为 XLayer 的一个子类，则需要删除或注销属性 Name 及 Extent，同时给 draw 函数添加 override，表示它是 XLayer 的重载函数，代码如下。

BasicClasses.cs/XVectorLayer

```
public class XVectorLayer : XLayer
{
    //public string Name;
    public SHAPETYPE ShapeType;
    public List<XFeature> Features = new List<XFeature>();
    //public XExtent Extent;
    public List<XField> Fields = new List<XField>();
    ……

    public override void draw(Graphics graphics, XView view)
    {
        ……
    }
}
```

现在补充栅格图层类 XRasterLayer 的定义,它同样是 XLayer 的一个子类,代码如下。

BasicClasses.cs

```
public class XRasterLayer : XLayer
{
    public Bitmap rasterimage;
    public XRasterLayer(string filename)
    {
        StreamReader objReader = new StreamReader(filename);
        //图层名称
        Name = filename;
        //获得图片文件路径,其与描述文件相同
        FileInfo fi = new FileInfo(filename);
        //打开图片文件
        rasterimage = new Bitmap(fi.DirectoryName + "\\" + objReader.ReadLine());
        //图片范围
        double x1 = double.Parse(objReader.ReadLine());
        double y1 = double.Parse(objReader.ReadLine());
        double x2 = double.Parse(objReader.ReadLine());
        double y2 = double.Parse(objReader.ReadLine());
        Extent = new XExtent(new XVertex(x1, y1), new XVertex(x2, y2));
        objReader.Close();
    }
    public override void draw(Graphics graphics, XView view)
    {
        //根据当前地图可视范围确定图片的显示范围
        XExtent extent = view.CurrentMapExtent;
        int x = (int)((extent.getMinX() - Extent.getMinX()) / Extent.getWidth() * rasterimage.Width);
        int y = (int)((Extent.getMaxY() - extent.getMaxY()) / Extent.getHeight() * rasterimage.Height);
        int width = (int)(extent.getWidth() / Extent.getWidth() * rasterimage.Width);
        int height = (int)(extent.getHeight() / Extent.getHeight() * rasterimage.Height);
        Rectangle sourceRect = new Rectangle(new Point(x, y), new Size(width, height));
        //图片应该出现的当前窗口范围
        Rectangle destRect = view.MapWindowSize;
        graphics.DrawImage(rasterimage, destRect, sourceRect, GraphicsUnit.Pixel);
    }
}
```

XRasterLayer 的唯一一个属性成员就是 Bitmap 类型的 rasterimage,它代表了实际打开的栅格数据,即一张图片。该类的构造函数就是根据输入的栅格描述文件打开一个图片,并初始化其他属性成员。draw 函数同样是重载其父类同名函数,其中 extent 代表当前窗口应该显示的范围,需要获取这个范围在图片中的像素位置。各相关变量之间的关系如图 15-2 所示。图中,x、y、height 及 width 是待求的变量,每个文本框的第一行都是用地理范围描述的坐标或距离,而第二行都是用像素描述的。

根据图 15-2,可得出如下等式,通过求解,即可获得未知变量的值,这也就是 draw 函数中用到的求解公式。其中,Extent.getHeight()=Extent.getMaxY()−Extent.getMinY(),并且 extent.getHeight()=extent.getMaxY()−extent.getMinY()。

```
x/rasterimage.Width = (extent.getMinX() - Extent.getMinX()) / Extent.getWidth()
y/rasterimage.Height = (Extent.getMaxY() - extent.getMaxY()) / Extent.getHeight()
width/rasterimage.Width = extent.getWidth() / Extent.getWidth()
height/rasterimage.Height = extent.getHeight() / Extent.getHeight()
```

注意,由 x、y、height 及 width 构成的矩形区域 sourceRect 也许已经不完全在原有图片的

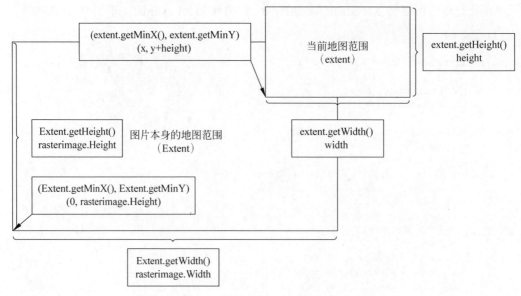

图 15-2　栅格数据坐标转换示意图

像素范围内了，例如，y 可能是负值或者大于 rasterimage. Height，不过这并不要紧，因为 DrawImage 函数会忽略无图片内容部分的绘制。这个函数非常有用，它把 sourceRect 投影绘制到一个目标区域 destRect，这其中实际上完成了缩放的动作，关于这个函数的具体使用可参照 C♯ 语言的在线帮助。这里 destRect 实际上就是当前地图窗口的像素范围，可以通过 view. MapWindowSize 获取，但是这个 MapWindowSize 目前还不是公有的，为此，需要在它前面加一个前缀 public，代码如下。

BasicClasses. cs/XView

```
public Rectangle MapWindowSize;
```

至此，栅格图层的代码已经基本完成了，我们接下来尝试构造并打开显示一个栅格图层。

15.3　构建栅格图层

目前已经可以免费获取大量的遥感影像，而且每幅遥感影像均带有元数据信息，可以用于构建前文提到的栅格描述文件，如美国国家地质调查局（United States Geological Survey, USGS）。

假设我们获得了一幅图像，我们将其保存成"sh. png"。该图像的左下角坐标为（2040000，530000），右上角坐标为（2041176，530700），据此，我们编辑其描述文件（sh. rst）内容如下：

第一行：sh. png

第二行：2040000

第三行：530000

第四行：2041176

第五行：530700

两个文件 sh. rst 和 sh. png 被放置在同一个文件夹内，现在我们尝试打开并显示这个图层。

15.4 栅格图层的打开与显示

首先,我们在 Form1.cs 中添加一个栅格图层属性 rasterLayer 作为全局变量,代码如下。

Form1.cs

```
public partial class Form1 : Form
{
    XVectorLayer layer;
    XRasterLayer rasterLayer;
    XView view = null;
    ……
```

主窗口中添加一个按钮"打开栅格图层"(bOpenRaster),其事件处理函数代码如下。

Form1.cs

```
private void bOpenRaster_Click(object sender, EventArgs e)
{
    OpenFileDialog dialog = new OpenFileDialog();
    dialog.Filter = "栅格图层|*.rst";
    if (dialog.ShowDialog() != DialogResult.OK) return;
    rasterLayer = new XRasterLayer(dialog.FileName);
    view.Update(rasterLayer.Extent, ClientRectangle);
    UpdateMap();
}
```

该函数打开一个 rst 文件,然后利用 XRasterLayer 的构造函数打开一个栅格图层,根据该图层的地图范围更新当前视图类的实例 view,达到显示全图的目的,最后运行 UpdateMap 函数,绘制地图。UpdateMap 函数之前只能绘制矢量图层,但稍加修改即可绘制栅格图层,代码如下。

Form1.cs

```
public void UpdateMap()
{
    //如果地图窗口被最小化了,就不用绘制了
    if (ClientRectangle.Width * ClientRectangle.Height == 0) return;
    //更新 view,以确保其地图窗口尺寸是正确的
    view.UpdateMapWindow(ClientRectangle);
    //如果背景窗口不为空,则先清除
    if (backwindow != null) backwindow.Dispose();
    //根据最新的地图窗口尺寸建立背景窗口
    backwindow = new Bitmap(ClientRectangle.Width, ClientRectangle.Height);
    //在背景窗口上绘图
    Graphics g = Graphics.FromImage(backwindow);
    //清空窗口
    g.FillRectangle(new SolidBrush(Color.White), ClientRectangle);
    //绘制空间对象
    if (layer != null)
        layer.draw(g, view);
    if (rasterLayer != null)
        rasterLayer.draw(g, view);
    //回收绘图工具
    g.Dispose();
    //重绘前景窗口
    Invalidate();
}
```

为了便于确认打开图层的坐标是准确的,我们在主窗口中再增加一个状态栏,在上面添加一个标签控件(label Coordinates),用来显示鼠标当前位置的地图坐标。为此,我们需要在鼠标移

动事件中完成屏幕坐标向地图坐标的转换，并把坐标值显示到上述标签控件上，代码如下。
Form1.cs

```
private void Form1_MouseMove(object sender, MouseEventArgs e)
{
    MouseMovingLocation = e.Location;
    XVertex v = view.ToMapVertex(MouseMovingLocation);
    labelCoordinates.Text = v.x + "," + v.y;
    if (currentMouseAction == XExploreActions.zoominbybox||
        currentMouseAction == XExploreActions.pan||
        currentMouseAction == XExploreActions.select)
    {
        Invalidate();
    }
}
```

现在，可直接运行程序了，打开 sh.rst 文件后，可以直接利用鼠标实现自由浏览了，同时读者可观察左下角状态栏上的坐标值，看看它是否与我们定义的图层地图范围一致。

目前，除了鼠标浏览功能外，读者应避免单击按钮"全图"和"打开属性表"，因为其代码还不支持栅格图层。当然，读者可自行修改，但这并不是必须的，因为，在下一章，我们将会统一整理这部分的功能。

15.5 总结

本章针对栅格数据和栅格图层进行了比较简单的介绍，实现了栅格图层的定义、读取、打开和显示。而实际上，在处理栅格数据时，我们通常会把它们转换成瓦片金字塔结构，以提高处理和分析速度，读者如果有兴趣，可寻找相关资料阅读。

在栅格图层描述文件中，需要给出该图层的地图范围，其取值应该是投影坐标，这是因为在显示栅格图片时，要求这一坐标是可量测的，否则，就无法完成正确的地图缩放。一些读者可能获得的栅格图片或影像是通过经纬度描述的地图范围，此时就需要了解清楚这一影像的投影方式，并计算其四个角点的投影坐标，存入描述文件中。一般来说，这些描述信息都应该存在于伴随图像的元数据中。

第16章

多图层管理

现在我们已经可以很自如地操作一个图层了,但在很多情况下,需要打开多个图层,同时看到具有不同空间实体类型的地图对象,例如想看城市用地沿高速公路分布的情况,就要同时打开城市用地图层和高速公路图层。在现有的地图窗口 Form1 里面,有一个 XVectorLayer 类型的全局变量 layer,如果需要显示一组图层,则需要的就是一个 XVectorLayer 类型的数组,也即一组 layer。本章我们就来试试如何操作一组 layer。

16.1 定义图层文档类 XDocument

XDocument 用于管理一组图层。我们先给出它最简单的类定义,它包含两个属性成员及一系列我们目前能想到的,但还尚未实现的空函数。类定义代码如下。

BasicClasses.cs

```
public class XDocument
{
    public List<XLayer> Layers = new List<XLayer>();
    public XExtent Extent = new XExtent(0, 1, 0, 1);

    public void AddLayer(XLayer layer) { }
    public void DeleteLayer(XLayer layer) { }
    public XLayer FindLayer(string layerName) { }
    public bool ChangeLayerName(XLayer layer, string layerName) { }
    public bool AdjustLayerOrder(XLayer layer, int step) { }
    public void DrawLayers(Graphics g, XView view) { }
    public void ClearSelection() { }
    public void SelectByVertex(XVertex vertex, double tolerance, bool modify) { }
    public void SelectByExtent(XExtent extent, bool modify) { }
    public void Read(string filename) { }
    public void Write(string filename) { }
}
```

属性 Layers 为一个 XLayer 数组,属性 Extent 为空间上包含这组图层的最小地图范围,两个属性成员都具有缺省值。

XDocument 的方法可分成三组:第一组是针对图层的增删改查和绘制,包括添加图层(AddLayer)、删除图层(DeleteLayer)、根据图层名称查找图层(FindLayer)、修改图层名称(ChangeLayerName)、调整图层在图层数组中的位置(AdjustLayerOrder)及绘制图层(DrawLayers);第二组为基于图层的选择操作,包括清空选择集(ClearSelection)、点选空间对象(SelectByVertex)及框选空间对象(SelectByExtent);第三组为文档的读写,包括从一个文件中读出一个文档(Read)及把当前文档内容写入一个文件(Write)。

XDocument 不仅应该能把图层组合起来操作,而且也应该能管理图层的一些动态属性,比如,图层当前是否打开了自动标注功能(也即 XVectorLayer 的 LabelOrNot 属性)、图层是否需要可视、图层是否可选、图层的物理文件存储位置等。当然,其中部分功能或属性仅适用于矢量图层。为此,我们在 XLayer 及 XVectorLayer 中,再增加几个属性成员,分别是 XLayer 的可视(Visible)及存储位置(Path),以及 XVectorLayer 的可选(Selectable)。完善后的 XLayer 及 XVectorLayer 的类定义代码如下。

BasicClasses.cs/XLayer

```
public abstract class XLayer
{
    public string Name;
    public XExtent Extent;
    public bool Visible = true;
    public string Path = "";

    public abstract void draw(Graphics graphics, XView view);
}
```

BasicClasses.cs/XVectorLayer

```
public class XVectorLayer : XLayer
{
    ……
    public List<XFeature> SelectedFeatures = new List<XFeature>();
    public bool Selectable = true;
    public bool LabelOrNot = true;
    public int LabelIndex = 0;
    ……
}
```

接下来,我们就来分组实现 XDocument 的功能。

16.2　实现图层管理函数

添加图层(AddLayer)函数的输入值是一个图层,该函数根据需要修改图层名称,并添加到地图文档的图层列表里,然后更新地图范围,其代码如下。

BasicClasses.cs/XDocument

```
public void AddLayer(XLayer layer)
{
    string name = layer.Name;
    int count = 0;
    while (!UniqueName(name))
    {
        count++;
        name = layer.Name + "_" + count;
    }
    layer.Name = name;
    Layers.Add(layer);
    if (Layers.Count == 1)
        Extent = new XExtent(layer.Extent);
    else
        Extent.Merge(layer.Extent);
}
```

该函数首先检查图层名称的唯一性,如果不唯一,就给图层名添加一个后缀,此处为"_"加上一个数字。值得注意的是,这里的唯一性检查是一个循环的过程,因为添加了后缀的新名称也可能还会发生重名的情况,为此,要反复检查,直到没有重名情况发生。检查唯一性的函数是 UniqueName,该函数逐个比较待插入图层的名称与现有图层的名称,一旦有重名发生,就返回 false,否则返回 true,UniqueName 函数代码如下。

BasicClasses.cs/XDocument

```
private bool UniqueName(string name)
{
    foreach (XLayer layer in Layers)
        if (layer.Name == name) return false;
    return true;
}
```

完成将图层添加到 Layers 列表的操作之后,就根据图层数组中元素的数量决定是直接将输入图层的地图范围赋给文档的地图范围,还是与当前地图文档范围进行融合。

删除图层(DeleteLayer)函数在删除图层前需要确保输入图层在当前文档的图层数组中,在删除该图层后,需要考虑文档范围的更新问题。如果删除此图层后,Layers 的数量为 0,则地图范围不需任何修改;否则,要逐一重新融合各图层的范围形成整个文档的地图范围。DeleteLayer 函数代码如下。

BasicClasses.cs/XDocument

```
public void DeleteLayer(XLayer layer)
{
    if (!Layers.Contains(layer)) return;
    Layers.Remove(layer);
    if (Layers.Count == 0) return;
    else
    {
        Extent = new XExtent(Layers[0].Extent);
        foreach (XLayer _layer in Layers)
            Extent.Merge(_layer.Extent);
    }
}
```

查找图层(FindLayer)函数是通过图层名称查找的,如找不到匹配的名称,则返回 null;否则返回找到的图层,代码如下。

BasicClasses.cs/XDocument

```
public XLayer FindLayer(string layerName)
{
    foreach (XLayer layer in Layers)
        if (layer.Name == layerName) return layer;
    return null;
}
```

修改图层名称(ChangeLayerName)函数是带有返回值的,如果修改成功,则返回 true;如果新的名称与其他图层名称重复,则无法修改,返回 false,代码如下。

BasicClasses.cs/XDocument

```
public bool ChangeLayerName(XLayer layer, string layerName)
{
    if (layer.Name == layerName) return true;
    if (!UniqueName(layerName)) return false;
```

```
        layer.Name = layerName;
        return true;
}
```

调整图层顺序(AdjustLayerOrder)函数也是带有返回值的,其输入值包括需要调整的图层 layer 及希望调整的步数,比如－1 就表示向前调整一位。如果调整成功则返回 true,如果希望调整的位置超过了 Layers 的界限,则无法调整,返回 false,代码如下。

BasicClasses.cs/XDocument

```
public bool AdjustLayerOrder(XLayer layer, int step)
{
    int index = Layers.IndexOf(layer);
    if (index + step < 0 || index + step >= Layers.Count) return false;
    XLayer _layer = Layers[index + step];
    Layers[index + step] = layer;
    Layers[index] = _layer;
    return true;
}
```

绘制图层(DrawLayers)函数就是逐一调用每个图层的绘制函数,而在调用之前,需要检查该图层是否可视(Visible),如果 Visible 为 true 才会绘制,否则跳过,代码如下。

BasicClasses.cs/XDocument

```
public void DrawLayers(Graphics g, XView view)
{
    foreach(XLayer layer in Layers)
    {
        if (layer.Visible) layer.draw(g, view);
    }
}
```

16.3　实现图层选择函数

该部分涉及的函数仅适用于矢量图层,因此,如果在图层数组中遇到栅格图层,则需要跳过。ClearSelection 函数会清除地图文档中所有矢量图层当前的选择集。SelectByVertex 函数和 SelectByExtent 函数用于执行基于空间实体的选择。这里我们没有添加 SelectByAttribute 函数是因为这个函数是和各个图层自身的字段结构相关的,一般来说,不太适合按照一个图层组的形式去选择。上述三个函数的代码如下,其中也涉及了图层的可选性(Selectable)参数,如果不可选就跳过。当然,如果图层为非矢量图层,也会跳过。

BasicClasses.cs/XDocument

```
public void ClearSelection()
{
    foreach (XLayer layer in Layers)
    {
        if (layer is XVectorLayer)
        {
            XVectorLayer vlayer = (XVectorLayer)layer;
            vlayer.SelectedFeatures.Clear();
        }
    }
}
public void SelectByVertex(XVertex vertex, double tolerance, bool modify)
{
```

```
        foreach (XLayer layer in Layers)
        {
            if (layer is XVectorLayer)
            {
                XVectorLayer vlayer = (XVectorLayer)layer;
                if (vlayer.Selectable)
                    vlayer.SelectByVertex(vertex, tolerance, modify);
            }
        }
    }
    public void SelectByExtent(XExtent extent, bool modify)
    {
        foreach (XLayer layer in Layers)
        {
            if (layer is XVectorLayer)
            {
                XVectorLayer vlayer = (XVectorLayer)layer;
                if (vlayer.Selectable)
                    vlayer.SelectByExtent(extent, modify);
            }
        }
    }
```

16.4 实现图层文档的读写

当完成多个图层打开，并完成各种属性设置后，如果希望下次运行程序时，能够直接打开这些文档，而不是逐一加载图层重新设置，则需要实现地图文档的读写功能，也即把地图文档保存成一个外部文件，之后可再次打开。在此，为了便于识别，我们可定义地图文档文件的扩展名为".xdoc"。

保存工作，也即 Write 函数，就是把 XDocument 中的 Layers 属性写入文件，其代码如下。

BasicClasses.cs/XDocument

```
    public void Write(string filename)
    {
        FileStream fsr = new FileStream(filename, FileMode.Create);
        BinaryWriter bw = new BinaryWriter(fsr);
        foreach(XLayer layer in Layers)
        {
            if (layer is XVectorLayer)
                XTools.WriteString("XVectorLayer", bw);
            else if (layer is XRasterLayer)
                XTools.WriteString("XRasterLayer", bw);
            layer.WriteToDoc(bw);
        }
        bw.Close();
        fsr.Close();
    }
```

上述函数非常简单，其输入参数是一个待写入的文件，其过程就是逐一将每个图层的一些描述性属性值存入一个二进制文件中，在写入之前，会根据图层类型，写入特定的字符串，如果是矢量图层，就写入"XVectorLayer"，如果是栅格图层，就写入"XRasterLayer"，而实际参数的写入是调用 XLayer 的 WriteToDoc 函数，由于不同类型的图层写入的内容是不一样的，因此，在 XLayer 中，WriteToDoc 被定义成抽象函数，而在其子类中给出具体实现，相关代码如下。

BasicClasses.cs/XLayer

```csharp
public abstract void WriteToDoc(BinaryWriter bw);
```

BasicClasses.cs/XRasterLayer

```csharp
public override void WriteToDoc(BinaryWriter bw)
{
    XTools.WriteString(Path, bw);
    XTools.WriteString(Name, bw);
    bw.Write(Visible);
}
```

BasicClasses.cs/XVectorLayer

```csharp
public override void WriteToDoc(BinaryWriter bw)
{
    XTools.WriteString(Path, bw);
    XTools.WriteString(Name, bw);
    bw.Write(Visible);
    bw.Write(Selectable);
    bw.Write(LabelOrNot);
    bw.Write(LabelIndex);
}
```

打开一个地图文档文件的函数即为 Read 函数，代码如下。

BasicClasses.cs/XDocument

```csharp
public void Read(string filename)
{
    Layers.Clear();
    FileStream fsr = new FileStream(filename, FileMode.Open);
    BinaryReader br = new BinaryReader(fsr);
    while (br.PeekChar() != -1)
    {
        XLayer newLayer;
        string layerType = XTools.ReadString(br);
        if (layerType == "XVectorLayer")
            newLayer = XVectorLayer.ReadFromDoc(br);
        else if (layerType == "XRasterLayer")
            newLayer = XRasterLayer.ReadFromDoc(br);
        else
            newLayer = null;
        if (newLayer == null) continue;
        AddLayer(newLayer);
    }
    br.Close();
    fsr.Close();
}
```

读取一个地图文档文件看来也相当简单，逐一读取每个图层，根据图层类型，调用相关的读取函数，然后添加至图层列表中即可，其中，在 XVectorLayer 和 XRasterLayer 中的 ReadFromDoc 函数分别定义如下。

BasicClasses.cs/XRasterLayer

```csharp
public static XRasterLayer ReadFromDoc(BinaryReader br)
{
    string path = XTools.ReadString(br);
    string name = XTools.ReadString(br);
```

```
    bool visible = br.ReadBoolean();
    XRasterLayer newLayer = (XRasterLayer)XTools.OpenLayer(path);
    if (newLayer == null) return null;
    newLayer.Name = name;
    newLayer.Visible = visible;
    return newLayer;
}
```

BasicClasses.cs/XVectorLayer

```
public static XVectorLayer ReadFromDoc(BinaryReader br)
{
    string path = XTools.ReadString(br);
    string name = XTools.ReadString(br);
    bool visible = br.ReadBoolean();
    bool selectable = br.ReadBoolean();
    bool labelOrNot = br.ReadBoolean();
    int labelIndex = br.ReadInt32();
    XVectorLayer newLayer = (XVectorLayer)XTools.OpenLayer(path);
    if (newLayer == null) return null;
    newLayer.Name = name;
    newLayer.Visible = visible;
    newLayer.Selectable = selectable;
    newLayer.LabelOrNot = labelOrNot;
    newLayer.LabelIndex = labelIndex;
    return newLayer;
}
```

上述两个函数首先读取相关参数，其次根据 Path 参数完成图层的读取与创建，最后，完成与该图层相关的一些属性设置。其中读取图层部分调用了 XTools 中未定义的静态函数 OpenLayer，我们先来补充此静态函数，代码如下。

BasicClasses.cs/XTools

```
public static XLayer OpenLayer(string layerPath)
{
    XLayer layer;
    try
    {
        if (layerPath.ToLower().Contains(".shp"))
            layer = XShapefile.ReadShapefile(layerPath);
        else if (layerPath.ToLower().Contains(".gis"))
            layer = XMyFile.ReadFile(layerPath);
        else if (layerPath.ToLower().Contains(".rst"))
            layer = new XRasterLayer(layerPath);
        else
            return null;
    }
    catch
    {
        return null;
    }
    layer.Path = layerPath;
    return layer;
}
```

OpenLayer 函数具有通用性，它可以根据文件扩展名读取任意我们具备处理能力的图层文件。如果输入文件的扩展名为".shp"，那么我们认为这是一个 Shapefile 文件，就调用 XShapefile 的相关函数读取生成矢量图层；如果扩展名为".gis"，那我们就认为这是我们自定义的 GIS 图层文件，就利用 XMyFile 的相关函数读取生成矢量图层；而如果扩展名为".rst"，则是一个栅格图层的描述文件，我们可利用 XRasterLayer 的构造函数生成一个栅格图层；如果是其他类型，则直接返回 null。如果上述读取过程出现问题，也会返回 null。最后，我们为图层的 Path 参数赋值，此时，我们应该领悟到 Path 参数的意义了，所以，在写地图文档时，一定要记得把 Path 参数写入，否则，就找不到原始图层文件了。而 Path 参数的赋值目前只在上述函数中存在，因此，在今后打开一个图层文件时，建议首选 XTools 的 OpenLayer 函数，再以人机交互方式读取图层文件。为便于用户筛选文件类型，可考虑在 OpenFileDialog 中增加扩展名过滤器，包含上述三类文件。

至此，我们完成地图文档的读写，注意，地图文档的文件内容仅记录了图层的一些属性和存储位置，并没有实际存储图层的空间或非空间数据，因此，它相当于一个索引，在实际使用中，应保证该文档文件与图层文件都同时存在，才能保证文档的正确打开。

16.5 实现支持图层文档的窗体

我们可以新建一个窗体，命名为 FormDoc，它与 Form1 有很多共通之处，因此，许多代码可以从 Form1 中复制过来。

首先，我们完成界面设计，如图 16-1 所示，我们这一次可以尝试利用菜单的形式，暂时设置 5 个菜单项：新建地图文档（mNewDoc）、打开地图文档（mOpenDoc）、保存地图文档（mSaveDoc）、添加图层（mAddLayer）、全图显示（mFullExtent）。此外，再添加一个状态栏，可以直接将 Form1 的状态栏复制过来，这样会简单些。

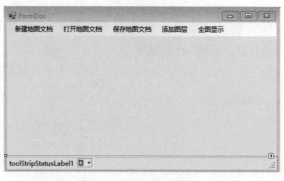

图 16-1　地图文档窗口

针对 FormDoc 的代码，其全局参数定义和构造函数定义如下。

FormDoc.cs

```
XDocument document = new XDocument();
XView view = null;
Bitmap backwindow;
Point MouseDownLocation, MouseMovingLocation;
XExploreActions currentMouseAction = XExploreActions.noaction;

public FormDoc()
{
    InitializeComponent();
    DoubleBuffered = true;
    view = new XView(new XExtent(new XVertex(0, 0), new XVertex(100, 100)), ClientRectangle);
}
```

FormDoc 与 Form1 非常相似，只不过把原来的图层全局变量变成了地图文档（document），此外，在构造函数中直接将 DoubleBuffered 属性定义为 true，表示我们会利用双缓冲方式绘图。接下来，我们逐一实现各个菜单项，菜单项的文件处理函数代码如下。

FormDoc.cs

```csharp
private void mNewDoc_Click(object sender, EventArgs e)
{
    document = new XDocument();
    UpdateMap();
}

private void mOpenDoc_Click(object sender, EventArgs e)
{
    OpenFileDialog dialog = new OpenFileDialog();
    dialog.Filter = "地图文档|*.xdoc";
    if (dialog.ShowDialog() != DialogResult.OK) return;
    document.Read(dialog.FileName);
    FullExtent();
}

private void mSaveDoc_Click(object sender, EventArgs e)
{
    SaveFileDialog dialog = new SaveFileDialog();
    dialog.Filter = "地图文档|*.xdoc";
    if (dialog.ShowDialog() != DialogResult.OK) return;
    document.Write(dialog.FileName);
    MessageBox.Show("地图文档已写入" + dialog.FileName);
}

private void mAddLayer_Click(object sender, EventArgs e)
{
    OpenFileDialog dialog = new OpenFileDialog();
    dialog.Filter = "图层文件|*.shp;*.gis;*.rst";
    if (dialog.ShowDialog() != DialogResult.OK) return;
    XLayer layer = XTools.OpenLayer(dialog.FileName);
    if (layer == null)
    {
        MessageBox.Show("图层读取错误!");
    }
    else
    {
        document.AddLayer(layer);
        UpdateMap();
    }
}

private void mFullExtent_Click(object sender, EventArgs e)
{
    FullExtent();
}
```

上述几个函数分别实现了 5 个菜单项的单击事件响应，内容都非常简单而直接，相信读者阅读代码即可理解，无须进一步说明。其中，涉及了两个尚未实现的函数 UpdateMap 及 FullExtent，前者用于绘制地图，后者用于显示全图。参考 Form1 的绘图方式，我们利用双缓冲的方式实现绘制地图，为此，需要添加窗体的事件处理函数 Paint。可直接从 Form1.cs 中复制 UpdateMap 及 Paint 函数，然后做些许修改即可，代码如下。

FormDoc.cs

```csharp
public void UpdateMap()
{
    //如果地图窗口被最小化了,就不用绘制了
```

```csharp
    if (ClientRectangle.Width * ClientRectangle.Height == 0) return;
    //更新view,以确保其地图窗口尺寸是正确的
    view.UpdateMapWindow(ClientRectangle);
    //如果背景窗口不为空,则先清除
    if (backwindow != null) backwindow.Dispose();
    //根据最新的地图窗口尺寸建立背景窗口
    backwindow = new Bitmap(ClientRectangle.Width, ClientRectangle.Height);
    //在背景窗口上绘图
    Graphics g = Graphics.FromImage(backwindow);
    //清空窗口
    g.FillRectangle(new SolidBrush(Color.White), ClientRectangle);
    //绘制空间对象
    document.DrawLayers(g, view);
    //回收绘图工具
    g.Dispose();
    //重绘前景窗口
    Invalidate();
}

private void FormDoc_Paint(object sender, PaintEventArgs e)
{
    if (backwindow == null) return;
    if (currentMouseAction == XExploreActions.pan)
    {
        e.Graphics.DrawImage(backwindow,
            MouseMovingLocation.X - MouseDownLocation.X,
            MouseMovingLocation.Y - MouseDownLocation.Y);
    }
    else if (currentMouseAction == XExploreActions.zoominbybox ||
        currentMouseAction == XExploreActions.select)
    {
        e.Graphics.DrawImage(backwindow, 0, 0);
        int x = Math.Min(MouseDownLocation.X, MouseMovingLocation.X);
        int y = Math.Min(MouseDownLocation.Y, MouseMovingLocation.Y);
        int width = Math.Abs(MouseDownLocation.X - MouseMovingLocation.X);
        int height = Math.Abs(MouseDownLocation.Y - MouseMovingLocation.Y);
        e.Graphics.DrawRectangle(new Pen(new SolidBrush(Color.Red), 2), x, y, width, height);
    }
    else
    {
        e.Graphics.DrawImage(backwindow, 0, 0);
    }
}
```

可以看到,上述两个函数与Form1.cs中对应部分相比,仅修改了UpdateMap函数中的绘制空间对象部分,直接调用document的DrawLayers函数即可完成绘制。在事件处理函数Paint中,有一些涉及鼠标操作的部分,我们暂且保留,留作后用。

FullExtent函数非常简单,即首先利用document的地图范围更新视图(view),然后重绘地图即可,代码如下。

FormDoc.cs

```csharp
private void FullExtent()
{
    view.Update(document.Extent, ClientRectangle);
    UpdateMap();
}
```

接下来,我们修改Program.cs中的语句,令FormDoc成为首先打开的窗体,代码如下。

Program.cs

```
static class Program
{
    /// <summary>
    /// 应用程序的主入口点
    /// </summary>
    [STAThread]
    static void Main()
    {
        Application.EnableVisualStyles();
        Application.SetCompatibleTextRenderingDefault(false);
        Application.Run(new Form1FormDoc());
    }
}
```

现在，我们可直接运行程序，然后单击"添加图层"，就可添加多个图层，然后单击"显示全图"，则多个图层同时在窗口中显示出来。

单击"新建地图文档"可清除所有图层，单击"保存地图文档"可把当前图层保存至一个".xdoc"文件中，单击"打开地图文档"可打开并显示一个地图文档。

目前，该窗体还不支持浏览和选择操作，而添加这些功能是非常容易的，我们可参照Form1 的做法，为 FormDoc 添加鼠标按键按下（MouseDown）、鼠标按键抬起（MouseUp）、鼠标移动（MouseMove）、鼠标滚轮（MouseWheel）及窗体尺寸变化（SizeChanged）5 个事件处理函数。然后，同样地，从 Form1.cs 中复制对应的代码，并做适当的修改即可，相关代码如下。

FormDoc.cs

```
private void FormDoc_MouseDown(object sender, MouseEventArgs e)
{
    if (e.Button != MouseButtons.Left) return;
    MouseDownLocation = e.Location;
    if (Control.ModifierKeys == Keys.Shift)
        currentMouseAction = XExploreActions.zoominbybox;
    else if (Control.ModifierKeys == Keys.Alt ||
        Control.ModifierKeys == (Keys.Alt | Keys.Control))
        currentMouseAction = XExploreActions.select;
    else
        currentMouseAction = XExploreActions.pan;
}

private void FormDoc_MouseMove(object sender, MouseEventArgs e)
{
    MouseMovingLocation = e.Location;
    XVertex v = view.ToMapVertex(MouseMovingLocation);
    labelCoordinates.Text = v.x + "," + v.y;
    if (currentMouseAction == XExploreActions.zoominbybox ||
        currentMouseAction == XExploreActions.pan ||
        currentMouseAction == XExploreActions.select)
    {
        Invalidate();
    }
}

private void FormDoc_MouseUp(object sender, MouseEventArgs e)
{
    XVertex v1 = view.ToMapVertex(MouseDownLocation);
    if (MouseDownLocation == e.Location)
    {
```

```csharp
            if (currentMouseAction == XExploreActions.select)
            {
                document.SelectByVertex(v1, view.ToMapDistance(5), Control.ModifierKeys == (Keys.Alt | Keys.Control));
                UpdateMap();
            }
            currentMouseAction = XExploreActions.noaction;
            return;
        }

        XVertex v2 = view.ToMapVertex(e.Location);

        if (currentMouseAction == XExploreActions.zoominbybox)
        {
            XExtent extent = new XExtent(v1, v2);
            view.Update(extent, ClientRectangle);
        }
        else if (currentMouseAction == XExploreActions.pan)
        {
            view.OffsetCenter(v1, v2);
        }
        else if (currentMouseAction == XExploreActions.select)
        {
            document.SelectByExtent(new XExtent(v1, v2), Control.ModifierKeys == (Keys.Alt | Keys.Control));
        }
        UpdateMap();
        currentMouseAction = XExploreActions.noaction;
}

private void FormDoc_MouseWheel(object sender, MouseEventArgs e)
{
    XExploreActions action = XExploreActions.noaction;
    if (e.Delta > 0)
    {
        action = XExploreActions.zoomin;
    }
    else
    {
        action = XExploreActions.zoomout;
    }
    view.ChangeView(action);
    UpdateMap();
}

private void FormDoc_SizeChanged(object sender, EventArgs e)
{
    UpdateMap();
}
```

上述代码与 Form1.cs 中的相比，仅修改了两处，均在事件处理函数 MouseUp 中，将 layer 替换成 document 即可，仅此而已。

现在，我们再次运行程序，发现已经可以实现自由浏览和选择，其方法与 Form1 毫无二致。

16.6 总结

到目前为止，我们似乎已经实现了多图层管理，但其实在未来还会有更多的内容添加进去。在最后实现的 FormDoc 窗体中，我们能够完成地图文档的基本操作，而针对图层删除操作、图层顺序调整以及图层参数修改等方面，还没有整合进去。上述这些功能我们会在第 17 章通过自定义控件的形式集成起来。

第 17 章

控件化功能组织

到目前为止,我们已经实现了不少 GIS 的基础功能,如果能把它们整合起来,做成一个相对完整的产品,则可方便其他人使用。本章我们的思路就是做一个类似于容器 Panel 的地图窗口控件,实现地图绘制。它应该首先能够实现上一章中 FormDoc 的各种功能,其次,Form1 中针对单个图层的功能也需整合进去。这是一个有些复杂的过程,它涉及很多细节,尽管不是每一步都是必须的,但会让产品变得更加完整,本章我们将尝试完成它。

17.1 添加一个 XPanel 控件

在 XGIS 项目中添加一个用户控件,命名为 XPanel,它将在未来成为一个集成各种功能的地图显示窗口。为了最大限度地显示地图内容,我们在这个控件上不会添加任何菜单或按钮等可能会占据空间的控件,而将所有功能都集成到单击鼠标右键时,弹出的快捷菜单(ContextMenuStrip)中。在此,我们需要定义两组菜单:地图文档菜单(MenuDoc)和地图图层菜单(MenuLayer),它们的菜单项设置如图 17-1 所示。

地图文档菜单包括:新建地图文档(mNewDoc)、打开地图文档(mOpenDoc)、保存地图文档(mSaveDoc)、添加图层(mAddLayer)、全图显示(mFullExtent)及图层列表(mLayerList)。

地图图层菜单包括:图层名称(tbLayerName)、重命名(mRenameLayer)、删除图层(mDeleteLayer)、保存图层(mSaveLayer)、上移(mMoveUp)、下移(mMoveDown)、显示属性数据(mShowAttribute)、属性查询(mAttributeQuery)、可视(mVisible)、可选(mSelectable)、可标注(mLabel)及标注字段选择(mFieldIndex),其中"图层名称"是一个文本编辑框,用于显示当前图层名称或输入新的图层名称以便重命名。

图 17-1 文档及图层菜单项设置

当用户在 XPanel 中单击鼠标右键时,会首先打开地图文档菜单,当用户单击图层列表菜单项时,会显示图层列表,若用户继续单击图层列表中的某个图层,则会打开地图图层菜单,如果用户单击地图图层菜单中的标注字段选择,则会显示字段列表,用户可点选可以用于标注的字段。当然,上述部分菜单项仅当当前选中图层为矢量图层时才会生效。

现在,我们首先增加一个单击鼠标右键事件处理函数,打开最顶级的地图文档菜单,这里,引用了 PointToScreen 函数,用于根据鼠标单击位置,确定该快捷菜单的弹出位置,代码如下。
XPanel.cs

```csharp
private void XPanel_MouseClick(object sender, MouseEventArgs e)
{
    if (e.Button == MouseButtons.Right)
        MenuDoc.Show(this.PointToScreen(e.Location));
}
```

接下来,参考 Form1 及 FormDoc,我们可以很容易地为 XPanel 添加必要的地图浏览和事件处理函数,由于涉及的函数数量较多,我们分成多组分别加以介绍。

17.2 浏览功能

首先完成构造函数和部分全局变量的定义,它们几乎与 FormDoc 的对应部分是一样的,代码如下。
XPanel.cs

```csharp
public partial class XPanel : UserControl
{
    XDocument document = new XDocument();
    XView view = null;
    Bitmap backwindow;
    Point MouseDownLocation, MouseMovingLocation;
    XExploreActions currentMouseAction = XExploreActions.noaction;

    public XPanel()
    {
        InitializeComponent();
        DoubleBuffered = true;
        view = new XView(new XExtent(new XVertex(0, 0), new XVertex(100, 100)),
ClientRectangle);
    }
}
```

与 FormDoc 相同,我们为 XPanel 添加窗体的事件处理函数 Paint,绘制地图函数 UpdateMap 以及显示全图函数 FullExtent。可直接从 FormDoc.cs 中复制过来,几乎不需修改,代码如下。
XPanel.cs

```csharp
private void XPanel_Paint(object sender, PaintEventArgs e)
{
    if (backwindow == null) return;
    if (currentMouseAction == XExploreActions.pan)
    {
        e.Graphics.DrawImage(backwindow,
            MouseMovingLocation.X - MouseDownLocation.X,
            MouseMovingLocation.Y - MouseDownLocation.Y);
    }
    else if (currentMouseAction == XExploreActions.zoominbybox ||
        currentMouseAction == XExploreActions.select)
    {
        e.Graphics.DrawImage(backwindow, 0, 0);
        int x = Math.Min(MouseDownLocation.X, MouseMovingLocation.X);
        int y = Math.Min(MouseDownLocation.Y, MouseMovingLocation.Y);
        int width = Math.Abs(MouseDownLocation.X - MouseMovingLocation.X);
```

```csharp
        int height = Math.Abs(MouseDownLocation.Y - MouseMovingLocation.Y);
        e.Graphics.DrawRectangle(new Pen(new SolidBrush(Color.Red), 2), x, y, width, height);
    }
    else
    {
        e.Graphics.DrawImage(backwindow, 0, 0);
    }
}

public void UpdateMap()
{
    //如果地图窗口被最小化了,就不用绘制了
    if (ClientRectangle.Width * ClientRectangle.Height == 0) return;
    //更新view,以确保其地图窗口尺寸是正确的
    view.UpdateMapWindow(ClientRectangle);
    //如果背景窗口不为空,则先清除
    if (backwindow != null) backwindow.Dispose();
    //根据最新的地图窗口尺寸建立背景窗口
    backwindow = new Bitmap(ClientRectangle.Width, ClientRectangle.Height);
    //在背景窗口上绘图
    Graphics g = Graphics.FromImage(backwindow);
    //清空窗口
    g.FillRectangle(new SolidBrush(Color.White), ClientRectangle);
    //绘制空间对象
    document.DrawLayers(g, view);
    //回收绘图工具
    g.Dispose();
    //重绘前景窗口
    Invalidate();
}

private void FullExtent()
{
    view.Update(document.Extent, ClientRectangle);
    UpdateMap();
}
```

接下来就是地图浏览函数,类似 FormDoc,我们为 XPanel 添加鼠标按键按下(MouseDown)、鼠标按键抬起(MouseUp)、鼠标移动(MouseMove)、鼠标滚轮(MouseWheel)及窗体尺寸变化(SizeChanged)五个事件处理函数。其中除鼠标移动事件处理函数之外的其他四个事件处理函数可直接复制 FormDoc.cs 中的相关内容,代码如下。

XPanel.cs

```csharp
private void XPanel_MouseDown(object sender, MouseEventArgs e)
{
    if (e.Button != MouseButtons.Left) return;
    MouseDownLocation = e.Location;
    if (Control.ModifierKeys == Keys.Shift)
        currentMouseAction = XExploreActions.zoominbybox;
    else if (Control.ModifierKeys == Keys.Alt ||
        Control.ModifierKeys == (Keys.Alt | Keys.Control))
        currentMouseAction = XExploreActions.select;
    else
        currentMouseAction = XExploreActions.pan;
}

private void XPanel_MouseUp(object sender, MouseEventArgs e)
{
    XVertex v1 = view.ToMapVertex(MouseDownLocation);
```

```
        if (MouseDownLocation == e.Location)
        {
            if (currentMouseAction == XExploreActions.select)
            {
                document.SelectByVertex(v1, view.ToMapDistance(5), Control.ModifierKeys ==
(Keys.Alt | Keys.Control));
                UpdateMap();
            }
            currentMouseAction = XExploreActions.noaction;
            return;
        }

        XVertex v2 = view.ToMapVertex(e.Location);

        if (currentMouseAction == XExploreActions.zoominbybox)
        {
            XExtent extent = new XExtent(v1, v2);
            view.Update(extent, ClientRectangle);
        }
        else if (currentMouseAction == XExploreActions.pan)
        {
            view.OffsetCenter(v1, v2);
        }
        else if (currentMouseAction == XExploreActions.select)
        {
            document.SelectByExtent(new XExtent(v1, v2), Control.ModifierKeys == (Keys.Alt |
Keys.Control));
        }
        UpdateMap();
        currentMouseAction = XExploreActions.noaction;
}

private void XPanel_MouseWheel(object sender, MouseEventArgs e)
{
    XExploreActions action = XExploreActions.noaction;
    if (e.Delta > 0)
    {
        action = XExploreActions.zoomin;
    }
    else
    {
        action = XExploreActions.zoomout;
    }
    view.ChangeView(action);
    UpdateMap();
}

private void XPanel_SizeChanged(object sender, EventArgs e)
{
    UpdateMap();
}
```

在 FormDoc 的鼠标移动事件中，涉及将当前鼠标所在位置的地图坐标信息显示在一个名为 labelCoordinates 的标签控件上的步骤，而在 XPanel 中，我们并没有这个控件，当然，我们可以添加一个，但是这样就会令控件的功能不够纯粹，很多情况下，也许用户希望用不同的形式显示当前位置。为此，正确的做法应该是把这样的位置变化信息传递出去，供 XPanel 所在的父窗体处理，可采用类似 FormAttributeQuery 中使用过的代理函数方法实现上述过程，详细代码如下。

XPanel.cs

```csharp
public delegate void DelegateLocationChanged(XVertex location);
public event DelegateLocationChanged LocationChanged;

public XVertex CurrentLocation = new XVertex(0,0);

private void XPanel_MouseMove(object sender, MouseEventArgs e)
{
    MouseMovingLocation = e.Location;
    CurrentLocation = view.ToMapVertex(MouseMovingLocation);
    LocationChanged(CurrentLocation);
    if (currentMouseAction == XExploreActions.zoominbybox ||
        currentMouseAction == XExploreActions.pan ||
        currentMouseAction == XExploreActions.select)
    {
        Invalidate();
    }
}
```

上述代码首先定义了三个全局变量,当前位置变化的代理函数(DelegateLocationChanged),利用此代理函数定义的事件(LocationChanged),以及当前鼠标位置(CurrentLocation)。在鼠标移动事件中,涉及两行修改内容,第一行更新 CurrentLocation 的取值,第二行将位置变化信息通过事件广播的形式传递出去。

此处还有一点需要注意的是,如果这个 XPanel 的父窗体没有提供处理该事件的函数,则会报错,相当于"LocationChanged(CurrentLocation);"这句代码指向了未定义函数,为了避免这样的错误发生,我们可以在 XPanel 中定义一个空的事件处理函数,并将该函数与 LocationChanged 事件绑定起来,为保证这个绑定操作一定会执行,我们应该在 XPanel 的构造函数中完成,代码如下。

XPanel.cs

```csharp
public XPanel()
{
    InitializeComponent();
    DoubleBuffered = true;
    view = new XView(new XExtent(new XVertex(0, 0), new XVertex(100, 100)), ClientRectangle);
    LocationChanged = WhenLocationChanged;
}

private void WhenLocationChanged(XVertex location)
{
}
```

17.3 图层文档菜单项处理

该菜单前五个选项的功能其实已经在 FormDoc 中实现了,可以直接将 FormDoc.cs 中的内容复制到相应菜单项事件处理函数中,或者可定义成独立的共有函数,以供不同场景下的单独调用,例如之前实现的全图显示函数 FullExtent。我们此次采用第二种形式,因为它更加灵活,代码如下。

XPanel.cs

```csharp
public void NewDoc()
{
```

```
        document = new XDocument();
        UpdateMap();
    }

    public void OpenDoc()
    {
        OpenFileDialog dialog = new OpenFileDialog();
        dialog.Filter = "地图文档|*.xdoc";
        if (dialog.ShowDialog() != DialogResult.OK) return;
        document.Read(dialog.FileName);
        FullExtent();
    }

    public void SaveDoc()
    {
        SaveFileDialog dialog = new SaveFileDialog();
        dialog.Filter = "地图文档|*.xdoc";
        if (dialog.ShowDialog() != DialogResult.OK) return;
        document.Write(dialog.FileName);
        MessageBox.Show("地图文档已写入" + dialog.FileName);
    }

    public void AddLayer()
    {
        OpenFileDialog dialog = new OpenFileDialog();
        dialog.Filter = "图层文件|*.shp;*.gis;*.rst";
        if (dialog.ShowDialog() != DialogResult.OK) return;
        XLayer layer = XTools.OpenLayer(dialog.FileName);
        if (layer == null)
        {
            MessageBox.Show("图层读取错误!");
        }
        else
        {
            document.AddLayer(layer);
            UpdateMap();
        }
    }
```

基于上述共有函数实现的菜单项单击事件处理函数非常简单，代码如下。

XPanel.cs

```
    private void mNewDoc_Click(object sender, EventArgs e)
    {
        NewDoc();
    }

    private void mOpenDoc_Click(object sender, EventArgs e)
    {
        OpenDoc();
    }

    private void mSaveDoc_Click(object sender, EventArgs e)
    {
        SaveDoc();
    }

    private void mAddLayer_Click(object sender, EventArgs e)
    {
        AddLayer();
    }
```

```csharp
private void mFullExtent_Click(object sender, EventArgs e)
{
    FullExtent();
}
```

现在，我们来处理最后一个菜单项"图层列表"，当单击"图层列表"时，我们需要根据当前地图文档的图层数组找到所有图层名称，并逐一添加到"图层列表"的二级菜单中，而实际上，这个工作可以在打开此快捷菜单时就完成，因此，我们只需为 MenuDoc 添加一个事件处理函数 Opening 即可，当我们单击菜单项"图层列表"，就会列出所有图层名称，代码如下。

XPanel.cs

```csharp
private void MenuDoc_Opening(object sender, CancelEventArgs e)
{
    mLayerList.DropDownItems.Clear();
    foreach (XLayer layer in document.Layers)
    {
        ToolStripMenuItem item = new ToolStripMenuItem();
        if (layer is XVectorLayer)
            item.Text = "矢量图层" + "|" + layer.Name;
        else if (layer is XRasterLayer)
            item.Text = "栅格图层" + "|" + layer.Name;
        else
            item.Text = "未知图层" + "|" + layer.Name;
        mLayerList.DropDownItems.Insert(0, item);
        item.Click += WhenLayerClicked;
    }
}
```

上述函数会根据图层类型在图层名称之前增加"矢量图层""栅格图层"或"未知图层"的标识，这些标识与图层名称之间用"|"分割，然后，将该菜单项添加进 mLayerList.DropDownItems 中，此时，我们使用的是"Insert(0,item)"，其效果就是让菜单显示的图层顺序与 Layers 存储的顺序相反，这是因为在绘制地图时，排在 Layers 后面的图层会更晚绘制，也就是会显示在已绘制图层的上面，据此，我们在图层列表菜单中把顺序颠倒过来，则更适于用户理解，即排在菜单上面的图层也会在地图窗口中显示在上面。最后，我们为每个添加的菜单项增加一个单击事件处理函数 WhenLayerClicked，其代码如下。

XPanel.cs

```csharp
XLayer CurrentLayer = null;
private void WhenLayerClicked(object sender, EventArgs e)
{
    int pos = sender.ToString().IndexOf("|");
    string layerName = sender.ToString().Substring(pos + 1);
    CurrentLayer = document.FindLayer(layerName);

    mSaveLayer.Enabled = mShowAttribute.Enabled =
        mAttributeQuery.Enabled = mSelectable.Enabled =
        mLabel.Enabled = mFieldIndex.Enabled = CurrentLayer is XVectorLayer;

    tbLayerName.Text = CurrentLayer.Name;
    mVisible.Checked = CurrentLayer.Visible;

    if (CurrentLayer is XVectorLayer)
    {
        XVectorLayer vlayer = (XVectorLayer)CurrentLayer;
        mSelectable.Checked = vlayer.Selectable;
```

```
            mLabel.Checked = vlayer.LabelOrNot;
        }
        MenuLayer.Show(MenuDoc.Left, MenuDoc.Top);
    }
```

这里，我们首先增加了一个全局变量 CurrentLayer，用来记录在图层列表菜单中选中的图层，然后，在 WhenLayerClicked 函数中，给 CurrentLayer 赋值，根据其类型，确定菜单项的可用性，再根据该图层的参数，确定 tbLayerName 的显示内容及几个菜单项的复选状态，最后，我们在当前地图文档菜单显示的位置显示该地图图层菜单。

17.4 图层菜单项处理

根据 WhenLayerClicked 函数，地图图层菜单被显示之前，CurrentLayer 的取值已经确定，据此，我们来逐项实现各项功能。首先，"重命名"菜单项的单击事件处理函数代码如下。
XPanel.cs

```
    private void mRenameLayer_Click(object sender, EventArgs e)
    {
        if (tbLayerName.Text == "")
        {
            MessageBox.Show("请给出图层名称!");
        }
        if (CurrentLayer.Name == tbLayerName.Text)
        {
            MessageBox.Show("新名称与现有名称一致,无须修改!");
        }
        else if (document.ChangeLayerName(CurrentLayer, tbLayerName.Text))
        {
            MessageBox.Show("图层名已成功修改!");
        }
        else
        {
            MessageBox.Show("图层名修改错误!");
        }
    }
```

上述代码简单易懂，核心部分就是调用 XDocument 的 ChangeLayerName 函数。"删除图层"事件处理函数首先调用 DeleteLayer 函数，然后重新绘制地图即可，代码如下。
XPanel.cs

```
    private void mDeleteLayer_Click(object sender, EventArgs e)
    {
        document.DeleteLayer(CurrentLayer);
        UpdateMap();
    }
```

"上移"和"下移"就是调整图层的显示顺序，调用了同样的 XDocument 函数 AdjustLayerOrder，其中上移是希望图层显示层次提高，也就是在 Layers 数组中向后移动一步，而下移反之，当然，如果图层位置已经位于首尾处，则可能就无法调整了，"上移"和"下移"菜单项的单击事件处理函数具体代码如下。
XPanel.cs

```
    private void mMoveUp_Click(object sender, EventArgs e)
    {
```

```csharp
        if (!document.AdjustLayerOrder(CurrentLayer, 1))
        {
            MessageBox.Show("无法调整!");
        }
        else
        {
            UpdateMap();
        }
    }
    private void mMoveDown_Click(object sender, EventArgs e)
    {
        if (!document.AdjustLayerOrder(CurrentLayer, -1))
        {
            MessageBox.Show("无法调整!");
        }
        else
        {
            UpdateMap();
        }
    }
```

"显示属性数据"一项是仅应用于矢量图层的,在此,我们可以参考 Form1.cs 中打开属性表的函数,为了确保属性表中的选择集与地图窗口的选择集一致,同样需要一个事件处理函数 AfterSelect。"显示属性数据"菜单项单击事件处理函数代码如下。

XPanel.cs

```csharp
    private void mShowAttribute_Click(object sender, EventArgs e)
    {
        FormAttribute form = new FormAttribute((XVectorLayer)CurrentLayer);
        form.UpdateSelect += AfterSelect;
        form.ShowDialog();
    }

    private void AfterSelect()
    {
        UpdateMap();
    }
```

"属性查询"功能也仅应用于矢量图层,可直接复制 Form1.cs 中的对应代码,而且可以共用已定义的 AfterSelect 函数。"属性查询"菜单项单击事件处理函数代码如下。

XPanel.cs

```csharp
    private void mAttributeQuery_Click(object sender, EventArgs e)
    {
        FormAttributeQuery form = new FormAttributeQuery((XVectorLayer)CurrentLayer);
        form.UpdateSelect += AfterSelect;
        form.ShowDialog();
    }
```

"可视""可选"及"可标注"3 个菜单项采用复选形式,代表图层的对应属性状态,其中"可视"可适用于所有图层类型,而"可选"及"可标注"仅适用于矢量图层,它们的菜单项单击事件处理函数代码如下。

XPanel.cs

```csharp
    private void mVisible_Click(object sender, EventArgs e)
    {
```

```csharp
    CurrentLayer.Visible = !CurrentLayer.Visible;
    mVisible.Checked = CurrentLayer.Visible;
    UpdateMap();
}

private void mSelectable_Click(object sender, EventArgs e)
{
    XVectorLayer vlayer = (XVectorLayer)CurrentLayer;
    vlayer.Selectable = !vlayer.Selectable;
    mSelectable.Checked = vlayer.Selectable;
    UpdateMap();
}

private void mLabel_Click(object sender, EventArgs e)
{
    XVectorLayer vlayer = (XVectorLayer)CurrentLayer;
    vlayer.LabelOrNot = !vlayer.LabelOrNot;
    mLabel.Checked = vlayer.LabelOrNot;
    UpdateMap();
}
```

最后一个菜单项"标注字段选择"用于确定需要标注时选择哪个字段，单击后，应该显示一个字段名称列表，同时被选中的字段（也即其序号为 XVectorLayer 的 LabelIndex）的复选状态应该设为 true。同样地，类似地图文档菜单中的"图层列表"处理方法，我们在地图图层菜单的事件处理函数 Opening 中完成这项工作，代码如下。

XPanel.cs

```csharp
private void MenuLayer_Opening(object sender, CancelEventArgs e)
{
    mFieldIndex.DropDownItems.Clear();
    XVectorLayer vlayer = (XVectorLayer)CurrentLayer;
    for (int i = 0; i < vlayer.Fields.Count; i++)
    {
        ToolStripMenuItem item = new ToolStripMenuItem();
        item.Text = vlayer.Fields[i].name;
        item.Checked = vlayer.LabelIndex == i;
        item.Click += WhenFieldClicked;
        mFieldIndex.DropDownItems.Add(item);
    }
}
```

针对每个字段选项，都赋予了事件处理函数 WhenFieldClicked，它根据菜单名称找到对应的字段，进而修改 XVectorLayer 的 LabelIndex 取值，代码如下。

XPanel.cs

```csharp
private void WhenFieldClicked(object sender, EventArgs e)
{
    string fieldName = sender.ToString();
    XVectorLayer vlayer = (XVectorLayer)CurrentLayer;
    for (int i = 0; i < vlayer.Fields.Count; i++)
    {
        if (vlayer.Fields[i].name == fieldName)
        {
            vlayer.LabelIndex = i;
            UpdateMap();
            return;
        }
    }
}
```

至此，我们已经完成了 XPanel 的所有基础代码。

17.5 基于控件开发的 GIS

现在我们重新编译程序，之后添加一个新的窗体 FormXGIS，此时，如图 17-2 所示，在左侧的工具箱中，我们惊奇地发现一个新的控件 XPanel 出现了。

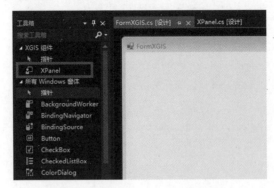

图 17-2　添加了 XPanel 后的工具箱

像所有其他控件一样，我们把 XPanel 拖入 FormXGIS 窗体中，将其命名为 MapPanel，修改其 Dock 属性为 Fill。再增加一个状态栏，在上面添加一个标签控件（labelCoordinates），用来显示鼠标当前位置的地图坐标。如果状态栏遮挡了 MapPanel，可以鼠标右键单击 MapPanel，在弹出菜单中选择"置于顶层"即可。

我们希望 labelCoordinates 可实时显示鼠标位置，为此，在 FormXGIS 的构造函数中，我们为 MapPanel 的 LocationChanged 事件指定一个事件处理函数，它会根据传入的位置参数更新 labelCoordinates 的 Text 属性，代码如下。

FormXGIS.cs

```
public FormXGIS()
{
    InitializeComponent();
    MapPanel.LocationChanged += WhenLocationChanged;
}

private void WhenLocationChanged(XVertex location)
{
    labelCoordinates.Text = location.x + ", " + location.y;
}
```

接下来，我们在 Program.cs 中，把 FormDoc 替换成 FormXGIS，令后者成为首先运行的窗体。现在，我们可以运行程序了，在窗体空白处单击鼠标右键，打开文档或加载图层，然后可尝试各种菜单项是否可顺利执行。

17.6 总结

17.5 节非常短小，只需添加几行代码（如果不需要显示坐标位置，甚至可以不写任何代码），即可将一个完整的 GIS 嵌入应用程序中，这充分体现了控件式开发的便捷之处，今后，你只需把此可执行程序发送给其他人，则他人也可通过引用的方式，将 XPanel 整合入他们自己的应用程序中，非常便捷！

至此，我们其实已经可以删除 Form1 和 FormDoc 了，因为它们的功能已经被完美地整合入 XPanel 中，在接下来的章节中，我们会持续丰富 XPanel 的内容，令它日趋完善。

第18章

完善的自动标注功能

集成化控件 XPanel 的成功构建标志着 GIS 底层开发工作进入了精修部分,我们希望在多个方面对看起来尚显粗糙的效果加以改进。首先就是空间对象的属性自动标注,目前的自动标注功能非常单一,无法通过人机交互的方式实现定制,而且在有些时候还会出现显示不全的情况。在本章,我们将尝试解决与自动标注相关的几个基本的问题,希望读者可以在此基础上进一步完善。

18.1 字体与颜色

在本章中,自动标注功能涉及较多新增属性,为此,我们定义一个新的类 XLabel,在接下去的内容中,我们会为 XLabel 不断添加属性和方法,现在,我们先给出其最基本的类定义,代码如下。

BasicClasses.cs/XLabel

```
public class XLabel
{
    public bool LabelOrNot = false;
    public int LabelIndex = 0;
    public Font LabelFont = new Font("宋体", 20);
    public Color LabelColor = Color.Black;
}
```

上述类定义中,属性均已具备了初值,其中,LabelFont 及 LabelColor 为标注时采用的字体和颜色,而 LabelOrNot 及 LabelIndex 其实就是在 XVectorLayer 中定义的同名属性,为此,我们需要从 XVectorLayer 中移除上述两个属性,同时添加一个 XLabel 类型的新属性,代码如下。

BasicClasses.cs/XVectorLayer

```
//public bool LabelOrNot = true;
//public int LabelIndex = 0;
public XLabel Label = new XLabel();
```

上述修改会引发一系列的错误,我们先来处理 XVectorLayer 中的 WriteToDoc 及 ReadFromDoc 函数,修改后的代码如下。

BasicClasses.cs/XVectorLayer

```
public override void WriteToDoc(BinaryWriter bw)
{
    XTools.WriteString(Path, bw);
```

```
        XTools.WriteString(Name, bw);
        bw.Write(Visible);
        bw.Write(Selectable);
        Label.WriteToDoc(bw);
    }

    public static XVectorLayer ReadFromDoc(BinaryReader br)
    {
        string path = XTools.ReadString(br);
        string name = XTools.ReadString(br);
        bool visible = br.ReadBoolean();
        bool selectable = br.ReadBoolean();
        XLabel newLabel = XLabel.ReadFromDoc(br);
        XVectorLayer newLayer = (XVectorLayer)XTools.OpenLayer(path);
        if (newLayer == null) return null;
        newLayer.Name = name;
        newLayer.Visible = visible;
        newLayer.Selectable = selectable;
        newLayer.Label = newLabel;
        return newLayer;
    }
```

上述修改其实都遵循了同一个原理，就是把 Label 作为一个整体来处理，在 WriteToDoc 函数中，我们调用 XLabel 的 WriteToDoc 函数写文档，在 ReadFromDoc 函数中，我们利用 XLabel 的静态函数 ReadFromDoc 生成一个新的 XLabel 实例 newLabel，然后，在完成新图层构建后，将 newLabel 赋给新图层的 Label。显然上述的改动又涉及了更多需要做的工作，我们暂且留到后面一次性解决。就目前来说，只要能够正确设置 XLabel 的属性，就能够保证标注文字可以采用指定的字段、指定的颜色和指定的字体绘制。

18.2　锚点与位置

标注锚点和位置看似相同，但在这里有不同的含义。锚点指标注应该在地图中的哪里出现，而位置指的是，上述锚点应该位于标注信息的什么方位。针对给定锚点，由于标注信息实际上是占据一定范围的一个字符串，因此有多种画法，比如锚点可位于字符串所在区域的左上角、中心、右上角等。缺省情况下，锚点位于左上角，如图 18-1 所示，这里定义了 5 种常用位置：左上、右上、左下、右下及中心。在本节，我们会详细说明与锚点和位置相关的几个问题。

我们首先在 XLabel 中增加位置 LabelPosition 的属性定义，它为一个描述上述 5 个方位的枚举类型 PositionType 的实例，代码如下。

图 18-1　标注字符串位置示意图

BasicClasses.cs/XLabel

```
    public class XLabel
    {
        public bool LabelOrNot = false;
        public int LabelIndex = 0;
        public Font LabelFont = new Font("宋体", 20);
        public Color LabelColor = Color.Black;
        public enum PositionType { LeftUp, RightUp, LeftDown, RightDown, Center };
        public PositionType LabelPosition = PositionType.Center;
    }
```

LabelPosition 可以给出初值，但是标注锚点是由需要绘制的 XFeature 决定的，目前我们采用的是 XSpatial 的 centroid 属性，这对于点实体或面实体来说尚且可以，但是对于线实体来说是不恰当的，如图 18-2 所示，点 C 为线实体的 centroid，以此为锚点的标注内容远离线实体，这与我们的日常相违背。

针对线实体，正确的标注锚点可以为沿着线实体的中点，也即图 18-2 中的点 M。为此，我们在 XLabel 中专门定义一个函数计算锚点，代码如下。

图 18-2　线实体的标注锚点

BasicClasses.cs/XLabel

```
public XVertex GetLabelAnchor(XSpatial spatial)
{
    if (spatial is XPoint || spatial is XPolygon)
        return spatial.centroid;
    else if (spatial is XLine)
        return ((XLine)spatial).GetMiddleVertex();
    else
        return null;
}
```

上述函数引用了 XLine 的未定义的 GetMiddleVertex 函数，用以获取沿此线实体的中点，代码如下。

BasicClasses.cs/XLine

```
public XVertex GetMiddleVertex()
{
    double sumDistance = 0;
    double halfLength = length / 2;
    for (int i = 1; i < vertexes.Count; i++)
    {
        sumDistance += vertexes[i - 1].Distance(vertexes[i]);
        if (sumDistance >= halfLength)
            return XTools.GetOffsetVertexAlongSegment(vertexes[i], vertexes[i - 1], sumDistance - halfLength);
    }
    return null;
}
```

GetMiddleVertex 函数从构成线实体的第一条线段开始，通过累加长度（sumDistance）判断是否已经达到或超过整个线实体的一半距离（halfLength），如果是，则在这个线段上找到累加长度为 halfLength 的位置作为线实体的中点。其中，利用 GetOffsetVertexAlongSegment 函数获取在一条线段上距离起点指定偏移距离的位置，由于该函数具有通用性，因此，我们选择将其作为静态函数，定义在 XTools 中，其代码如下。

BasicClasses.cs/XTools

```
private static XVertex GetOffsetVertexAlongSegment(XVertex from_v, XVertex to_v, double offset)
{
    double dist = from_v.Distance(to_v);
    if (dist == 0)
    {
        return from_v;
    }
    double x = offset / dist * (to_v.x - from_v.x) + from_v.x;
    double y = offset / dist * (to_v.y - from_v.y) + from_v.y;
    return new XVertex(x, y);
}
```

18.3 方向与角度

通常来说,我们在绘制标注内容字符串时,是水平向上、从左至右书写,但有时我们可能希望有所变化,比如说垂直标注,这时可以通过设定绘制方向来实现,如图 18-3 所示,我们定义了四种绘制方向,分别是向上、向下、向左及向右,它们都是通过顺时针旋转形成的。

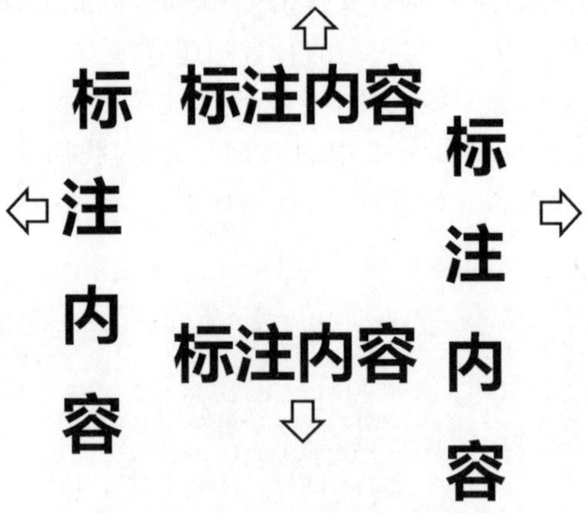

当然,有时用户也许希望绘制方向更加自由,而不是限定的四个方向,这可以通过设定绘制角度来实现。这样的需求常见于给线实体进行标注,我们希望标注绘制方向能与线实体的走向一致。确切地说,与线实体中点所在线段的斜率一致。为此,我们进一步丰富 XLabel 的定义。代码如下。

图 18-3 四种标注内容的书写方向

BasicClasses.cs/XLabel

```
public enum DirectionType {Up, Down, Left, Right};
public DirectionType LabelDirection = DirectionType.Up;
public bool AlongLine = true;
public double AngleAlongLine(XLine line)
{
    return line.AngleInMiddle();
}
```

枚举类型 DirectionType 的实例 LabelDirection 记录了绘制标注的方向,缺省值为向上。AlongLine 是一个 bool 类型,表示针对线实体是否要沿线绘制。AngleAlongLine 是一个函数,返回值为线实体中点的斜率。按照上述定义,针对点和面实体,它们有四个方向可以选择,而针对面实体,如果 AlongLine 为 true,则要调用 AngleAlongLine 函数计算一个绘制角度,并以此为向上方向,然后再根据 LableDirection 的值,决定是否需要旋转成其他方向,所以说,针对线实体,方向和角度的效果是可以叠加的。AngleAlongLine 函数调用了 XLine 的 AngleInMiddle 函数,其代码如下。

BasicClasses.cs/XLine

```
internal double AngleInMiddle()
{
    double sumDistance = 0;
    double halfLength = length / 2;
    for (int i = 1; i < vertexes.Count; i++)
    {
        sumDistance += vertexes[i - 1].Distance(vertexes[i]);
        if (sumDistance >= halfLength)
            return XTools.GetSlope(vertexes[i - 1], vertexes[i]);
    }
    return 0;
}
```

AngleInMiddle 函数与 GetMiddleVertex 函数非常相似,只不过前者是找到中点后计算所在线段的斜率,调用了 XTools 的 GetSlope 函数,该函数计算由两个节点构成的线段的斜率,代码如下。

BasicClasses.cs/XTools

```
public static double GetSlope(XVertex from_v, XVertex to_v)
{
    double dy = to_v.y - from_v.y;
    double dx = to_v.x - from_v.x;
    return -Math.Atan2(dy, dx) * 180 / Math.PI;
}
```

上述代码调用 Math.Atan2 函数计算得到的角度是逆时针的,而且单位是弧度,而我们在今后实现的旋转功能要求是顺时针的,且单位是角度,因此,在最后一行我们将弧度转化成角度,并添加了一个负号,由此,AngleInMiddle 函数的返回值也是角度、顺时针方向,水平为 0 度。

18.4 写入与读取

至此,我们基本完成了 XLabel 的属性定义,现在我们可以尝试完成之前未定义或报错的一些函数了,本节我们完成 WriteToDoc 及 ReadFromDoc 两个函数,它们被应用于地图文档的读写过程中。

WriteToDoc 函数用于保存 XLabel 的所有属性成员,其中 LabelFont 的保存最为复杂,它包含多种属性,这里我们记录字体的名称、大小和样式,代码如下。

BasicClasses.cs/XLabel

```
public void WriteToDoc(BinaryWriter bw)
{
    bw.Write(LabelOrNot);
    bw.Write(LabelIndex);
    XTools.WriteString(LabelFont.FontFamily.Name, bw);
    bw.Write(LabelFont.Size);
    bw.Write((int)LabelFont.Style);
    bw.Write(LabelColor.ToArgb());
    bw.Write((int)LabelPosition);
    bw.Write((int)LabelDirection);
    bw.Write(AlongLine);
}
```

ReadFromDoc 函数是一个静态函数,用于将保存在文件中的各种属性恢复成一个 XLabel 的实例,代码如下。

BasicClasses.cs/XLabel

```
public static XLabel ReadFormDoc(BinaryReader br)
{
    XLabel label = new XLabel();
    label.LabelOrNot = br.ReadBoolean();
    label.LabelIndex = br.ReadInt32();
    label.LabelFont = new Font(XTools.ReadString(br), br.ReadSingle(),
        (FontStyle)Enum.Parse(typeof(FontStyle), br.ReadInt32().ToString()));
    label.LabelColor = Color.FromArgb(br.ReadInt32());
    label.LabelPosition = (PositionType)Enum.Parse(typeof(PositionType), br.ReadInt32()
.ToString());
    label.LabelDirection = (DirectionType)Enum.Parse(typeof(DirectionType), br.ReadInt32()
.ToString());
    label.AlongLine = br.ReadBoolean();
    return label;
}
```

18.5 考虑各种属性特征的标注绘制

本节主要解决的问题就是 XLabel 定义的诸多属性如何在地图中完成绘制。观察之前矢量图层的绘制函数，它逐个调用 XFeature 的绘制函数，而后者首先绘制空间部分，然后绘制属性部分，也就是标注。这样做带来的一个问题就是后面绘制的空间部分可能会遮盖前面绘制的标注，尤其是多边形图层，这样的问题更加明显，很多标注无法完整显示。

通常来说，针对一个图层，我们希望所有标注都能在顶层显示，不应被层内的其他空间实体所遮盖，为此，我们需要修改图层的绘制方法，先完成所有空间部分的绘制，再根据 Label 的 LabelOrNot 属性决定是否完成所有属性部分的绘制，代码如下。

BasicClasses.cs/XVectorLayer

```
public override void draw(Graphics graphics, XView view)
{
    if (Extent == null) return;
    if (!Extent.IntersectOrNot(view.CurrentMapExtent)) return;
    for (int i = 0; i < Features.Count; i++)
    {
        if (Features[i].spatial.extent.IntersectOrNot(view.CurrentMapExtent))
            Features[i].DrawSpatial(graphics, view,
                SelectedFeatures.Contains(Features[i]) ? SelectedThematic : UnselectedThematic);
    }
    if (Label.LabelOrNot)
    {
        for (int i = 0; i < Features.Count; i++)
        {
            if (Features[i].spatial.extent.IntersectOrNot(view.CurrentMapExtent))
                Features[i].DrawAttribute(graphics, view, Label);
        }
    }
}
```

在上述函数中调用了 XFeature 的两个未定义函数 DrawSpatial 及 DrawAttribute，它们的代码如下。

BasicClasses.cs/XFeature

```
public void DrawSpatial(Graphics graphics, XView view, XThematic thematic)
{
    spatial.draw(graphics, view, thematic);
}

public void DrawAttribute(Graphics graphics, XView view, XLabel label)
{
    attribute.draw(graphics, view, spatial, label);
}
```

显然，上述两个函数就是把原来的 draw 函数拆成了两部分，所以现在可删除 draw 函数了，另外，DrawAttribute 函数调用了 XAttribute 的 draw 函数，但是给出了不同的参数，因此，需要我们修改原有的函数，而该函数就是实现标注信息绘制的核心部分，代码如下。

BasicClasses.cs/XAttribute

```
public void draw(Graphics graphics, XView view, XSpatial spatial, XLabel label)
{
    //锚点对应的屏幕位置
```

```
        Point screenpoint = view.ToScreenPoint(label.GetLabelAnchor(spatial));
        //计算标注内容的旋转角度
        double angle = label.GetRotation(spatial);
        //确定锚点在标注字符串中的位置
        StringFormat stringFormat = label.GetStringFormat();
        if (angle == 0)
        {
            //无须旋转,直接绘制
            graphics.DrawString(values[label.LabelIndex].ToString(),
                label.LabelFont,
                new SolidBrush(label.LabelColor), screenpoint, stringFormat);
        }
        else
        {
            //构造旋转矩阵
            Matrix mtxRotate = graphics.Transform;
            mtxRotate.RotateAt((float)angle, screenpoint);
            graphics.Transform = mtxRotate;
            //绘制标注字符串
            graphics.DrawString(values[label.LabelIndex].ToString(),
                label.LabelFont,
                new SolidBrush(label.LabelColor), screenpoint, stringFormat);
            //复位旋转矩阵
            graphics.ResetTransform();
        }
    }
```

上述函数涉及三个关键的步骤:计算锚点对应于屏幕的位置,计算标注内容旋转的角度,确定锚点在标注字符串中的位置。之后,根据旋转角度的不同绘制字符串,此处,为了提高绘制效率,我们针对旋转角度为 0 度的情况(通常为大多数情况),进行了特殊的处理;而在非 0 度情况下,需要构造旋转矩阵,完成绘图工具的旋转和绘制。其中调用了 XLabel 的两个未定义的 GetRotation 及 GetStringFormat 函数,代码如下。

BasicClasses.cs/XLabel

```
internal double GetRotation(XSpatial spatial)
{
    double Angle = 0;
    if (LabelDirection == DirectionType.Up) Angle = 0;
    else if (LabelDirection == DirectionType.Right) Angle = 90;
    else if (LabelDirection == DirectionType.Down) Angle = 180;
    else if (LabelDirection == DirectionType.Left) Angle = 270;
    if (spatial is XLine)
    {
        if (AlongLine)
        {
            XLine line = (XLine)spatial;
            Angle += line.AngleInMiddle();
        }
    }
    return Angle;
}

public StringFormat GetStringFormat()
{
    StringFormat sf = new StringFormat();
    if (LabelPosition == PositionType.Center)
    {
        sf.Alignment = StringAlignment.Center;
```

```
            sf.LineAlignment = StringAlignment.Center;
        }
        else if (LabelPosition == PositionType.LeftUp)
        {
            sf.Alignment = StringAlignment.Near;
            sf.LineAlignment = StringAlignment.Near;
        }
        else if (LabelPosition == PositionType.LeftDown)
        {
            sf.Alignment = StringAlignment.Near;
            sf.LineAlignment = StringAlignment.Far;
        }
        else if (LabelPosition == PositionType.RightUp)
        {
            sf.Alignment = StringAlignment.Far;
            sf.LineAlignment = StringAlignment.Near;
        }
        else if (LabelPosition == PositionType.RightDown)
        {
            sf.Alignment = StringAlignment.Far;
            sf.LineAlignment = StringAlignment.Far;
        }
        return sf;
    }
```

GetRotation 函数根据 LabelDirection 及 AlongLine 属性确定标注字符串的旋转角度，这里的旋转是顺时针方向的，指北方向为 0 度。GetStringFormat 函数的返回值为 StringFormat 类型的值，它可以定义字符串在水平方向（Alignment）及垂直方向（LineAlignment）上的对齐方式，据此可以确定锚点在标注字符串绘制区域内的位置。

18.6 人机交互式定制标注属性

在上述属性和方法的支撑下，我们已经可以通过编码的方式修改 XVectorLayer 中 Label 的相关属性。但这显然不是最方便的，我们希望通过人机交互的形式实现标注属性修改，以满足用户的自定义要求，这一工作可在 XPanel 中完成。

在当前 XPanel 中，我们通过快捷菜单其实已经实现了 XLabel 中 LabelOrNot 及 LabelIndex 的设定，接下来添加一个新的菜单项"标注格式"（mLabelFormat），如图 18-4 所示，它还包含标注字体（mLabelFont）、标注颜色（mLabelColor）、标注位置（mLabelPosition）、标注方向（mLabelDirection）及沿线标注（mAlongLine）几个菜单项，用于定制各种属性。

其中，标注位置（mLabelPosition）包含左上（mLeftUp）、右上（mRightUp）、左下（mLeftDown）、右下（mRightDown）及中心（mCenter）等选项；标注方向（mLabelDirection）包括向上（mUp）、向下（mDown）、向左（mLeft）及向右（mRight）等选项。

此时，在 XPanel.cs 中已经出现了多处错误，原因是 XLabel 的引入带来的问题，原来在 XVectorLayer 中直接定义的 LabelOrNot 和 LabelIndex 需要替换成 Label.LabelOrNot 及 Label.LabelIndex。

接下来，我们针对新增菜单项进行处理，在地图文档菜单中，在单击某个图层后启动的 WhenLayerClicked 函数中，需要对"标注格式"菜单项的可用性进行限制，代码如下。

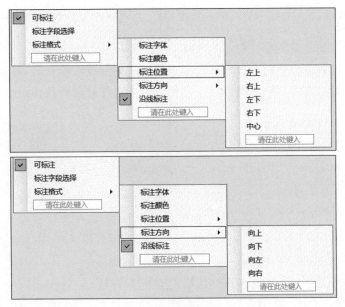

图 18-4 标注格式菜单

XPanel.cs

```
private void WhenLayerClicked(object sender, EventArgs e)
{
    ......
    mSaveLayer.Enabled = mShowAttribute.Enabled =
        mAttributeQuery.Enabled = mSelectable.Enabled =
        mLabel.Enabled = mFieldIndex.Enabled =
        mLabelFormat.Enabled = CurrentLayer is XVectorLayer;
    ......
}
```

在打开地图图层菜单时,要为标注相关菜单项赋初始状态,代码如下。

XPanel.cs

```
private void MenuLayer_Opening(object sender, CancelEventArgs e)
{
    mFieldIndex.DropDownItems.Clear();
    XVectorLayer vlayer = (XVectorLayer)CurrentLayer;
    for (int i = 0; i < vlayer.Fields.Count; i++)
    {
        ToolStripMenuItem item = new ToolStripMenuItem();
        item.Text = vlayer.Fields[i].name;
        item.Checked = vlayer.Label.LabelIndex == i;
        item.Click += WhenFieldClicked;
        mFieldIndex.DropDownItems.Add(item);
    }
    mAlongLine.Enabled = vlayer.ShapeType == SHAPETYPE.Line;

    mLeftUp.Checked = vlayer.Label.LabelPosition == XLabel.PositionType.LeftUp;
    mRightUp.Checked = vlayer.Label.LabelPosition == XLabel.PositionType.RightUp;
    mLeftDown.Checked = vlayer.Label.LabelPosition == XLabel.PositionType.LeftDown;
    mRightDown.Checked = vlayer.Label.LabelPosition == XLabel.PositionType.RightDown;
    mCenter.Checked = vlayer.Label.LabelPosition == XLabel.PositionType.Center;

    mUp.Checked = vlayer.Label.LabelDirection == XLabel.DirectionType.Up;
    mDown.Checked = vlayer.Label.LabelDirection == XLabel.DirectionType.Down;
```

```csharp
    mLeft.Checked = vlayer.Label.LabelDirection == XLabel.DirectionType.Left;
    mRight.Checked = vlayer.Label.LabelDirection == XLabel.DirectionType.Right;
}
```

最后，逐一实现各菜单项的单击事件处理函数。我们分成两组介绍，首先完成不含下级菜单的"标注字体""标注颜色"及"沿线标注"，它们的单击事件处理函数代码如下。

XPanel.cs

```csharp
private void mLabelFont_Click(object sender, EventArgs e)
{
    XVectorLayer vlayer = (XVectorLayer)CurrentLayer;
    FontDialog dialog = new FontDialog();
    dialog.Font = vlayer.Label.LabelFont;
    if (dialog.ShowDialog() != DialogResult.OK) return;
    vlayer.Label.LabelFont = dialog.Font;
    UpdateMap();
}

private void mLabelColor_Click(object sender, EventArgs e)
{
    XVectorLayer vlayer = (XVectorLayer)CurrentLayer;
    ColorDialog dialog = new ColorDialog();
    dialog.Color = vlayer.Label.LabelColor;
    if (dialog.ShowDialog() != DialogResult.OK) return;
    vlayer.Label.LabelColor = dialog.Color;
    UpdateMap();
}

private void mAlongLine_Click(object sender, EventArgs e)
{
    XVectorLayer vlayer = (XVectorLayer)CurrentLayer;
    vlayer.Label.AlongLine = !vlayer.Label.AlongLine;
    mAlongLine.Checked = vlayer.Label.AlongLine;
    UpdateMap();
}
```

上述代码比较简单，字体和颜色的定义分别利用 C# 语言提供的标准对话框 FontDialog 及 ColorDialog 即可。第二组函数针对带子菜单的"标注位置"和"标注方向"，为了令代码更加清晰，我们通过组合的方式实现其子菜单项的功能，针对"标注位置"的 5 个菜单项，我们定义 LabelPositionClicked 函数统一处理，对于"标注方向"的 4 个菜单项，我们定义 LabelDirectionClicked 函数统一处理，代码如下。

XPanel.cs

```csharp
private void LabelPositionClicked(object sender, EventArgs e)
{
    XVectorLayer vlayer = (XVectorLayer)CurrentLayer;
    if (sender == mLeftUp) vlayer.Label.LabelPosition = XLabel.PositionType.LeftUp;
    else if (sender == mRightUp) vlayer.Label.LabelPosition = XLabel.PositionType.RightUp;
    else if (sender == mLeftDown) vlayer.Label.LabelPosition = XLabel.PositionType.LeftDown;
    else if (sender == mRightDown) vlayer.Label.LabelPosition = XLabel.PositionType.RightDown;
    else if (sender == mCenter) vlayer.Label.LabelPosition = XLabel.PositionType.Center;
    UpdateMap();
}

private void LabelDirectionClicked(object sender, EventArgs e)
{
```

```
    XVectorLayer vlayer = (XVectorLayer)CurrentLayer;
    if (sender == mUp) vlayer.Label.LabelDirection = XLabel.DirectionType.Up;
    else if (sender == mDown) vlayer.Label.LabelDirection = XLabel.DirectionType.Down;
    else if (sender == mLeft) vlayer.Label.LabelDirection = XLabel.DirectionType.Left;
    else if (sender == mRight) vlayer.Label.LabelDirection = XLabel.DirectionType.Right;
    UpdateMap();
}
```

终于，我们完成了所有函数，现在可以运行程序，尝试一下各种设置。

18.7 总结

这一章介绍了诸多与自动标注功能相关的内容，虽然有些庞杂细碎，但是确是 GIS 所不可或缺的制图需求。实际上，标注功能仍有很大的完善空间，例如：

- 在标注文字处理上，可考虑增加背景或轮廓。
- 当空间对象仅有一部分出现在地图窗口时，其锚点可能在窗口之外，但此时用户也可能仍然需要其标注信息的显示，这对线实体尤为必要。
- 针对凹多边形面实体，利用当前方法算得的标注锚点可能在多边形外部，这显然也是需要优化的。
- 针对线实体，更符合制图规范的标注方法也许是每个字符或汉字都是沿线分布的，也即每个字符或汉字的旋转角度都可能不同，都是与它所在线实体的切线方向一致。
- 当空间对象数量巨大时，标注信息必然存在相互遮挡的问题，需要有选择性地显示部分标注，否则，全部显示时，必然难以识别。
- 标注字符串的大小应当随着地图比例尺的变化而变化。
- 本章的人机交互设置方式每次只能改变一个参数，较为烦琐，可考虑在一个对话框中集成各种设置，并能预览结果，提高设置效率。

上述提及的问题希望能给读者一些启发，在本章的基础上，实现更丰富的自动标注功能。

第19章

专题地图

利用已经完成的代码,我们可以实现打开、浏览、查询空间数据等功能,但似乎在可视化展示方面还显得非常呆板。例如,当多个在空间上重叠的点图层被先后加载到 XPanel 上时,它们的显示方式都是完全相同的,没有办法区别不同的点都来自哪个图层。再比如,我们希望每个点根据它所代表的属性不同,用不同的样式显示出来,而目前来看这也是没有办法做到的。上述这些问题其实都可以通过制作专题地图来解决。专题地图的类型有很多种,在本章,我们会实现其中的 3 种,分别为"唯一值地图""独立值地图"及"分级设色地图"。

19.1 XSymbology 及唯一值专题地图

所谓"唯一值地图"就是令图层中每个空间对象以相同的方式展示出来,但是具有同样空间对象类型的不同图层最好选择不同的显示方式,因为这样才可以在 XPanel 中区分出不同的图层。

实际上,目前显示的每个图层都是"唯一值地图",用户可以通过编码修改 XVectorLayer 中的 UnselectedThematic 实现显示方式的定义。然而,这样的方式可能不适合其他专题地图样式的定义。为此,我们提出一个新的类 XSymbology,利用它涵盖各种专业地图的显示样式和定义方法。XSymbology 的工作方式跟 XLabel 非常类似,XLabel 负责非空间部分的样式定义,XSymbology 负责空间部分的样式定义。XSymbology 最初的类定义如下。

BasicClasses.cs/XSymbology

```
public class XSymbology
{
    public enum ThematicType { UnifiedValue, UniqueValue, GradualColor };
    public ThematicType LayerThematic = ThematicType.UnifiedValue;
    public List<XThematic> ThematicGroup = new List<XThematic>{new XThematic()};
    public XThematic SelectedThematic = new XThematic(new Pen(Color.Red, 1),
        new Pen(Color.Red, 1), new SolidBrush(Color.Pink),
        new Pen(Color.Red, 1), new SolidBrush(Color.Pink), 5);
    public List<string> UniqueValues = new List<string>();
    public List<double> GradualValues = new List<double>();
    public int FieldIndex = -1;
    public int ColorSeed = 0;

    public void WriteToDoc(BinaryWriter bw)
    {
        bw.Write((int)LayerThematic);
        bw.Write(ThematicGroup.Count);
        foreach (XThematic thematic in ThematicGroup)
```

```
            thematic.WriteToDoc(bw);
        SelectedThematic.WriteToDoc(bw);
        bw.Write(UniqueValues.Count);
        foreach (string value in UniqueValues)
            XTools.WriteString(value, bw);
        bw.Write(GradualValues.Count);
        foreach (double value in GradualValues)
            bw.Write(value);
        bw.Write(FieldIndex);
        bw.Write(ColorSeed);
    }

    public static XSymbology ReadFromDoc(BinaryReader br)
    {
        XSymbology symbology = new XSymbology();
        symbology.LayerThematic = (ThematicType)Enum.Parse(typeof(ThematicType),
br.ReadInt32().ToString());
        symbology.ThematicGroup.Clear();
        int count = br.ReadInt32();
        for(int i = 0;i < count;i++)
        {
            symbology.ThematicGroup.Add(XThematic.ReadFromDoc(br));
        }
        symbology.SelectedThematic = XThematic.ReadFromDoc(br);
        symbology.UniqueValues.Clear();
        count = br.ReadInt32();
        for (int i = 0; i < count; i++)
        {
            symbology.UniqueValues.Add(XTools.ReadString(br));
        }
        symbology.GradualValues.Clear();
        count = br.ReadInt32();
        for (int i = 0; i < count; i++)
        {
            symbology.GradualValues.Add(br.ReadDouble());
        }
        symbology.FieldIndex = br.ReadInt32();
        symbology.ColorSeed = br.ReadInt32();
        return symbology;
    }
}
```

XSymbology 首先定义了一个描述专题地图的枚举类型 ThematicType，它包含三个枚举值：UnifiedValue(唯一值地图)，UniqueValue(独立值地图)及 GradualColor(分级设色地图)。然后，定义了 7 个属性成员，分别是专题地图类型 LayerThematic、记录各种显示方式的 XThematic 数组 ThematicGroup、专用于选择状态下显示方式的 SelectedThematic、专用于记录独立值的数组 UniqueValues、专用于记录分级值的数组 GradualValues、用于独立值和分级设色制图时涉及的字段序号 Fieldindex 以及用于独立值地图生成随机颜色的种子 ColorSeed。所有属性成员均有缺省值，当 LayerThematic 为 UnifiedValue 时，ThematicGroup 只需要一个元素即可，而在其他情况下，可能具有多种元素，且数量与数组 UniqueValues 或 GradualValues 相关，在 19.2 和 19.3 节会详细介绍。

XSymbology 中还定义了两个函数，分别是 WriteToDoc 及 ReadFromDoc 函数，用于将显示方式记录到地图文档文件中，它们进一步调用了 XThematic 的两个同名未定义函数，代码如下。

BasicClasses.cs/XThematic

```
    public void WriteToDoc(BinaryWriter bw)
    {
```

```csharp
        bw.Write(LinePen.Color.ToArgb());
        bw.Write(LinePen.Width);
        bw.Write(PolygonPen.Color.ToArgb());
        bw.Write(PolygonPen.Width);
        bw.Write(PolygonBrush.Color.ToArgb());
        bw.Write(PointPen.Color.ToArgb());
        bw.Write(PointPen.Width);
        bw.Write(PointBrush.Color.ToArgb());
        bw.Write(PointRadius);
    }
    public static XThematic ReadFromDoc(BinaryReader br)
    {
        return new XThematic(
            new Pen(Color.FromArgb(br.ReadInt32()), br.ReadSingle()),
            new Pen(Color.FromArgb(br.ReadInt32()), br.ReadSingle()),
            new SolidBrush(Color.FromArgb(br.ReadInt32())),
            new Pen(Color.FromArgb(br.ReadInt32()), br.ReadSingle()),
            new SolidBrush(Color.FromArgb(br.ReadInt32())),
            br.ReadInt32());
    }
```

同 XLabel 一样,令 XSymbology 发挥作用的方式是将其实例引入 XVectorLayer 中,并删除之前定义的 SelectedThematic 及 UnselectedThematic 两个属性,为此,在 XVectorLayer 中不同部分也需要做相应的修改,分别是属性成员定义部分、构造函数、draw 函数、WriteToDoc 函数及 ReadFromDoc 函数,具体如下。

BasicClasses.cs/XVectorLayer

```csharp
    ……
    public bool Selectable = true;
    public XLabel Label = new XLabel();
    public XSymbology Symbology = new XSymbology();
    //public XThematic UnselectedThematic, SelectedThematic;
    ……
    public XVectorLayer(string _name, SHAPETYPE _shapetype)
    {
        Name = _name;
        ShapeType = _shapetype;
        //UnselectedThematic = new XThematic();
        //SelectedThematic = new XThematic(new Pen(Color.Red, 1),
        //    new Pen(Color.Red, 1), new SolidBrush(Color.Pink),
        //    new Pen(Color.Red, 1), new SolidBrush(Color.Pink), 5);
    }

    public override void draw(Graphics graphics, XView view)
    {
        if (Extent == null) return;
        if (!Extent.IntersectOrNot(view.CurrentMapExtent)) return;
        for (int i = 0; i < Features.Count; i++)
        {
            if (Features[i].spatial.extent.IntersectOrNot(view.CurrentMapExtent))
                Features[i].DrawSpatial(graphics, view,
                    Symbology.GetThematic(Features[i], SelectedFeatures.Contains(Features[i])));
        }
        for (int i = 0; i < Features.Count; i++)
        {
            if (Features[i].spatial.extent.IntersectOrNot(view.CurrentMapExtent))
                Features[i].DrawAttribute(graphics, view, Label);
        }
```

```csharp
}
public override void WriteToDoc(BinaryWriter bw)
{
    XTools.WriteString(Path, bw);
    XTools.WriteString(Name, bw);
    bw.Write(Visible);
    bw.Write(Selectable);
    Label.WriteToDoc(bw);
    Symbology.WriteToDoc(bw);
}

public static XVectorLayer ReadFromDoc(BinaryReader br)
{
    string path = XTools.ReadString(br);
    string name = XTools.ReadString(br);
    bool visible = br.ReadBoolean();
    bool selectable = br.ReadBoolean();
    XLabel newLabel = XLabel.ReadFromDoc(br);
    XSymbology newSymbology = XSymbology.ReadFromDoc(br);
    XVectorLayer newLayer = (XVectorLayer)XTools.OpenLayer(path);
    if (newLayer == null) return null;
    newLayer.Name = name;
    newLayer.Visible = visible;
    newLayer.Selectable = selectable;
    newLayer.Label = newLabel;
    newLayer.Symbology = newSymbology;
    return newLayer;
}
```

其中 draw 函数中在调用 DrawSpatial 函数时，第三个参数为 XThematic 类型的值，此处我们调用了 XSymbology 的未定义的 GetThematic 函数，其输入参数有两个，分别为要绘制的空间对象，及该空间对象是否处于选中状态。该函数的实现代码如下。

BasicClasses.cs/XSymbology

```csharp
public XThematic GetThematic(XFeature feature, bool isSelected)
{
    if (isSelected) return SelectedThematic;
    if (LayerThematic == ThematicType.UnifiedValue)
    {
        //获取唯一值地图显示方式
        return ThematicGroup[0];
    }
    else if (LayerThematic == ThematicType.UniqueValue)
    {
        //获取独立值地图显示方式
        //需补充代码
        return null;
    }
    else if (LayerThematic == ThematicType.GradualColor)
    {
        //获取分级设色地图显示方式
        //需补充代码
        return null;
    }
    return null;
}
```

显然 GetThematic 函数还不是一个完整的函数，需要补充更多内容，但上述整个过程已经为专题地图绘制构建了一个基础的框架,在本节结束之前,我们来实现"唯一值地图"的定制。

虽然 XSymbology 缺省情况下就是"唯一值地图",但有时用户可能会希望在几种专题地图之间切换,因此,仍然需要有一个函数能够显式地定义"唯一值地图",为此,我们可以在 XSymbology 中再添加一个 MakeUnifiedValue 函数,代码如下。

BasicClasses.cs/XSymbology

```
public void MakeUnifiedValue(XThematic thematic)
{
    LayerThematic = ThematicType.UnifiedValue;
    ThematicGroup.Clear();
    ThematicGroup.Add(thematic);
    UniqueValues.Clear();
    GradualValues.Clear();
    FieldIndex = -1;
}
```

该函数的输入值为图层的唯一值显示方式 thematic,首先令 LayerThematic 为 UnifiedValue,然后将此 thematic 作为 ThematicGroup 的唯一元素,最后令其他属性赋空值或清零。

19.2 独立值专题地图

所谓"独立值地图"就是根据空间对象某一属性字段的取值来确定其绘制方式,只要属性值不同绘制方式就不同。例如,根据土地利用类型绘制面图层的独立值地图,令商业用地为红色、居住用地为黄色、交通用地为橙色等。显然,这里的属性值既可以是数值型的,也可以是非数值型的。

为制作独立值地图,首先需要确定的就是上述提及的属性字段,然后需要算出这一属性字段下对应了多少种独立值,最后为每个独立值分配一种显示方式。据此思路,我们在 XSymbology 中定义 MakeUniqueValue 函数实现上述过程,代码如下。

BasicClasses.cs/XSymbology

```
public void MakeUniqueValue(XVectorLayer layer, int fieldIndex, XThematic thematic, int colorSeed)
{
    //设定专题地图类型
    LayerThematic = ThematicType.UniqueValue;
    //定义初值
    ThematicGroup.Clear();
    UniqueValues.Clear();
    GradualValues.Clear();
    FieldIndex = fieldIndex;
    ColorSeed = colorSeed;
    //获取所有字段值
    List<string> values = new List<string>();
    foreach (XFeature feature in layer.Features)
    {
        values.Add(feature.getAttribute(fieldIndex).ToString());
    }
    //获取独立值,并计算随机颜色,更新基础显示方式
    values.Sort();
    Random random = new Random(colorSeed);
```

```
            UniqueValues.Add(values[0]);
            ThematicGroup.Add(thematic.UpdateColor(Color.FromArgb(random.Next())));
            for (int i = 1; i < values.Count; i++)
            {
                if (values[i] != values[i - 1])
                {
                    UniqueValues.Add(values[i]);
                    ThematicGroup.Add(thematic.UpdateColor(Color.FromArgb(random.Next())));
                }
            }
        }
```

上述函数包括 4 个输入参数：矢量图层（layer）、涉及的字段序号（fieldIndex）、基础显示方式（thematic）及随机颜色种子（colorSeed）。为便于提取和比较，该函数把所有字段值都转成了字符串类型，先获取所有值（values），然后排序、查重、填充 UniqueValues 及 ThematicGroup。

其中应用随机颜色种子其实是一种确定颜色序列的方法，用户通过给出不同的种子，就可获得不同的颜色序列，而同一个种子对应的颜色序列也是唯一的，因此，用户如果在多次尝试后，获得了一种较好的颜色方案，则只需要记录下种子值即可。

所谓基础显示方式指的是一种空间实体的绘制往往涉及不同的参数，比如面实体包括轮廓的颜色、粗细及填充的颜色，那么我们在根据不同独立值选择不同颜色绘制空间实体时，可能仅仅是修改上述一个参数指向的颜色，而其他颜色保持不变，为此，我们把这些不变的颜色以及其他绘制参数定义为基础显示方式。这里，我们指定：针对点实体和线实体，反映独立值的颜色是填充刷子的颜色；针对面实体，反映独立值的颜色是画笔的颜色。在 XThematic 里，我们定义了一个 UpdateColor 函数用于根据上述准则更新对应的颜色，该函数也已在 MakeUniqueValue 函数中被调用了，输入参数为一个随机的颜色值，其代码如下。

BasicClasses.cs/XThematic

```
        public XThematic UpdateColor(Color color)
        {
            color = Color.FromArgb(255, color);
            return new XThematic(
                new Pen(color, LinePen.Width),
                new Pen(PolygonPen.Color, PolygonPen.Width),
                new SolidBrush(color),
                new Pen(PointPen.Color, PointPen.Width),
                new SolidBrush(color),
                PointRadius);
        }
```

UpdateColor 函数实际是生成了一个新的显示方式，大部分参数来自于基础显示方式，而个别用于反映独立值属性的参数采用了输入的颜色值。这里有一个小的细节，就是在函数第一行，我们更新了此颜色值，令其透明度为 255，也即不透明，这样做的原因是希望获得的颜色不会因为有不同透明度而显得难以辨认。

MakeUniqueValue 函数确保了 ThematicGroup 及 UniqueValues 两个数组的长度一样并一一对应，据此，我们可补充 GetThematic 函数中独立值部分，代码如下。

BasicClasses.cs/XSymbology

```
        public XThematic GetThematic(XFeature feature, bool isSelected)
        {
            if (isSelected) return SelectedThematic;
```

```
        if (LayerThematic == ThematicType.UnifiedValue)
        {
            //获取唯一值地图显示方式
            return ThematicGroup[0];
        }
        else if (LayerThematic == ThematicType.UniqueValue)
        {
            //获取独立值地图显示方式
            for(int i = 0; i < UniqueValues.Count; i++)
            {
                if (feature.getAttribute(FieldIndex).ToString() == UniqueValues[i])
                    return ThematicGroup[i];
            }
            return null;
        }
        else if (LayerThematic == ThematicType.GradualColor)
        {
            //获取分级设色地图显示方式
            //需补充代码
            return null;
        }
        return null;
    }
```

GetThematic 函数用于比较输入的空间对象属性值与独立值数组，如发现两者相同，就返回对应位置的显示方式。

19.3　分级设色专题地图

"分级设色地图"通常只对数值型属性字段有效，它把所有属性值分成几个级别，每个级别被分配一种显示样式，一个级别往往代表一维数轴上的一个范围，不同级别顺序分布于数轴上，因此，代表不同级别的空间对象颜色最好也能通过深浅反映级别的大小，这一点是与独立值地图不同的，独立值地图的空间对象颜色是随机生成的。

关于分级的方法有很多种，例如，可以令每个级别所包含的空间对象数量一致，或者令每个级别代表的范围是一致的，或者根据属性值的标准方差来分级。本书采用第二种，而读者可以尝试实现其他分级方法。

如何根据一组数值来确定分级的关键点呢？如图 19-1 所示，20 个属性值沿数轴分布，希望分成 4 组。通过排序，可知最大值（max）及最小值（min），进而，可等分成 4 组，并获得三个分组点 a、b 及 c。我们可将这些极值和分组点存入 GradualValues 数组中，实现与显示方式对应即可。

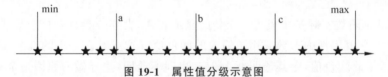

图 19-1　属性值分级示意图

参照之前两种专题地图的绘制方式，我们首先在 XSymbology 中写一个总的函数 MakeGradualColor，用于生成"分级设色地图"，代码如下。

BasicClasses.cs/XSymbology

```
    public void MakeGradualColor(XVectorLayer layer, int fieldIndex,
        XThematic thematic, int levelCount, Color fromColor, Color toColor)
    {
```

```csharp
//设定专题地图类型
LayerThematic = ThematicType.GradualColor;
//定义初值
ThematicGroup.Clear();
UniqueValues.Clear();
GradualValues.Clear();
FieldIndex = fieldIndex;
//获取字段极值
double min = double.MaxValue;
double max = double.MinValue;
foreach (XFeature feature in layer.Features)
{
    double value = double.Parse(feature.getAttribute(fieldIndex).ToString());
    min = Math.Min(value, min);
    max = Math.Max(value, max);
}
//获取分组值,及渐变颜色
double part = (max - min) / levelCount;
for (int i = 0; i < levelCount; i++)
{
    GradualValues.Add(min + part * (i + 1));
        ThematicGroup. Add ( thematic. UpdateColor ( InterpolateColor ( fromColor, toColor, i, levelCount)));
}
    GradualValues[GradualValues.Count - 1] = double.MaxValue;
}
```

MakeGradualColor 函数拥有更多的输入参数,包括图层(layer)、涉及的字段序号(fieldIndex)、基础显示方式(thematic)、分级数量(levelCount)、最低分级颜色(fromColor)及最高分级颜色(toColor)。其中与"独立值地图"不同的就是分级数量及分级颜色。函数在完成参数初始化之后,获取字段最大及最小值,进而计算每一个分组的数值间隔,然后把间隔点(也即图 19-1 中的 a、b 及 c)及最大值存入数组 GradualValues 中,同时生成每一个级别的显示方式。可以看出数组 GradualValues 及 ThematicGroup 的元素数量是相同的。其中函数最后一行更新数组 GradualValues 的最后一个元素为 double 型的最大值,其目的是确保能包含所有属性值,避免通过 part 累加计算得到的最大值小于属性最大值(max),这在 double 型数据计算时很可能发生。

在获得字段值时,我们采用的是把值先转成字符串,再转成 double 型的形式,这也就要求,属性字段数据类型必须为数值型。

在生成分级显示方式时,我们仍然调用了 XThematic 的 UpdateMap 函数,其输入参数是一个颜色值,来自于未定义的 InterpolateColor 函数。该函数用于计算颜色插值,其输入值包括起止颜色值(fromColor 与 toColor)、插值点(index)及总插值数量(count),代码如下。

BasicClasses.cs/XSymbology

```csharp
private Color InterpolateColor(Color fromColor, Color toColor, int index, int count)
{
    int R = index * (toColor.R - fromColor.R) / (count - 1) + fromColor.R;
    int G = index * (toColor.G - fromColor.G) / (count - 1) + fromColor.G;
    int B = index * (toColor.B - fromColor.B) / (count - 1) + fromColor.B;
    return Color.FromArgb(R, G, B);
}
```

上述函数的规则是当 index 为 0 时,插值结果为 fromColor;当 index 为 count－1 时,插值结果为 toColor;当 index 为 0 和 count－1 之间时,为从 fromColor 过渡到 toColor 之间的

一个颜色。插值方法是分别计算三个颜色分量插值结果,最后生成颜色值返回。

最后,我们来完善 GetThematic 函数,增加对分级设色地图显示方式的获取方法,代码如下。

BasicClasses.cs/XSymbology

```
public XThematic GetThematic(XFeature feature, bool isSelected)
{
    if (isSelected) return SelectedThematic;
    if (LayerThematic == ThematicType.UnifiedValue)
    {
        //获取唯一值地图显示方式
        return ThematicGroup[0];
    }
    else if (LayerThematic == ThematicType.UniqueValue)
    {
        //获取独立值地图显示方式
        for(int i = 0;i < UniqueValues.Count;i++)
        {
            if (feature.getAttribute(FieldIndex).ToString() == UniqueValues[i])
                return ThematicGroup[i];
        }
        return null;
    }
    else if (LayerThematic == ThematicType.GradualColor)
    {
        //获取分级设色地图显示方式
        for (int i = 0; i < GradualValues.Count; i++)
        {
            if (double.Parse(feature.getAttribute(FieldIndex).ToString()) <= GradualValues[i])
                return ThematicGroup[i];
        }
        return null;
    }
    return null;
}
```

19.4 集成化实现专题地图定制

终于到了看结果的时候,其实,通过调用函数已经可以实现专题地图的制作和显示了,但如介绍 XLabel 时一样,我们更希望能够在人机交互的场景下实现上述功能,为此,我们定义一个新的窗体 FormSymbology 用于集成化实现专题地图定制。

窗体界面如图 19-2 所示,由于涉及较多控件,为便于与代码对照,我们将需要被引用或需要关联事件处理函数的控件 Name 属性用红色字体标注在旁边,其中 gb 开头的都为 GroupBox,rb 开头的都为 RadioButton,cb 开头的为 ComboBox,nud 开头的为 NumericUpDown,b 开头的为 Button。总体来看,窗体界面包括左右两大部分,左边为专题地图类型选择以及针对已选空间实体的显示状态,右边为显示方式定义。显然,该界面包含了各种专题地图类型及各种显示方式,这也就意味着,我们需要根据当前图层的特点,动态确定各个空间的可用性。

首先我们完成 FormSymbology 的全局变量及构造函数,它仅有一个输入参数,即一个矢量图层,它也将被赋值给本类的唯一全局变量,代码如下。

BasicClasses.cs/FormSymbology

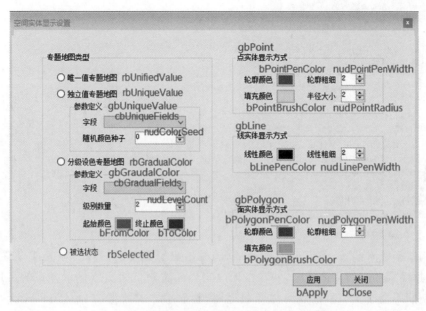

图 19-2　集成化专题地图定制界面

```
XVectorLayer layer;
public FormSymbology(XVectorLayer _layer)
{
    InitializeComponent();
    layer = _layer;
    //确定显示方式功能组(GroupBox)的可用性
    gbPoint.Enabled = layer.ShapeType == SHAPETYPE.Point;
    gbLine.Enabled = layer.ShapeType == SHAPETYPE.Line;
    gbPolygon.Enabled = layer.ShapeType == SHAPETYPE.Polygon;
    //根据基础显示方式设定控件取值
    SetThematic(layer.Symbology.ThematicGroup[0]);
    //确定专题地图显示方式
    rbUnifiedValue.Checked = layer.Symbology.LayerThematic == XSymbology.ThematicType
.UnifiedValue;
    rbUniqueValue.Checked = layer.Symbology.LayerThematic == XSymbology.ThematicType
.UniqueValue;
    rbGradualColor.Checked = layer.Symbology.LayerThematic == XSymbology.ThematicType
.GradualColor;
    rbSelected.Checked = false;
    //加载字段并设定缺省选择
    foreach (XField field in layer.Fields)
    {
        cbUniqueFields.Items.Add(field.name);
        if (!(new List<Type> { typeof(bool), typeof(char), typeof(string) }).Contains(field
.datatype))
            cbGradualFields.Items.Add(field.name);
    }
    if (cbUniqueFields.Items.Count > 0) cbUniqueFields.SelectedIndex = 0;
    if (cbGradualFields.Items.Count > 0) cbGradualFields.SelectedIndex = 0;
    //设定专题地图参数
    if (rbUniqueValue.Checked)
    {
        cbUniqueFields.SelectedIndex = layer.Symbology.FieldIndex;
        nudColorSeed.Value = layer.Symbology.ColorSeed;
    }
    if (rbGradualColor.Checked)
    {
```

```
                for(int i = 0;i < cbGradualFields.Items.Count;i++)
                {
                    if (cbGradualFields.Items[i].ToString() == layer.Fields[layer.Symbology
.FieldIndex].name)
                    {
                        cbGradualFields.SelectedIndex = i;
                        break;
                    }
                }
                nudLevelCount.Value = layer.Symbology.GradualValues.Count;
                bFromColor.BackColor = layer.Symbology.ThematicGroup[0].PointBrush.Color;
                bToColor.BackColor = layer.Symbology.ThematicGroup.Last().PointBrush.Color;
            }
            //更新功能组可用性
            UpdateThematicSetting();
        }
```

上述构造函数有些长，我们分成了几部分，并给出了必要的解释。在完成全局变量赋值后，我们根据图层的空间实体类型，一次性地决定界面右侧空间实体显示方式的可用性，这在窗口运行期间不会改变。不论是何种专题地图，其显示方式数组（ThematicGroup）都至少有一个元素，且该元素包含了基础显示方式，我们据此，利用 SetThematic 函数完成右侧各个显示参数的赋值，该过程在之后还会被重复调用，因此我们用一个函数来完成。接着，我们初始化左侧专题地图类型，加载"独立值地图"及"分级设色地图"所需要用到的图层字段信息，其中前者直接加载所有字段即可，而后者只能加载数值型字段。之后，我们根据专题地图类型，设置其参数值，同样地，针对"独立值地图"的字段列表选择序号可直接引用 XSymbology 里的 FieldIndex，而针对"分级设色地图"的字段列表选择就需要根据名称一一比对，其他参数比较简单，直接赋值即可。最后，调用了一个 UpdateThematicSetting 函数完成参数功能组及一些颜色按钮的可用性设置，与 SetThematic 函数相同，由于该项工作在窗口运行期间可能被反复调用，我们也把它写成一个独立的函数，便于重用。SetThematic 及 UpdateThematicSetting 函数代码如下。

BasicClasses.cs/FormSymbology

```
        private void SetThematic(XThematic thematic)
        {
            bPointPenColor.BackColor = thematic.PointPen.Color;
            nudPointPenWidth.Value = (decimal)thematic.PointPen.Width;
            bPointBrushColor.BackColor = thematic.PointBrush.Color;
            nudPointRadius.Value = thematic.PointRadius;
            bLinePenColor.BackColor = thematic.LinePen.Color;
            nudLinePenWidth.Value = (decimal)thematic.LinePen.Width;
            bPolygonPenColor.BackColor = thematic.PolygonPen.Color;
            nudPolygonPenWidth.Value = (decimal)thematic.PolygonPen.Width;
            bPolygonBrushColor.BackColor = thematic.PolygonBrush.Color;
        }

        private void UpdateThematicSetting()
        {
            //设定专题地图参数功能组的可用性
            gbUniqueValue.Enabled = rbUniqueValue.Checked;
            gbGradualColor.Enabled = rbGradualColor.Checked;
            //设定涉及专题颜色的按钮可用性
            bPointBrushColor.Enabled = bLinePenColor.Enabled = bPolygonBrushColor.Enabled =
                rbUnifiedValue.Checked || rbSelected.Checked;
            //针对已被选择对象显示方式的设置
```

```
        if (rbSelected.Checked) SetThematic(layer.Symbology.SelectedThematic);
        //针对未被选择空间对象显示方式的设置
        else SetThematic(layer.Symbology.ThematicGroup[0]);
    }
```

上述函数中，几个颜色按钮的可用性取决于当前专题地图类型，如果为"唯一值地图"，则这几个按钮会发挥作用，否则，将由生成专题地图函数自动确定颜色值，相关讨论可参见 XThematic 的 UpdateColor 函数。

下面我们逐一实现各个控件的事件处理函数，为达到代码简洁的目的，可考虑多个控件共用一个事件处理函数。首先，我们先来实现三个专题地图类型单选按钮（RadioButton）的鼠标单击事件处理函数，函数非常简单，只有一个语句，调用 UpdateThematicSetting 函数，代码如下。

BasicClasses.cs/FormSymbology

```
    private void ThematicTypeClicked(object sender, MouseEventArgs e)
    {
        UpdateThematicSetting();
    }
```

接着，我们为 7 个用于选择颜色的按钮设置同一个单击事件处理函数，同样非常简单，就是打开 ColorDialog 对话框，用选中的颜色更新颜色按钮的 BackColor 属性即可，代码如下。

BasicClasses.cs/FormSymbology

```
    private void ColorClicked(object sender, EventArgs e)
    {
        Button button = (Button)sender;
        ColorDialog dialog = new ColorDialog();
        dialog.Color = button.BackColor;
        if (dialog.ShowDialog() != DialogResult.OK) return;
        button.BackColor = dialog.Color;
    }
```

"关闭"按钮事件处理函数即调用 Close 函数，代码如下。

BasicClasses.cs/FormSymbology

```
    private void bClose_Click(object sender, EventArgs e)
    {
        Close();
    }
```

而"应用"按钮是本窗口的核心，它用于实现将用户的专题地图设置应用到传入图层上，并令地图窗口实时显示绘制效果，我们先给出代码如下。

BasicClasses.cs/FormSymbology

```
    public delegate void DelegateThematicUpdated();
    public event DelegateThematicUpdated ThematicUpdated;
    private void bApply_Click(object sender, EventArgs e)
    {
        //初始化基础显示方式
        XThematic thematic = new XThematic(
            new Pen(bLinePenColor.BackColor, (float)nudLinePenWidth.Value),
            new Pen(bPolygonPenColor.BackColor, (float)nudPolygonPenWidth.Value),
            new SolidBrush(bPolygonBrushColor.BackColor),
            new Pen(bPointPenColor.BackColor, (float)nudPointPenWidth.Value),
            new SolidBrush(bPointBrushColor.BackColor),
```

```csharp
            (int)nudPointRadius.Value);
        //分类型生成专题地图
        if (rbUnifiedValue.Checked)
        {
            layer.Symbology.MakeUnifiedValue(thematic);
        }
        else if (rbUniqueValue.Checked)
        {
            layer.Symbology.MakeUniqueValue(layer, cbUniqueFields.SelectedIndex,
                thematic, (int)nudColorSeed.Value);
        }
        else if (rbGradualColor.Checked)
        {
            int fieldIndex = -1;
            for(int i = 0;i < layer.Fields.Count;i++)
            {
                if (layer.Fields[i].name == cbGradualFields.SelectedItem.ToString())
                {
                    fieldIndex = i;
                    break;
                }
            }
            layer.Symbology.MakeGradualColor(layer, fieldIndex, thematic,
                (int)nudLevelCount.Value, bFromColor.BackColor, bToColor.BackColor);
        }
        else if (rbSelected.Checked)
        {
            layer.Symbology.SelectedThematic = thematic;
        }
        //广播专题地图已更新的消息
        ThematicUpdated();
    }
```

上述函数首先根据界面右侧的各项输入参数生成初始显示方式；然后，根据左侧专题地图类型的选择调用不同的生成函数，其中，针对已选空间对象的显示方式设置只需直接赋值即可；最后，利用代理函数和事件形式把专题地图已更新的消息传递出去，供父窗口更新地图，为此，我们声明了代理函数 DelegateThematicUpdated 及事件 ThematicUpdated。

至此，我们已完成该窗体的设计和编码工作，而对其调用的入口可放在 XPanel 的 LayerMenu 中，在"标注样式"菜单项下面，增加一个"显示样式"（mSymbology）菜单项，当然，该菜单项也仅适用于矢量地图，因此，在 WhenLayerClicked 函数中需要增加对其可用性的设定，代码如下。

XPanel.cs

```csharp
    private void WhenLayerClicked(object sender, EventArgs e)
    {
        ...
        mSaveLayer.Enabled = mShowAttribute.Enabled =
            mAttributeQuery.Enabled = mSelectable.Enabled =
            mLabel.Enabled = mFieldIndex.Enabled =
            mLabelFormat.Enabled =
            mSymbology.Enabled =
            CurrentLayer is XVectorLayer;
        ...
    }
```

"显示样式"的事件处理函数代码如下。

XPanel.cs

```
private void mSymbology_Click(object sender, EventArgs e)
{
    FormSymbology form = new FormSymbology((XVectorLayer)CurrentLayer);
    form.ThematicUpdated += AfterThematicUpdated;
    form.ShowDialog();
}

private void AfterThematicUpdated()
{
    UpdateMap();
}
```

为实现对 FormSymbology 中 ThematicUpdated 事件的响应,增加一个事件处理函数 AfterThematicUpdated,它就是简单地调用 UpdateMap 函数,实现重绘地图即可。

现在,我们可以运行程序,加载地图文档或地图图层,设置显示样式,如图 19-3 和图 19-4 所示,我们可以非常便捷地设置专题地图显示样式了。还可存储地图文档,当再次打开时,一切显示方式依旧。

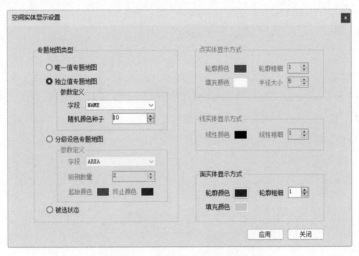

图 19-3 独立值地图设置样式

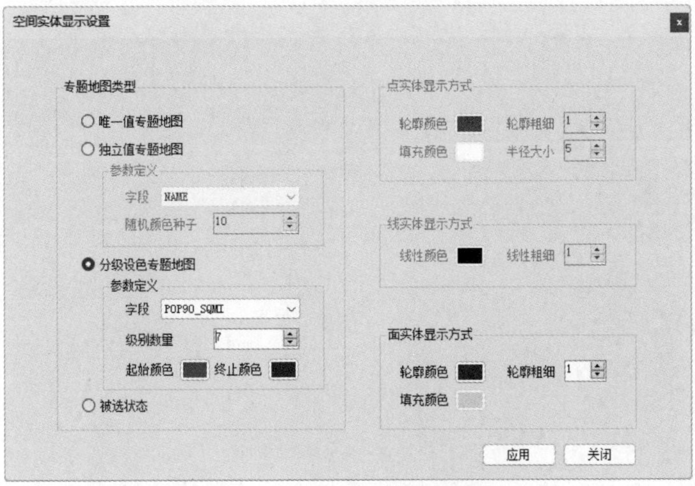

图 19-4 分级设色地图设置样式

19.5 总结

本章介绍了三种专题地图的制作方法,而实际上,专题地图的类型远远不止这三种,其他还有散点图、图标尺寸渐变图等,即便是分级设色地图也还有不同的分级方式;而且,空间实体的显示样式也多种多样,例如可以用一个图标来表示点实体,可以用不同的点划线来绘制线实体,可以用纹理或图片来填充面实体等,读者可以自行尝试、补充。

当然,万变不离其宗的就是三个步骤,定义好相应的显示参数、实现专题地图生成函数、利用代码内部调用或利用人机交互方式调用相应函数生成专题地图。

第20章

网络模型基础

在 GIS 的空间分析中,网络模型及网络分析是非常重要的组成部分,因为它实在太有用了,我们应用网络模型可以表达现实世界中的很多实体或现象,比如交通网络、社会网络、给排水网络等。这些网络的本质都是一样的,就是点与线的拓扑关系组合。本章将学习如何构造这种拓扑关系,建立网络模型,并在接下来的章节中介绍网络模型的应用。

20.1 基本的网络要素

网络由弧段(arc)和结点(node)组成,如图 20-1 所示,每个弧段都有两个端点,也即起始结点和终止结点,而弧段与弧段之间如果相交,那么交点必定是在结点上。上述原则实际上就基本概括了网络的要素及其之间的拓扑关系。

弧段本身是一个线实体,而结点是一个点实体。针对一个网络,它通常是由大量弧段和结点构成的。此外,构建网络结构的目的是分析,例如计算最短路径,那么这时就需要有一个指标来定义"最短"的概念,它可以是旅行路径长度,也可以是费用或者时间等,我们把这个指标命名为"阻抗"(impedance),通常,每一条弧段都具有阻抗这一属性。

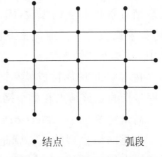

图 20-1 网络结构基本要素

综上所述,我们可以新增两个类,弧段类(XArc)及结点类(XNode)。由于网络模型本身内容较多,我们打算把这两个类及之后的相关类定义放置于一个单独的文件中,取名为 XNetwork.cs,其中 XNetwork 就是网络模型类,虽然分属不同文件,但它与 BasicClasses.cs 一样,命名空间都是 XGIS。XNetwork.cs 最初的内容如下。

XNetwork.cs

```
using System;
using System.Collections.Generic;
using System.Linq;
using System.Text;
using System.Threading.Tasks;

namespace XGIS
{
    public class XNode
    {
        //结点位置
```

```csharp
        public XVertex Location;
        public int Index;
        public XNode(XVertex _location, int _index)
        {
            Location = _location;
            Index = _index;
        }
    }
    public class XArc
    {
        //弧段对应的线实体
        public XLine Line;
        //两个对应结点在列表中的序号
        public XNode FromNode;
        public XNode ToNode;
        //阻抗
        public double Impedance;
        public XArc(XLine _line, XNode _fromNode, XNode _toNode, double _impedance)
        {
            Line = _line;
            FromNode = _fromNode;
            ToNode = _toNode;
            Impedance = _impedance;
        }
    }
}
```

在上述 XArc 的类定义中，Line 为构成该弧段的线实体，FromNode 和 ToNode 指的是与该弧段相关的两个结点。虽然通过这两个属性就已经可以建立结点和弧段之间的联系了，但是，在通常的网络分析中，邻接矩阵是一种更便捷的表达形式，该矩阵记载从一个结点到其他任意结点直接相连的弧段，因此，弧段是这个矩阵的基本要素，而矩阵的大小等同于结点的数量，如果弧段上的交通流是双向的，而且双向阻抗均相同，则这个矩阵就是一个对称矩阵。本书中，假设上述情况为真。

在 XNode 的属性成员和构造函数中，除了结点位置（Location）之外，还包括序号（Index），此处序号指的是该结点在整个网络模型的结点列表中的序号，该属性在构造邻接矩阵时会被用到。

尚未定义的类 XNetwork 是网络模型的主体，它包含结点列表和弧段列表，以及邻接矩阵。构建网络模型的核心就是填写结点列表和弧段列表，并建立邻接矩阵，而数据源可以是普通的线图层。最初，在线图层中是没有任何拓扑关系存在的，也就是说，无法获知一条线是否与另一条线通过同一个结点相连，在线图层中，每一条线都是孤立存在的，即使在地图窗口中它们可能看起来像一个网络，但实际上，它们彼此之间的连接关系，或者说拓扑关系是没有被建立的，接下来的任务就是建立这种关系。在此之前，我们先来列出 XNetwork 的基本属性定义，代码如下。

XNetwork.cs

```csharp
    public class XNetwork
    {
        //结点列表
        public List<XNode> Nodes = new List<XNode>();
        //弧段列表
        public List<XArc> Arcs = new List<XArc>();
        //邻接矩阵
        public XArc[,] Matrix;
    }
```

20.2 建立拓扑关系

填写结点列表是一个烦琐的事情,因为每个线实体都有两个结点,但并不是每个结点都会被增加到 XNetwork 的结点列表(Nodes)中,因为多个结点在空间上可能指代的是同一个位置,因此,只能有一个结点存在,而这也是建立线与线之间关系的基础。所以首先要搞清楚到底有多少个独立存在的结点位置。然而,这时,一个新的问题又出现了,由于误差的存在,两个结点虽然坐标不完全相同,但距离非常接近,并且小于一个给定的阈值,那么也应该被认为是一个结点,但这个阈值如何确定呢?有时可以请用户输入,但有时用户也不清楚该是多少,要想办法确定。

填写弧段列表时,需要获知这个弧段的两个关联结点,还要知道它的阻抗,它可以是用户指定的一个特殊属性字段,或者是用弧段的长度代替,此外,线图层中每个空间对象都对应于一个弧段,因此,弧段列表的长度等于线图层的空间对象个数。

我们打算把上述过程放在 XNetwork 的静态函数 Create 中,该函数的返回值就是一个 XNetwork 的实例,函数代码如下。

XNetwork.cs/XNetwork

```csharp
public static XNetwork Create(XVectorLayer LineLayer, int FieldIndex = -1, double Tolerance = -1)
{
    XNetwork network = new XNetwork();
    //如果该图层不是线图层,则返回
    if (LineLayer.ShapeType != SHAPETYPE.Line) return null;

    //如果用户没有提供,计算 Tolerance
    if (Tolerance < 0)
    {
        Tolerance = double.MaxValue;
        for (int i = 0; i < LineLayer.FeatureCount(); i++)
        {
            XLine line = (XLine)(LineLayer.GetFeature(i).spatial);
            Tolerance = Math.Min(Tolerance, line.length);
        }
        //找出最小的线实体长度,令其缩小 100 倍,作为 Tolerance
        Tolerance /= 100;
    }
    //填充结点列表和弧段列表
    for (int i = 0; i < LineLayer.FeatureCount(); i++)
    {
        XFeature feature = LineLayer.GetFeature(i);
        XLine line = (XLine)(feature.spatial);
        //获得对应的结点
        XNode fromNode = network.FindOrInsertNode(line.vertexes[0], Tolerance);
        XNode toNode = network.FindOrInsertNode(line.vertexes.Last(), Tolerance);
        //获得阻抗,可以是已有的一个属性或者是弧段长度
        double impedence = (FieldIndex > 0) ?
            double.Parse(feature.getAttribute(FieldIndex).ToString()) : line.length;
        //增加到弧段列表
        network.Arcs.Add(new XArc(line, fromNode, toNode, impedence));
    }
    //建立邻接矩阵
    network.BuildMatrix();
    return network;
}
```

该函数首先验证输入的图层是否为线图层,如果不是就直接返回 null;然后,计算前面提到的阈值 Tolerance,如果用户没有提供 Tolerance,即 Tolerance=−1,则寻找最短弧段,并取其 1/100 的长度作为 Tolerance;接着,开始填写结点列表和弧段列表;针对每个线图层的对象,都调用两次 FindOrInsertNode 函数完成结点填写,之后填写一个弧段记录;针对阻抗,需要看用户是否有指定特殊属性字段,如果没有,即 FieldIndex=−1,则用弧段长度代替;最后,调用未定义的 BuildMatrix 函数构建邻接矩阵,并返回生成的网络模型。

FindOrInsertNode 函数的作用是在已有的弧段记录中查找,看同一位置是否已经有一条记录了,如果有,就直接返回该记录,否则,新插入一条记录,同时返回该新记录,该函数代码如下。

XNetwork.cs/XNetwork

```
private XNode FindOrInsertNode(XVertex vertex, double Tolerance)
{
    //在 Nodes 中查看该位置是否已经存在一个结点,如果是就直接返回这个结点
    for (int i = 0; i < Nodes.Count; i++)
    {
        if (Nodes[i].Location.Distance(vertex) < Tolerance) return Nodes[i];
    }
    //该位置尚无结点,则新增一个结点
    Nodes.Add(new XNode(vertex, Nodes.Count));
    return Nodes.Last();
}
```

当在构造函数中完成结点列表和弧段列表的填写工作时,就需要完成邻接矩阵的构建,调用 BuildMatrix 函数,包括矩阵初始化,然后,在有邻接关系的位置填上相应弧段记录,函数代码如下。

XNetwork.cs/XNetwork

```
private void BuildMatrix()
{
    //初始化邻接矩阵
    Matrix = new XArc[Nodes.Count, Nodes.Count];
    for (int i = 0; i < Nodes.Count; i++)
        for (int j = 0; j < Nodes.Count; j++)
            Matrix[i, j] = null;
    //填充邻接矩阵,假定每个弧段都为双向通行,且阻抗相同
    for (int i = 0; i < Arcs.Count; i++)
    {
        Matrix[Arcs[i].FromNode.Index, Arcs[i].ToNode.Index] = Arcs[i];
        Matrix[Arcs[i].ToNode.Index, Arcs[i].FromNode.Index] = Arcs[i];
    }
}
```

至此,拓扑关系构建完成。

20.3 网络模型读写

XNetwork 虽然代码不多,但计算量还是不小的,每新增一个结点,都要与已有的所有结点进行比较,当结点数量很多的时候,计算时间会比较长。考虑到这种情况,如果能够把计算结果保存下来,那么下次使用时就可以直接打开,将节约很多时间。

我们知道,XNetwork 中核心的数据是两个列表(弧段列表(Arcs)及结点列表(Nodes)),保存它们似乎并不难,但仍旧需要定义一种新的文件结构,并完成相应的读写函数才行。同

时，我们也已经有了一种自定义的图层文件类 XMyFile，它已经包含了比较完整的读写函数，那么，是否可以把 Arcs 及 Nodes 转成图层，然后以图层的方式存储起来呢？这似乎是一个不错的想法。

基于 XNode 的类定义，可以生成一个包含有一个 Index 属性成员的点图层，记录 Nodes 的每个 XNode 的实例，生成此图层的代码如下。

XNetwork.cs/XNetwork

```
public XVectorLayer CreateNodeLayer()
{
    XVectorLayer NodeLayer = new XVectorLayer("nodes", SHAPETYPE.Point);
    NodeLayer.Fields.Add(new XField(typeof(int), "Index"));
    foreach(XNode node in Nodes)
    {
        XAttribute attribute = new XAttribute();
        attribute.AddValue(node.Index);
        NodeLayer.AddFeature(new XFeature(new XPoint(node.Location), attribute));
    }
    return NodeLayer;
}
```

XArc 稍微复杂一点，它包括空间实体 Line 及三个属性成员，其中 FromNode 和 ToNode 是指向 Nodes 中的 XNode 实例。它们不是基本数据类型，不能转化成 XVectorLayer 的字段，但是可以用 Nodes 中元素的序号来代替类实例，代码如下。

XNetwork.cs/XNetwork

```
public XVectorLayer CreateArcLayer()
{
    XVectorLayer ArcLayer = new XVectorLayer("arcs", SHAPETYPE.Line);
    ArcLayer.Fields.Add(new XField(typeof(int), "FromNodeIndex"));
    ArcLayer.Fields.Add(new XField(typeof(int), "ToNodeIndex"));
    ArcLayer.Fields.Add(new XField(typeof(double), "Impedance"));
    foreach(XArc arc in Arcs)
    {
        XAttribute attribute = new XAttribute();
        attribute.AddValue(arc.FromNode.Index);
        attribute.AddValue(arc.ToNode.Index);
        attribute.AddValue(arc.Impedance);
        ArcLayer.AddFeature(new XFeature(arc.Line, attribute));
    }
    return ArcLayer;
}
```

根据上述两个函数，可以很容易写出从读到的图层中恢复 Arcs 及 Nodes 的函数。

XNetwork.cs/XNetwork

```
private void ReadNodeLayer(XVectorLayer NodeLayer)
{
    Nodes.Clear();
    for (int i = 0; i < NodeLayer.FeatureCount(); i++)
    {
        Nodes.Add(new XNode(NodeLayer.GetFeature(i).spatial.centroid, i));
    }
}

private void ReadArcLayer(XVectorLayer ArcLayer)
{
```

```
    Arcs.Clear();
    for (int i = 0; i < ArcLayer.FeatureCount(); i++)
    {
        XFeature feature = ArcLayer.GetFeature(i);
        int fromNodeIndex = (int)feature.getAttribute(0);
        int toNodeIndex = (int)feature.getAttribute(1);
        double impedance = (double)feature.getAttribute(2);
        Arcs.Add(new XArc((XLine)feature.spatial, Nodes[fromNodeIndex], Nodes[toNodeIndex],
impedance));
    }
}
```

上述两个函数应该在 XNetwork 内读入保存的网络模型时被分别调用，而且存在一个先后的顺序，需要先调用 ReadNodeLayer 函数完成 Nodes 的生成，然后再调用 ReadArcLayer 函数构建 Arcs，因为后者需要引用已生成的 Nodes。基于上述考虑，这两个函数的前缀是 private，限制在 XNetwork 内调用。

现在我们已经可以借助矢量图层完成网络模型的读写，然而，如果把一个网络模型存储成两个单独的文件，那显然是很脆弱而且麻烦的，如果能把两个图层文件合并成一个文件应该是一种更稳妥的方法，基于此想法完成网络模型的读写函数，为便于识别，我们定义网络模型文件扩展名为".net"，Write 函数的代码如下。

XNetwork.cs/XNetwork

```
public void Write(string filename)
{
    FileStream fsr = new FileStream(filename, FileMode.Create);
    BinaryWriter bw = new BinaryWriter(fsr);
    XVectorLayer NodeLayer = CreateNodeLayer();
    XVectorLayer ArcLayer = CreateArcLayer();
    XMyFile.WriteFile(NodeLayer, bw);
    XMyFile.WriteFile(ArcLayer, bw);
    bw.Close();
    fsr.Close();
}
```

显然，其核心部分就是调用了两次 XMyFile 的 WriteFile 函数，原有 WriteFile 函数的第二个输入参数是一个文件名，而此处是一个二进制写入工具 bw，为此，我们需要为 XMyFile 增加一个新的同名函数，而该函数的内容实际是原有 WriteFile 函数的一部分，因此可以被原有函数所共享，新建和修改的两个函数代码如下。

BasicClasses.cs/XMyFile

```
public static void WriteFile(XVectorLayer layer, string filename)
{
    FileStream fsr = new FileStream(filename, FileMode.Create);
    BinaryWriter bw = new BinaryWriter(fsr);
    WriteFile(layer, bw);
    bw.Close();
    fsr.Close();
}

public static void WriteFile(XVectorLayer layer, BinaryWriter bw)
{
    WriteFileHeader(layer, bw);
    XTools.WriteString(layer.Name, bw);
    WriteFields(layer.Fields, bw);
    WriteFeatures(layer, bw);
}
```

网络模型的读函数可以写成一个静态函数,其输入值是一个文件,返回值为一个 XNetwork 的实例,代码如下。

BasicClasses.cs/XMyFile

```
public static XNetwork Read(string filename)
{
    FileStream fsr = new FileStream(filename, FileMode.Open);
    BinaryReader br = new BinaryReader(fsr);
    XVectorLayer NodeLayer = XMyFile.ReadFile(br);
    XVectorLayer ArcLayer = XMyFile.ReadFile(br);
    XNetwork network = new XNetwork();
    network.ReadNodeLayer(NodeLayer);
    network.ReadArcLayer(ArcLayer);
    br.Close();
    fsr.Close();
    network.BuildMatrix();
    return network;
}
```

如同 Write 函数,Read 函数的核心也是调用了两次 XMyFile 的 ReadFile 函数,原有 ReadFile 函数的输入参数是一个文件名,而此处是一个二进制读取工具 br,为此,我们为 XMyFile 增加一个新的同名函数,而该函数的内容是原有 ReadFile 函数的一部分,因此可以被原有函数共享,新建和修改的两个函数代码如下。

BasicClasses.cs/XMyFile

```
public static XVectorLayer ReadFile(string filename)
{
    FileStream fsr = new FileStream(filename, FileMode.Open);
    BinaryReader br = new BinaryReader(fsr);
    XVectorLayer layer = ReadFile(br);
    br.Close();
    fsr.Close();
    return layer;
}

public static XVectorLayer ReadFile(BinaryReader br)
{
    MyFileHeader mfh = (MyFileHeader)(XTools.FromBytes2Struct(br, typeof(MyFileHeader)));
    SHAPETYPE ShapeType = (SHAPETYPE)Enum.Parse(typeof(SHAPETYPE), mfh.ShapeType.ToString());
    string layername = XTools.ReadString(br);
    XVectorLayer layer = new XVectorLayer(layername, ShapeType);
    layer.Fields = ReadFields(br, mfh.FieldCount);
    layer.Extent = new XExtent(mfh.MinX, mfh.MaxX, mfh.MinY, mfh.MaxY);
    ReadFeatures(layer, br, mfh.FeatureCount);
    return layer;
}
```

至此,网络模型的读写功能已经实现了。今后,我们在执行网络分析时就有了两个选择,或是根据一个线图层重新生成一个网络模型,或是直接打开一个已经保存的网络模型文件。

20.4 最短路径分析

完成了 XNetwork 的基本定义后,我们来尝试实现基于网络模型的空间分析,其中计算网络中两点间的最短路径实际上是大部分网络分析的基础,本节将介绍最常用的最短路径

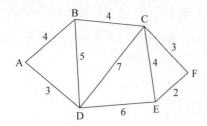

图 20-2 一个网络结构

计算方法 Dijkstra 算法及其实现过程。我们希望用图示的方式来介绍这个算法,并假设网络结构如图 20-2 所示。

根据图 20-2,我们知道这个网络有 6 个结点、9 个弧段,在弧段上标注的是该弧段上的阻抗,用单个字母表示一个结点,用两个字母表示连接两个结点的弧段阻抗,则首先可以构造一个邻接矩阵,如下。

	A	B	C	D	E	F
A	null	AB	null	AD	null	null
B	BA	null	BC	BD	null	null
C	null	CB	null	CD	CE	CF
D	DA	DB	DC	null	DE	null
E	null	null	EC	ED	null	EF
F	null	null	FC	null	FE	null

令 StartNode 及 EndNode 表示希望计算最短路径的两个结点,令集合 Q 包含所有尚未确定与 StartNode 有最短路径连通的结点,令集合 dist 记录每个结点到 StartNode 的最短路径距离,令集合 prev 记录每个结点在沿 StartNode 到该结点的最短路径上的前一个结点。假设要计算从 B 到 F 的最短路径,则算法步骤如下。

第一步,初始化所有变量,其中,因从 B 到 B 的距离显然是 0,所以在 dist 中其值为 0,而其他值均为无穷大(∞),即

StartNode=B,EndNode=F

Q={A,B,C,D,E,F}

dist={∞,0,∞,∞,∞,∞}

prev={null,null,null,null,null,null}

第二步,从 Q 中找出在 dist 中最小的距离及对应的结点(假设为 X),dist[X]也就是从 StartNode 到 X 的最短距离,最短距离已经确定的值用加粗来表示;把 X 从 Q 中移除,表示它到 B 的最短距离已经找到;计算以 X 为中介,从 B 到其他在 Q 中结点的距离。例如,针对结点 Y,如果 dist[X]+XY<dist[Y],令 dist[Y]=dist[X]+XY,同时,令 prev[Y]=X,即以 X 为 Y 的前序结点,XY 即来自于上述的邻接矩阵。在此步骤中,显然 X=B,即

Q={A,~~B~~,C,D,E,F}

dist={4,**0**,4,5,∞,∞}

prev={B,null,B,B,null,null}

第三步,重复第二步,此时 X=A 或 C,可任选其一,比如 A,由于从 A 到其他结点的距离加上 B 到 A 的最短距离都不小于原有的 dist 中的距离,所以,dist 没发生变化,相应的 prev 也未发生变化。

Q={~~A~~,~~B~~,C,D,E,F}

dist={**4**,**0**,4,5,∞,∞}

prev={B,null,B,B,null,null}

第四步,继续重复第二步,此时 X=C(在剩余的 C,D,E 及 F 中选),则

Q={~~A~~,~~B~~,~~C~~,D,E,F}

dist={**4,0,4**,5,8,7}

prev={B,null,B,B,C,C}

第五步，继续重复第二步，此时 X=D（在剩余的 D,E 及 F 中选），则

Q={~~A~~,~~B~~,~~C~~,~~D~~,E,F}

dist={**4,0,4,5**,8,7}

prev={B,null,B,B,C,C}

第六步，继续重复第二步，此时 X=F（在剩余的 E 及 F 中选），由于 F 恰好就是 EndNode，则搜索结束，从 dist 中可知，B 到 F 的最短距离为 7，然后根据 prev 可推导出路径，prev[F]=C，表示 F 的前序结点为 C，同理 prev[C]=B，表示 C 的前序结点为 B，而 prev[B]=null，表示无前序结点，到达起点，这样，B 到 F 的路径顺序就出来了：BC→CF。

如果不限定终止结点，该算法实际上可以计算一个结点到其他所有结点的最短距离，当然，有时两个结点间并无路径存在，则距离保持为无穷大。

按照上述原理，编码如下。

XNetwork.cs/XNetwork

```csharp
public List<XLine> FindRoute(XNode StartNode, XNode EndNode)
{
    //初始化路径记录
    List<XLine> route = new List<XLine>();
    //起点终点相同,所以直接返回空路径
    if (StartNode.Index == EndNode.Index) return route;
    //定义并初始化相关变量
    double[] dist = new double[Nodes.Count];
    int[] prev = new int[Nodes.Count];
    List<int> Q = new List<int>();
    for (int i = 0; i < Nodes.Count; i++)
    {
        dist[i] = double.MaxValue;
        prev[i] = -1;
        Q.Add(i);
    }
    dist[StartNode.Index] = 0;

    bool FindPath = false;
    while (Q.Count > 0)
    {
        //寻找 Q 中 dist 值最小的结点
        int minindex = 0;
        for (int i = 1; i < Q.Count; i++)
            if (dist[Q[i]] < dist[Q[minindex]]) minindex = i;
        //如果结点是终点,则退出循环
        if (Q[minindex] == EndNode.Index)
        {
            FindPath = true;
            break;
        }
        //更新 dist 及 prev
        for (int i = 0; i < Q.Count; i++)
        {
            if (minindex == i) continue;
            if (Matrix[Q[minindex], Q[i]] == null) continue;

            double newdist = dist[Q[minindex]] + Matrix[Q[minindex], Q[i]].Impedence;
            if (newdist < dist[Q[i]])
            {
                dist[Q[i]] = newdist;
```

```
                prev[Q[i]] = Q[minindex];
            }
        }
        //移除已经确定最短距离的结点
        Q.RemoveAt(minindex);
    }
    //如果有路径存在,通过倒序的方法找到沿路的弧段
    if (FindPath)
    {
        int i = EndNode.Index;
        while (prev[i] > -1)
        {
            route.Insert(0, Matrix[prev[i], i].Line);
            i = prev[i];
        }
    }
    return route;
}
```

上述函数中两次用到邻接矩阵 Matrix,一次是获取两结点间阻抗,一次是获取连接两结点的线图层空间对象,因为上述两个值都是属于 XArc 的属性成员,因此邻接矩阵的元素是 XArc,否则,可能需要至少两个矩阵来记录上述数值。

上述函数的输入是两个结点,而结点是我们在构造网络模型时重新生成的一个对象,对于外部函数来说,并不知道这个结点代表地图中哪个位置,因此,实际需要另外一个函数以起止点位置为输入参数,然后,根据位置找到临近的结点,计算最短路径,其实现过程包含两个函数,代码如下。

XNetwork.cs/XNetwork

```
//根据位置找到最近的结点序号
private XNode FindNearestNode(XVertex vertex)
{
    double mindist = double.MaxValue;
    int minindex = -1;
    for (int i = 0; i < Nodes.Count; i++)
    {
        double dist = Nodes[i].Location.Distance(vertex);
        if (dist < mindist)
        {
            minindex = i;
            mindist = dist;
        }
    }
    return Nodes[minindex];
}

//根据起止点位置计算最短路径
public List<XLine> FindRoute(XVertex vfrom, XVertex vto)
{
    XNode StartNode = FindNearestNode(vfrom);
    XNode EndNode = FindNearestNode(vto);
    return FindRoute(StartNode, EndNode);
}
```

不论是哪个 FindRoute 函数,其返回值 Route 都包含了构成路径的所有属于基础线图层的空间对象,但如何将这个结果可视化出来呢? 这是 20.5 节需要尝试的工作。

20.5　展示分析结果

我们希望完成一项功能,能够应用前面的网络模型,计算两点间最短路径,并把这个路径

展示出来。本章先采用一种简单的方法快速实现,而在第 21 章将会介绍更有效的操作方法。

我们在 FormXGIS 中添加一个按钮"网络模型测试"(bTestNetwork),这个按钮的功能就是构建网络,计算最短路径,其单击事件处理函数如下。

FormXGIS.cs

```csharp
private void bTestNetwork_Click(object sender, EventArgs e)
{
    //假定第一个图层就是一个线图层
    XVectorLayer layer = (XVectorLayer)MapPanel.document.Layers[0];
    //构建网络结构
    XNetwork network = XNetwork.Create(layer);
    //测试读写功能
    network.Write("d:\\test.net");
    network = XNetwork.Read("d:\\test.net");
    //获得指定两点间的最短路径
    List<XLine> lines = network.FindRoute(new XVertex(-115, 33), new XVertex(-88, 14));
    //构造新的线图层
    XVectorLayer routeLayer = new XVectorLayer("route", SHAPETYPE.Line);
    foreach (XLine line in lines)
    {
        routeLayer.AddFeature(new XFeature(line, new XAttribute()));
    }
    MapPanel.document.AddLayer(routeLayer);
    //设置地图显示样式并重绘地图
    layer.Symbology.ThematicGroup[0].LinePen.Color = Color.Green;
    routeLayer.Symbology.ThematicGroup[0].LinePen.Color = Color.Red;
    MapPanel.UpdateMap();
}
```

通过阅读注释,相信上述代码还是很容易理解的,它测试了构建网络模型的两种方法,也完成了最短路径计算,利用获得的最短路径结果,生成了一个新的线图层,并添加到地图文档中,在修改了线实体的显示样式后,实现了路径结果的可视化。这个函数里面使用的起止点坐标位置是专门针对一直采用的实例路网图层来设计的,读者可根据自己的图层数据修改这些常数。

现在,运行程序。首先,必须单击鼠标右键,添加一个线图层;然后,再次单击鼠标右键,调用全图显示功能;最后,单击按钮"网络模型测试",看看是否会获得类似图 20-3 所示的结果,其中红线表示最短路径,看来网络模型构建是成功的,最短路径也似乎是正确的。

图 20-3　最短路径结果展示

用户也可以修改事件处理函数中的坐标位置，试试看是否仍然能够找到最短路径。特别需要说明的是，本节的内容仅是为了测试，以及演示网络模型的简单使用方法，当认为一切网络模型代码都准确无误后，读者可删除此按钮及相应函数。

20.6　总结

本章我们介绍了网络模型的基本要素、如何构建要素间的拓扑关系及基于网络模型实现的最短路径分析，而更复杂的网络分析功能可以基于上述模型和分析方法实现。比如说，我们也可以为结点添加阻抗，或者为经过结点的某个弧段组合添加阻抗，相当于在现实世界中经过道路交叉口转弯所耗费的时间等。

我们采用邻接矩阵的方法存储网络拓扑关系，从数据结构角度考虑，这样做简单易懂，但从实用性出发，这并不是最佳的解决方案。因为针对有大量结点的网络，邻接矩阵占用的内存空间是非常庞大的，而且其中很多值都为 null，也就是说，是一个稀疏矩阵，所以，我们应该采用更节俭的方式实现同样的功能，读者可以思考一下。

第 21 章

网络模型应用

我们在第 20 章已经实现了网络模型的基本功能,并用了一种非常简单的方式测试了功能的可用性,但那并非正常的网络应用形式。现在,基于 XPanel,我们可以考虑开发一个专用于网络分析的应用模块,目的不仅是介绍如何应用网络模型,同时也是向读者演示如何集成我们之前实现的各项基础功能,包括 XPanel、实现二次开发。

在进入本章正文之前,读者可以删除 FormXGIS 中按钮"网络模型测试"及其对应的单击事件处理函数,因为其使命已经完成,没有存在的必要了。

21.1 FormNetwork 的功能分析

我们为项目 XGIS 添加一个新的窗口 FormNetwork,专门用于实现网络分析功能,其界面如图 21-1 所示,包括一个 XPanel 控件(MapPanel)以及几个菜单项:基于图层构建网络模型(mBuildByLayer)、读取网络模型文件(mBuildByFile)、保存网络模型文件(mWriteFile)和最短路径分析(mShortestPath)。MapPanel 的 Dock 属性可设置成 Fill,以填充窗体。mBuildByLayer 及 mBuildByFile 实现两种构建网络模型的方式,mWriteFile 实现将生成的网络模型保存至硬盘文件的功能,mShortestPath 实现最短路径计算。

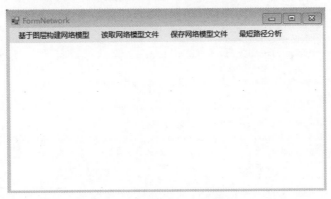

图 21-1　FormNetwork 界面设计

在第 20 章中,我们已经实现了最短路径结果的可视化,同时,作为参考,我们也希望能够将底层网络模型的弧段和结点也显示出来。有些读者可能会认为在图 20-3 中,弧段已经显示出来了,其实那并非弧段图层,而是用来构建网络模型的线图层,如果我们是基于文件构建的网络模型,那么线图层是不存在的。也就是说,为了兼顾两种情况,我们需要自行生成结点图层(LayerNode)和弧段图层(LayerArc),并添加到 MapPanel 中显示出来。

还需要考虑的一个问题是,用户可能多次构建网络模型,那么就可能存在多组结点图层和弧段图层,这是不恰当的,一般情况下,我们觉得在一个时间里,应仅有一组结点图层和弧段图层,在添加图层时,应该删除原有图层。

计算网络最短路径时,需要已知起止点,在第 20 章中,我们直接给出了两个固定的坐标位置,在 FormNetwork 中,需要采用人机交互的方式的逐一添加两个或更多的位置点,当单击 mShortestPath 的时候,绘制出逐个连接停止点的最短路径。因此,我们还需两个图层,即位置点图层(LayerStop)及路径图层(LayerRoute)。位置点图层应该包含一个序号属性,并能自动标注,以显示位置点顺序,同时支持删除和添加位置点。每运行一次路径分析,应清空路径图层中的原有记录,并添加新的路径分析结果。

基于上述分析,我们来逐一完成 FormNetwork 的代码部分。本节首先实现全局变量及构造函数部分,代码如下。

FormNetwork.cs

```
public partial class FormNetwork : Form
{
    XVectorLayer LayerArc, LayerNode, LayerStop, LayerRoute;
    XNetwork network = null;

    public FormNetwork()
    {
        InitializeComponent();
        network = null;

        LayerArc = new XVectorLayer("arcs", SHAPETYPE.Line);
        LayerArc.Extent = new XExtent(0, 1, 0, 1);
        LayerNode = new XVectorLayer("nodes", SHAPETYPE.Point);
        LayerNode.Extent = new XExtent(0, 1, 0, 1);

        LayerStop = new XVectorLayer("stops", SHAPETYPE.Point);
        LayerStop.Extent = new XExtent(0, 1, 0, 1);
        LayerStop.Fields.Add(new XField(typeof(int), "Index"));
        LayerStop.Symbology.MakeUnifiedValue(new XThematic(new Pen(Color.Black, 1),
            new Pen(Color.Black, 1), new SolidBrush(Color.Black),
            new Pen(Color.Green, 1), new SolidBrush(Color.Purple), 6));
        LayerStop.Symbology.SelectedThematic.PointBrush.Color = Color.Red;
        LayerStop.Label.LabelOrNot = true;
        LayerStop.Label.LabelColor = Color.Blue;
        LayerStop.Label.LabelIndex = 0;
        LayerStop.Label.LabelPosition = XLabel.PositionType.LeftUp;

        LayerRoute = new XVectorLayer("route", SHAPETYPE.Line);
        LayerRoute.Extent = new XExtent(0, 1, 0, 1);
        LayerRoute.Symbology.MakeUnifiedValue(new XThematic(new Pen(Color.Red,2),
            new Pen(Color.Black, 1), new SolidBrush(Color.Black),
            new Pen(Color.Red, 1), new SolidBrush(Color.Yellow), 3));

        MapPanel.AddLayer(LayerArc);
        MapPanel.AddLayer(LayerNode);
        MapPanel.AddLayer(LayerRoute);
        MapPanel.AddLayer(LayerStop);
    }
}
```

按照预先的设计,FormNetwork 有 4 个图层全局变量或者属性成员和一个网络模型变量。在构造函数中,我们对其逐一赋值,其中 LayerArc 及 LayerNode 在今后会由网络模型构建成功的 network 再次生成，这里主要起到一个在图层数组中占位的作用，因此没必要在此处赋予更多设置。LayerStop 及 LayerRoute 会一直存在于窗体运行过程中，因此其字段信息、标注信息及显示方式均在此处进行了详细的定义，当然，在运行时，这些设置信息在 MapPanel 的右键菜单中也可修改。最后，这些图层被逐一添加到 MapPanel 中，添加的顺序要注意，显然，LayerStop 和 LayerRoute 应该显示在上层，以避免被 LayerArc 或 LayerNode 遮挡，而先添加的图层会被后添加的遮挡，因此设定了添加顺序为 LayerArc、LayerNode、LayerRoute 及 LayerStop。当然，如果用户运行时希望调整这个顺序，也可以在 MapPanel 右键菜单中操作。

由于上述所有图层最初都是空的，为防止绘图错误，我们都给予了一个初始的图层范围。此外，在定义 LayerStop 及 LayerRoute 的样式时，我们调用了 XSymbology 的 MakeUnifiedValue 函数，其参数是一个包含各种参数的显示样式，但真正发挥作用的仅是其中与图层空间类型对应的部分，此处，我们定义 LayerStop 的位置点是半径为 6 个像素的绿边紫点，而 LayerRoute 是宽度为两个像素的红线；同时，考虑到位置点在之后需要被选中编辑，我们也将 LayerStop 在选择状态下点的填充颜色设为红色。

XPanel 中带有图层参数的添加图层函数 AddLayer 其实尚未实现，已存在的是一个人机交互式的打开图层对话框然后添加到 XDocument 图层列表的同名函数，现在我们来实现这个新的 AddLayer 函数，代码如下。

XPanel.cs

```
public void AddLayer(XLayer layer)
{
    document.AddLayer(layer);
}
```

读者可能认为这个函数有些浪费，直接调用 XPanel 的属性成员 document 的函数即可。我们这样做的考虑是，不希望将一个控件内部的属性过多地暴露，否则在书写代码时调用层次过多。此外，在原有的 AddLayer 函数中，也可将调用 document 的 AddLayer 函数替换成此函数，代码如下。

XPanel.cs

```
public void AddLayer()
{
    ……
    else
    {
        AddLayer(layer);
        UpdateMap();
    }
}
```

21.2 构建网络模型

本节实现菜单项中的前两项，基于图层或文件构建网络模型。首先，我们给出基于图层构建网络模型的菜单项单击事件处理函数，代码如下。

FormNetwork.cs

```
private void mBuildByLayer_Click(object sender, EventArgs e)
{
    OpenFileDialog dialog = new OpenFileDialog();
```

```
        dialog.Filter = "线图层文件|*.shp;*.gis";
        if (dialog.ShowDialog() != DialogResult.OK) return;
        XLayer layer = XTools.OpenLayer(dialog.FileName);
        if (layer == null)
        {
            MessageBox.Show("图层读取错误!");
            return;
        }
        if (!(layer is XVectorLayer))
        {
            MessageBox.Show("非矢量图层!");
            return;
        }
        XVectorLayer vlayer = (XVectorLayer)layer;
        if (vlayer.ShapeType!= SHAPETYPE.Line)
        {
            MessageBox.Show("非线图层!");
            return;
        }
        UpdateNetwork(XNetwork.Create(vlayer));
    }
```

函数在通过人机交互式成功打开一个线图层后,调用 UpdateNetwork 函数为 network 赋予一个新的网络模型;然后,基于此新模型,生成新的结点弧段图层,调用 XPanel 尚未实现的 ReplaceLayer 函数完成新旧图层的替换,同时更新位置点图层和路径图层的范围,并清空它们存储的空间对象;最后调用 XPanel 的 UpdateExtent 函数更新地图范围并重绘地图。由于更新网络模型部分会被两种构建网络模型的方式共享,因此我们把这部分独立出来,形成了 UpdateNetwork 函数,其代码如下。

FormNetwork.cs

```
    private void UpdateNetwork(XNetwork newNetwork)
    {
        network = newNetwork;
        XVectorLayer newNodeLayer = network.CreateNodeLayer();
        XVectorLayer newArcLayer = network.CreateArcLayer();
        newNodeLayer.Name = LayerNode.Name;
        newArcLayer.Name = LayerArc.Name;
        MapPanel.ReplaceLayer(newNodeLayer);
        MapPanel.ReplaceLayer(newArcLayer);
        LayerNode = newNodeLayer;
        LayerArc = newArcLayer;
        LayerStop.Extent = new XExtent(newArcLayer.Extent);
        LayerRoute.Extent = new XExtent(newArcLayer.Extent);
        LayerStop.DeleteAllFeatures();
        LayerRoute.DeleteAllFeatures();
        MapPanel.UpdateExtent(newArcLayer.Extent);
    }
```

在替换图层时,要求新旧图层具有同样的 Name 属性,以便确定要替换的对象图层。XPanel 的 ReplaceLayer 函数可直接调用其成员 document 的同名函数,且有时可能找不到被替换的对象,因此其返回值可以为布尔型,代码如下。

XPanel.cs

```
    public bool ReplaceLayer(XVectorLayer newLayer)
    {
        return document.ReplaceLayer(newLayer);
    }
```

BasicClasses.cs/XDocument

```
public bool ReplaceLayer(XVectorLayer newLayer)
{
    for(int i = 0;i < Layers.Count;i++)
    {
        if (Layers[i].Name == newLayer.Name)
        {
            Layers[i] = newLayer;
            return true;
        }
    }
    return false;
}
```

删除图层所有控件对象 DeletaAllFeatures 函数尚未实现，我们在 XVectorLayer 中完成添加，该函数用于清空 Features 及 SelectedFeatures 数组，代码如下。

BasicClasses.cs/XVectorLayer

```
public void DeleteAllFeatures()
{
    Features.Clear();
    SelectedFeatures.Clear();
}
```

XPanel 的 UpdateExtent 函数可以根据输入的地图范围更新当前地图范围，代码如下。

XPanel.cs

```
public void UpdateExtent(XExtent extent)
{
    view.Update(extent, ClientRectangle);
    UpdateMap();
}
```

完成基于图层构建网络模型后，基于文件构建网络模型就变得非常简单，其单击事件处理函数代码如下。

FormNetwork.cs

```
private void mBuildByFile_Click(object sender, EventArgs e)
{
    OpenFileDialog dialog = new OpenFileDialog();
    dialog.Filter = "网络模型文件|*.net";
    if (dialog.ShowDialog() != DialogResult.OK) return;
    UpdateNetwork(XNetwork.Read(dialog.FileName));
}
```

这里要注意的就是，我们设定了网络模型文件的扩展名".net"，因此，在写文件时，也应采用此扩展名。"保存网络模型文件"的单击事件处理函数代码如下。

FormNetwork.cs

```
private void mWriteFile_Click(object sender, EventArgs e)
{
    if (network == null)
    {
        MessageBox.Show("尚未构建网络模型!");
        return;
    }
    SaveFileDialog dialog = new SaveFileDialog();
```

```
        dialog.Filter = "网络模型文件|*.net";
        if (dialog.ShowDialog() != DialogResult.OK) return;
        network.Write(dialog.FileName);
        MessageBox.Show("网络模型已保存至" + dialog.FileName);
    }
```

现在,我们其实可以运行程序,测试网络模型的构建是否成功。首先,记得在 Program.cs 中,将初始窗体由 FormXGIS 替换成 FormNetwork。成功运行程序后,可先基于图层构建网络模型;然后保存该网络模型至一个文件,再重新运行程序,测试基于该文件构建网络模型是否成功,如图 21-2 所示,完成构建的网络模型会显示结点图层和弧段图层,用户可通过右键快捷菜单修改其显示样式。

图 21-2 完成构建的网络模型

21.3 实现最短路径分析

我们希望该应用程序支持位置点的添加及删除,然后可根据当前位置点计算最短路径。位置点的添加可通过单击鼠标的形式,但又需要与 XPanel 当前的鼠标操作相区别,因此,可以考虑配合功能键盘按键。目前,XPanel 的单击鼠标左键加按 Shift 键是拉框放大,而加按 Alt 键是选择,所以可以考虑用单击鼠标左键加按 Ctrl 键表示添加位置点。为此,我们给 XPanel 在本应用中的实例 MapPanel 添加一个鼠标单击事件,并在单击事件中完成添加位置点操作,鼠标单击事件处理函数代码如下。

FormNetwork.cs

```
    private void MapPanel_MouseClick(object sender, MouseEventArgs e)
    {
        if (Control.ModifierKeys != Keys.Control) return;
        if (LayerNode.FeatureCount() == 0)
        {
            MessageBox.Show("尚无网络模型或网络结点,无法添加位置点!");
            return;
        }
        XVertex vertex = MapPanel.view.ToMapVertex(e.Location);
        List<XSelect.SelectResult> results = XSelect.SelectFeaturesByVertex(
```

```
            vertex, LayerNode.Features, MapPanel.view.ToMapDistance(20));
        if (results.Count == 0)
        {
            MessageBox.Show("单击位置距离已有结点太远,无法添加位置点!");
            return;
        }
        XPoint spatial = new XPoint(vertex);
        XAttribute attribute = new XAttribute();
        attribute.AddValue(LayerStop.FeatureCount() + 1);
        LayerStop.AddFeature(new XFeature(spatial, attribute));
        MapPanel.UpdateMap();
    }
```

上述函数的核心是调用了 XSelect 的 SelectByVertex 函数,在鼠标单击位置寻找最近的结点,这里我们设定的冗余度是 10 个像素,如果能够找到,则添加到 LayerStop 中,而其唯一属性字段的取值是它在位置点数组中的序号,由于是按顺序添加的,如果第一个位置点序号为 1,那么新添加的位置点序号就是当前位置点数量加一。

已添加的位置点应该支持删除操作,而删除的应该是当前选中的位置点,选择操作在 XPanel 中已经提供了,可直接通过鼠标或者属性字段选择,之后可按照用户习惯,单击键盘的按键 Delete 实现删除。为此,我们为 MapPanel 添加一个 KeyUp 事件,其事件处理函数如下。

FormNetwork.cs

```
    private void MapPanel_KeyUp(object sender, KeyEventArgs e)
    {
        if (e.KeyCode != Keys.Delete) return;
        if (LayerStop.SelectedFeatures.Count == 0)
        {
            MessageBox.Show("请首先选择需要删除的位置点!");
            return;
        }
        LayerStop.DeleteSelectedFeatures();
        //更新位置点序号
        for (int i = 0; i < LayerStop.Features.Count; i++)
        {
            XFeature feature = LayerStop.GetFeature(i);
            feature.attribute.SetValue(0, i + 1);
        }
    }
```

上述函数操作主要涉及两个步骤,首先,调用 XVectorLayer 的 DeleteSelectedFeatures 函数删除选中的位置点;然后逐一更新每个位置点的序号,确保删除后的位置点仍然是按顺序排列的,其中调用了 XAttribute 的 SetValue 函数。DeleteSelectedFeatures 函数代码如下。

BasicClasses.cs/XVectorLayer

```
    public void DeleteSelectedFeatures()
    {
        List<XFeature> leftFeatures = new List<XFeature>();
        foreach(XFeature feature in Features)
        {
            if (SelectedFeatures.Contains(feature)) continue;
            leftFeatures.Add(feature);
        }
        DeleteAllFeatures();
        Features = leftFeatures;
    }
```

XAttribute 的 SetValue 函数用于修改某一个属性值，该函数有两个输入参数，第一个是需要修改的属性值序号，第二个是新的属性值，代码如下。

BasicClasses.cs/XAttribute

```
public void SetValue(int index, object value)
{
    values[index] = value;
}
```

现在，我们可以运行程序，打开一个网络模型，尝试添加和选择位置点，看各项功能是否可正常执行，如图 21-3 所示，在左图中添加了 4 个位置点，其中第二个位置点被选中，当按下键盘 Delete 键时，这个点会被删除，其他点的序号会被更新。

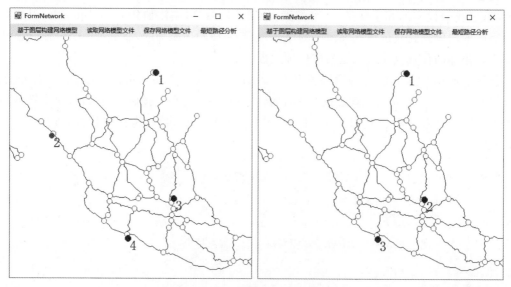

图 21-3 位置点的添加与删除

在选择位置点时，很可能会同时选中其他图层的对象，为此可设置图层的可选择性，在 UpdateNetwork 函数里添加比较合适，令除 LayerStop 之外其他图层的 Selectable 为 false 即可，代码如下。

FormNetwork.cs

```
private void UpdateNetwork(XNetwork newNetwork)
{
    ……
    LayerStop.DeleteAllFeatures();
    LayerRoute.DeleteAllFeatures();
    LayerNode.Selectable = LayerArc.Selectable = LayerRoute.Selectable = false;
    MapPanel.UpdateExtent(newArcLayer.Extent);
}
```

最后，我们来完成菜单项"最短路径分析"的单击事件处理函数，代码如下。

FormNetwork.cs

```
private void mShortestPath_Click(object sender, EventArgs e)
{
    if (LayerStop.FeatureCount()< 2)
    {
        MessageBox.Show("请首先添加至少两个位置点!");
```

```
        return;
    }
    LayerRoute.DeleteAllFeatures();
    for(int i = 1; i < LayerStop.FeatureCount(); i++)
    {
        XVertex v1 = LayerStop.GetFeature(i - 1).spatial.centroid;
        XVertex v2 = LayerStop.GetFeature(i).spatial.centroid;
        List < XLine > lines = network.FindRoute(v1, v2);
        foreach (XLine line in lines)
        {
            LayerRoute.AddFeature(new XFeature(line, new XAttribute()));
        }
    }
    MapPanel.UpdateMap();
}
```

在计算新的最短路径之前，需要删除已有路径，然后，逐个对位置点计算路径，并分段添加至 LayerRoute 即可，如图 21-4 所示，我们获得了经过 4 个位置点的路径。

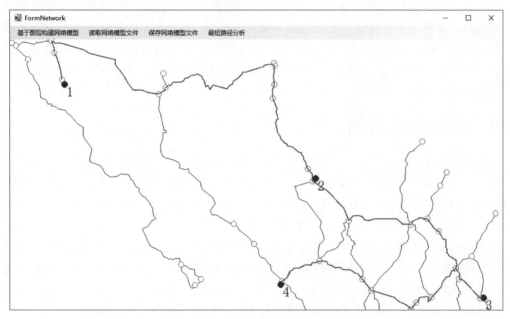

图 21-4　最短路径计算结果

21.4　总结

本章实现的应用其实展示了利用 XPanel 如何开发一个特定的应用，可能在开发过程中会遇到 XPanel 或其他基础类尚不具备的功能，需要我们随时添加，这进一步丰富了 XGIS 的内容，同时也体现了底层开发的优势和乐趣。

从网络分析的功能看，本章的应用程序还是太简单了，单就最短路径分析来说，用户选择的起止点位置可能是网络附近的任意位置，而不应限定在结点上，而且用户也许还希望看到文字性的路径说明，比如"沿枣阳路向北 200 米，行至金沙江路，右转……"，这些都是完全可以实现的。为此，可能需要修改底层的网络模型，增加更多的属性。此外，除了路径分析，还有服务范围分析、设施点选址等，都是可以在此基础上发展的。

第22章

空间索引的构建

当面对一张布满了空间对象的电子地图时,如果要了解其中某个空间对象的属性信息,可以单击选择它,以获取进一步的信息。这是已经实现的功能,当单击时,搜索算法会在所有记录中寻找与这个单击位置在空间上相交的对象,并把它选中。目前看来,这种方法工作起来不错,可以很快找到点选的对象,但这也许是因为待选空间对象数量还不多,例如,数量为几百个,假如这个数量变成几万个或几十万个,那么情况将会是怎样呢?看来需要一种新的机制来保证快速找到需要的空间对象,这就是建立空间索引的意义。

22.1 空间索引基础

索引好似图书馆给每本书的一个编号,有了编号,找起书来就容易了,读者可以很快将搜索的目标定位到某个书架甚至书架上的某一排,再在小范围内挨个查找即可。给图书编号看似简单,但实际上有固定的编码体系,设计这个体系很复杂,按照这个体系把书编好号码,再放到固定的位置同样是烦琐的事情,空间索引也类似于这样。

目前已有很多不同的空间索引方法,但它们的原理类似,无非是把整个地图范围划分成不同的小区域,这样,当执行选择操作时,找出与选择范围相交的小区域,然后,就可将搜索范围限制在此小区域内;不仅如此,划分小区域的过程可能是递归的,也就是说,小区域下面还有更小的区域,以此类推,最终的搜索范围可以非常小,则查找速度必然会提高。

根据上述原理,划分空间区域的过程好似种树一样,先有一个树根代表整个地图范围,然后,再有一些树枝代表小的地图范围,最后,会有很多树叶代表实际的空间对象。因此,用于索引的数据结构也通常以树形结构存在。树是计算机科学中一种常见的数据结构,其他还有队列、链表、堆栈等。常用的索引方法也通常被称为某某树,如本章将介绍的 R-Tree。

R-Tree 是最常用的一种空间索引,它可以用于任何空间实体,在 1984 年由 Guttman 发明,在网络搜索 R-Tree,会找到大量的介绍性信息,推荐阅读 Guttman 的文章,也是 R-Tree 被最早提出的文章 R-Trees: A Dynamic Index Structure for Spatial Searching。本书下面介绍的内容与这篇文章有很好的对应关系,甚至包括函数名称,因此,建议读者能先行阅读此文。

R-Tree 是用于一维索引的 B-tree 在高维空间上的扩展。在二维空间中,R-Tree 的直接索引对象是每个空间实体的最小外接矩形(minimum bounding rectangle,MBR),是 XExtent 类型的实例。

图 22-1 是一个 R-Tree 的例子,可见它是一棵倒着的树,由 8 个结点(node)构成,包括 1 个根结点、2 个中间结点、5 个叶结点。每个结点都包含几个入口(entry),对根结点和中间结

点来说，其每个入口都指向一个下层结点，而叶结点的入口指向实际的数据。每个结点都有一个 MBR，能够最小范围地包含其下层所有结点或数据的 MBR。这是一棵平衡的树，也就是说，每个叶结点到根结点的距离都相同，或者说，所有叶结点都处在同一层。

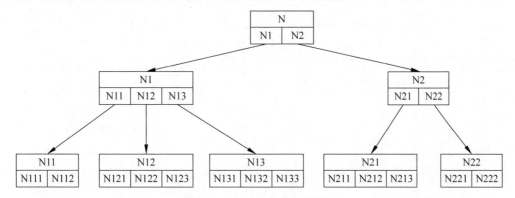

图 22-1 一个 R-Tree 的例子

假如在 N122 所指向的空间对象上单击一下鼠标，那么利用这棵树最后搜索到 N122 的过程是这样的。首先从根结点开始，看这个单击位置处于 N1 还是 N2 所属的 MBR 中，经判断是 N1，接着在其下层结点中判断 N11、N12 及 N13 与该单击位置的关系，发现单击位置在 N12 的 MBR 中，接下来就可直接与对应的数据入口 N121、N122 及 N123 的 MBR 进行判断，即可定位到 N122，但仍需要做进一步判断，看这个单击位置是否在 N122 对应的空间实体上。从上述搜索过程中可以看出，经过 8 次 MBR 判断，即定位到了最可能的空间实体，而 MBR 判断是非常高效的，如果不使用 R-Tree，需要逐个空间实体比较，则需要 13 次 MBR 判断（因为有 13 个空间实体）。比较起来，通过 R-Tree 好像没有节省太多时间，这是因为该树涉及的空间实体数量太少。假定一棵 R-Tree 的每个结点都有两个入口，总共空间实体数是 n，则通过 R-Tree 搜索到一个空间实体需要进行 MBR 判断的次数大约是 $2\log_2 n$，而不通过 R-Tree 则需要 n 次，想想看，当 n 为 1024 时，$2\log_2 n$ 的值仅是 20，这样改进的效果就会变得很大了。

22.2 定义结点

R-Tree 虽好，但构建起来并不容易，为此，在 XGIS 中定义一个新的类 XTree，并把它存储到一个单独的文件中，即 XTree.cs。

树是由结点构成的，如图 22-1 中，根结点及中间结点所属入口指向的仍然是树结点（中间结点或叶结点），但叶结点所属入口指向的就是实际的数据了。这样看来，叶结点和非叶结点的结构是不一样的，指向下层树结点与指向数据的入口也是不一样的。但是，为了让处理起来变得更加便捷，可定义一种统一的类 XNodeEntry，把数据也作为树结点的一种特殊的形式处理，称为数据结点，通过其属性成员值来区分这个类的具体指代。这里的数据指代的就是图层中的空间对象，XNodeEntry 的代码如下。

XTree.cs

```
public class XNodeEntry
{
    public XExtent MBR = null;
    public int FeatureIndex;
    public XFeature Feature = null;
```

```
    public List<XNodeEntry> Entries = null;
    public XNodeEntry Parent = null;
    public int Level;
}
```

表 22-1 列举了 XNodeEntry 属性成员的含义及针对不同对象取值的差异。

表 22-1 XNodeEntry 属性成员的含义

属性名称	非叶结点	叶结点	数据结点
MBR	包含所有其下层结点的 MBR	包含其所有数据入口的 MBR	即空间对象的 XExtent
FeatureIndex	无意义	无意义	XVectorLayer.Features 中的序号
Feature	无意义	无意义	即 XFeature
Entries	包含的下层结点入口	包含的数据入口	无意义
Parent	上层中间结点或根结点或 null（根结点）	上层中间结点或根结点	上层叶结点
Level	大于 1 的整数	1	0

在上述成员定义中，最有趣的就是 Entries，这是一种递归定义的方法，Entries 指向的还是一系列 XNodeEntry，这是树型数据结构定义的核心，如果能够获得一棵树的根结点，那么通过其 Entries，就可以获得整棵树的所有结点。

既然 XNodeEntry 可以描述三种对象，那么也就需要不同的构造函数，其中叶结点和非叶结点可以共用一个构造函数，把叶结点和非叶结点统称为树结点，因此，也就有了两种构造函数，分别用于树结点和数据结点，它们的输入参数截然不同，很容易区别。代码如下。

XTree.cs/XNodeEntry

```
//专用于树结点的生成
public XNodeEntry(int _level)
{
    Entries = new List<XNodeEntry>();
    Level = _level;
}
//专用于数据结点的生成
public XNodeEntry(XFeature _feature, int _index)
{
    Feature = _feature;
    FeatureIndex = _index;
    MBR = Feature.spatial.extent;
    Level = 0;
}
```

接下来，再写一个向结点中添加入口的函数，这个添加函数只会被树结点调用，它更新了 MBR 及 Entries。

XTree.cs/XNodeEntry

```
//向当前树结点增加一个子结点
public void AddEntry(XNodeEntry node)
{
    //如果子结点为空，就返回
    if (node == null) return;
    //增加该子结点
    Entries.Add(node);
    //更新 MBR
    if (MBR == null) MBR = new XExtent(node.MBR);
```

```
        else MBR.Merge(node.MBR);
        //指定子结点的父结点
        node.Parent = this;
    }
```

22.3 种树准备

现在来定义 XTree.cs 文件中的主类:XTree,它包括几个重要的属性成员,定义如下。

XTree.cs

```
public class XTree
{
    //根结点
    XNodeEntry Root;
    //每个结点的最大入口数
    int MaxEntries;
    //每个结点的最小入口数
    int MinEntries;
    //与此树关联的图层
    XVectorLayer Layer;
}
```

其中,根结点是存取整个树的钥匙;结点的最大最小入口数决定了每个树结点中入口数量的范围,定义范围的目的是让每个入口有相似数量的入口数,以平衡查找时间;关联图层(Layer)为希望用此树建立空间索引的那个图层。

XTree 的构造函数如下,它完成了上述属性值的初始化。

XTree.cs/XTree

```
public XTree(XVectorLayer _layer, int maxEntries = 4)
{
    Root = new XNodeEntry(1);
    MaxEntries = Math.Max(maxEntries, 2);
    MinEntries = MaxEntries / 2;
    Layer = _layer;
}
```

R-Tree 的生长方式是倒着的,也就是从树叶开始,因此,Root 最初被声明的时候一定是一个叶结点,也即其 Level 属性值为 1,然后再分裂并向上生长得到新的 Root。

MaxEntries 至少应为 2,但如何确定 MaxEntries 的最佳取值确实是个问题。很久之前,计算机内存数量有限,大部分数据必须存放在硬盘中,而每次从硬盘中能拿到的数据量是固定的,例如 8KB,而如果一个空间对象的数据有 1KB,则 MaxEntries 就可以是 8 个,这样一次就可以把属于一个结点的所有数据全部读入内存中,但是,这样的故事已经成为过去,现在可以把数据一次性全部读入内存,因此,MaxEntries 的定义方法也就变得好像没有标准了。根据 R-Tree 的结构,如果令 $m = $ MaxEntries,n 表示空间对象的数量,则执行每次查找需要的 MBR 判断次数大约为 $m\log_m n$。因此,似乎可以求得令这个次数最小的 m 值,但这个 m 值通常很小,例如 m 等于 2 或 3,这样结点数就会很多,树就会很大,树的维护成本(保存、插入、删除结点等)就会很高,似乎也不是一个最佳的局面。考虑上面这些情况,确定 MaxEntries 的原则,大概可以是这样的,如果图层数据不会轻易变动,则 MaxEntries 可以比较小,如等于 4,否则,MaxEntries 要稍大一些,如等于 10,当然读者也可以在实践中不断尝试、总结。

MinEntries 通常为 MaxEntries 的 1/2,但为什么不直接令二者相同,或忽略 MinEntries,

令所有结点有相同数量的入口呢？因为这是不符合实际的，空间对象的分布无法这样规则，不可能保证每个结点有相同的入口，因此需要这样的设计。

现在，就进入真正的种树过程，也就是把空间对象逐一插入树中的过程，在这个过程中，树会不断分叉、生长。接下来定义的所有函数都与 Guttman 的文章息息相关，因此，如果读者对下面的内容有所疑惑，建议再次阅读 Guttman 的文章。

22.4 结点的插入

首先定义两个插入函数，前者仅用于插入数据，而后者可用于插入任意类型结点，其中，有三个函数尚未实现，我们之后会补充，代码如下。

XTree.cs/XTree

```csharp
//仅用于插入数据
public void InsertData(int index)
{
    XFeature feature = Layer.GetFeature(index);
    //生成数据结点
    XNodeEntry DataEntry = new XNodeEntry(feature, index);
    //从树根开始，找到一个叶结点
    XNodeEntry LeafNode = ChooseLeaf(Root, DataEntry);
    //把数据入口插入叶结点
    InsertNode(LeafNode, DataEntry);
}

//将子树结点插入一个父结点的入口列表中
private void InsertNode(XNodeEntry ParentNode, XNodeEntry ChildNode)
{
    ParentNode.AddEntry(ChildNode);
    //如果父结点的入口数量超限，则需要分割出一个叔叔结点
    XNodeEntry UncleNode = (ParentNode.Entries.Count > MaxEntries) ? SplitNode(ParentNode) : null;
    //调整上层树结构
    AdjustTree(ParentNode, UncleNode);
}
```

单从这两个函数来看，第二个函数的动作是由第一个函数引起的，第一个函数利用 ChooseLeaf 函数找到一个叶结点，然后调用第二个函数实现插入。当父结点（ParentNode）入口数超过 MaxEntries 时，则需要利用 SplitNode 函数来分割这个结点，其函数的返回值就是一个新结点，称为 UncleNode，当然，如果没有超限，则 UncleNode 为 null。最后，因为有了新的数据结点，则需要调用 AdjustTree 函数调整上层树结构。看来，至少有三个函数尚未完成，先从 ChooseLeaf 函数开始，其他两个函数较为复杂，将在下面两节分别介绍。ChooseLeaf 函数代码如下。

XTree.cs/XTree

```csharp
private XNodeEntry ChooseLeaf(XNodeEntry node, XNodeEntry entry)
{
    //如果到达叶结点，就返回
    if (node.Level == 1) return node;
    //寻找扩大面积最小的子结点序号 index
    double MinEnlargement = double.MaxValue;
    int MinIndex = -1;
    for (int i = 0; i < node.Entries.Count; i++)
```

```
            {
                double Enlargement = EnlargedArea(node.Entries[i], entry);
                if (Enlargement < MinEnlargement)
                {
                    MinIndex = i;
                    MinEnlargement = Enlargement;
                }
            }
            //递归方法,继续调用查找下一级子结点
            return ChooseLeaf(node.Entries[MinIndex], entry);
        }
```

我们知道一个新的空间对象的插入可能会引起原有结点 MBR 的扩大,而这个扩大范围越小越好,因为这样可以令今后空间查询的范围变小,提高效率。所以,ChooseLeaf 函数的功能就是找到这样一个叶结点,令它的 MBR 扩大范围最小。搜索的过程从根结点开始,如果已经是叶结点了,就表示找到了,否则,在这个结点的所有子结点中寻找,看看哪个子结点的扩大范围最小,找到后,按照递归的方法,继续调用 ChooseLeaf 函数寻找下一级子结点,直到到达叶结点为止。

现在又出现了一个未定义的 EnlargedArea 函数,它用于计算假设插入一个新的子结点后,令原有结点的 MBR 增加的面积。这个函数的代码如下。

XTree.cs/XTree

```
        private double EnlargedArea(XNodeEntry node, XNodeEntry entry)
        {
            return new XExtent(entry.MBR, node.MBR).area - node.MBR.area;
        }
```

它虽然简单,却引出了更多的未知函数。首先,要生成一个新的 XExtent 的构造函数,其输入值是两个 XExtent 对象,生成的就是这两个对象合并后的结果。那为什么不直接调用 node.MBR.Merge 函数计算合并结果呢？这显然不行,因为现在还只是在计算可能增大的面积,而并不是真正的插入,真正的插入是在 XNodeEntry.AddEntry 函数中完成的。此外,XExtent 有了一个新的属性成员 area,代表这个空间范围的面积,这里之所以用一个成员来记录面积,而不是用一个方法来动态计算面积,是为了提高效率,避免同一个 XExtent 对象实例被多次计算面积,毕竟计算面积也需要乘法操作。现在在 XExtent 中补充上述内容,其中新增的部分被加粗显示。

BasicClasses.cs

```
        public class XExtent
        {
            public XVertex bottomleft;
            public XVertex upright;
            public double area;

            public XExtent(XExtent e1, XExtent e2)
            {
                upright = new XVertex(Math.Max(e1.upright.x, e2.upright.x),
                    Math.Max(e1.upright.y, e2.upright.y));
                bottomleft = new XVertex(Math.Min(e1.bottomleft.x, e2.bottomleft.x),
                    Math.Min(e1.bottomleft.y, e2.bottomleft.y));
                area = getWidth() * getHeight();
            }

            public XExtent(XVertex _oneCorner, XVertex _anotherCorner)
```

```
            {
                upright = new XVertex(Math.Max(_anotherCorner.x, _oneCorner.x),
                                      Math.Max(_anotherCorner.y, _oneCorner.y));
                bottomleft = new XVertex(Math.Min(_anotherCorner.x, _oneCorner.x),
                                         Math.Min(_anotherCorner.y, _oneCorner.y));
                area = getWidth() * getHeight();
            }

            public XExtent(double x1, double x2, double y1, double y2)
            {
                upright = new XVertex(Math.Max(x1, x2), Math.Max(y1, y2));
                bottomleft = new XVertex(Math.Min(x1, x2), Math.Min(y1, y2));
                area = getWidth() * getHeight();
            }

            public XExtent(XExtent extent)
            {
                upright = new XVertex(extent.upright);
                bottomleft = new XVertex(extent.bottomleft);
                area = getWidth() * getHeight();
            }

            ……
        }
```

22.5 结点的分裂

再次回到 XTree.cs,解决 SplitNode 函数。当插入一个新的入口后,结点中的入口数超过了 MaxEntries,这时,就需要分裂当前结点了。

如图 22-2 所示,假设这是属于同一结点的五个入口的 MBR,而 MaxEntries 是 4,所以现在需要把它分裂成两个结点。首先,需要找到两个种子 MBR,作为这两个结点的初始 MBR。然后,再把剩余的 MBR 分配给两个种子中的一个。

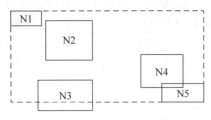

图 22-2 结点分裂示意图

种子 MBR 应该是距离最远的两个 MBR,这样最利于分割,而距离最远的意思就是由这两个 MBR 合并生成的 MBR 面积最大。在图 22-2 中,N1+N5 的合并面积,也就是虚线框面积最大,所以可以选择 N1 和 N5 为种子。

在分配剩余 MBR 时,并不是逐一进行的,而是先分配剩余结点中最容易分配的那个。所谓最容易分配,就是这个 MBR 明显距离两个结点中的一个更近,判断远近的方法就是看分配给两个结点后扩大的面积差。例如,在图 22-2 中,针对 N2,就要计算"(N1+N2)的面积减去(N5+N2)的面积"的绝对值。通过计算,可知 N4 的面积差最大,且离 N5 更近,所以先分配 N4 给 N5。这时 N5 所在结点的 MBR 已经变成 N5+N4 的合并 MBR,接下去再照上述方法分配 N2 和 N3。

在分配过程中会有很多情况。首先,当分配过程中发现剩余的入口数加上其中一个结点的入口数等于 MinEntries 时,就直接把剩余的入口全部分配给这个结点,否则,这个结点的入口数可能会小于 MinEntries。以图 22-2 为例,假设 N3、N4 都分配给了 N5 所在的结点,而 N1 所在的结点还只有它一个,这时就不用再计算了,因为只剩余一个 N2,如果再分配给 N5 的结点,则最后 N1 所在结点的入口数将为 1,小于 MinEntries,即 MaxEntries/2=2,所以,这时就直接把 N2 分配给 N1 所在结点。然后,当存在两个或多个相同的最大面积差时,可随意选择其中一个对应的入口进行分配;当最大面积差为 0 时,把入口分配给合并 MBR 后面积小的那个结点;当合并面积也相同时,就把入口分配给目前入口数最少的那个结点;如果入口数也相同,那么就可以把这个入口任意分配给两个结点之一。

根据上述思路,给出 SplitNode 函数的代码,如下。

XTree.cs/XTree

```csharp
private XNodeEntry SplitNode(XNodeEntry OneNode)
{
    //找到两个种子的 Entries 序号,seed2 > seed1
    int seed1 = 0;
    int seed2 = 1;
    //寻找可以最大化未重叠面积的,即两个种子间隔最远的
    double MaxArea = double.MinValue;
    for (int i = 0; i < OneNode.Entries.Count - 1; i++)
        for (int j = i + 1; j < OneNode.Entries.Count; j++)
        {
            //计算未覆盖面积
            double area = new XExtent(OneNode.Entries[i].MBR, OneNode.Entries[j].MBR).area -
                OneNode.Entries[i].MBR.area - OneNode.Entries[j].MBR.area;
            if (area > MaxArea)
            {
                seed1 = i;
                seed2 = j;
                MaxArea = area;
            }
        }
    //待分割所有入口,包括两个种子入口
    List<XNodeEntry> leftEntries = OneNode.Entries;
    //生成原有结点的兄弟结点,两个结点 Level 相同
    XNodeEntry SplitNode = new XNodeEntry(OneNode.Level);
    //给分割结点一个种子
    SplitNode.AddEntry(leftEntries[seed2]);
    //清空原有结点的入口
    OneNode.Entries = new List<XNodeEntry>();
    //清空其 MBR
    OneNode.MBR = null;
    //给原有结点一个种子
    OneNode.AddEntry(leftEntries[seed1]);
    //从待分割入口中移除两个种子入口,因为它们已经分配过了,先移除 seed2,因为 seed2 > seed1,
    //移除后也不会影响 seed1
    leftEntries.RemoveAt(seed2);
    leftEntries.RemoveAt(seed1);
    //将每个待分割入口分给两个结点
    while (leftEntries.Count > 0)
    {
        //如果有一个结点的入口数太少,就把剩余的入口全分配给它
        if (OneNode.Entries.Count + leftEntries.Count == MinEntries)
        {
            AssignAllEntries(OneNode, leftEntries);
            break;
        }
        else if (SplitNode.Entries.Count + leftEntries.Count == MinEntries)
        {
            AssignAllEntries(SplitNode, leftEntries);
            break;
        }
        double diffArea = 0;
        //获得 diffArea 绝对值最大的入口
        int index = PickNext(OneNode, SplitNode, leftEntries, ref diffArea);
        if (diffArea < 0) OneNode.AddEntry(leftEntries[index]);
```

```csharp
                else if (diffArea > 0) SplitNode.AddEntry(leftEntries[index]);
                else
                {
                    //分配给原有结点后的合并面积
                    double merge1 = new XExtent(leftEntries[index].MBR, OneNode.MBR).area;
                    //分配给分割结点后的合并面积
                    double merge2 = new XExtent(leftEntries[index].MBR, SplitNode.MBR).area;
                    //分配给合并 MBR 后面积最小的结点
                    if (merge1 < merge2) OneNode.AddEntry(leftEntries[index]);
                    else if (merge1 > merge2) SplitNode.AddEntry(leftEntries[index]);
                    else
                    {
                        //分配给目前入口数最少的结点
                        if (OneNode.Entries.Count < SplitNode.Entries.Count)
                            OneNode.AddEntry(leftEntries[index]);
                        else
                            SplitNode.AddEntry(leftEntries[index]);
                    }
                }
                //将已经分配好的入口移除
                leftEntries.RemoveAt(index);
                //如果有一个结点的入口数太少,就把剩余的入口全分配给它
                if (OneNode.Entries.Count + leftEntries.Count == MinEntries)
                    AssignAllEntries(OneNode, leftEntries);
                else if (SplitNode.Entries.Count + leftEntries.Count == MinEntries)
                    AssignAllEntries(SplitNode, leftEntries);
            }
            return SplitNode;
        }
```

SplitNode 函数有些长,但结合前文解释及行内注释应该不难理解。首先,找到两个种子入口的序号 seed1 及 seed2。然后,生成新的入口列表 leftEntries 记载待分配的所有入口,清空 OneNode 的入口,生成新分裂的结点 SplitNode,把种子结点分别从 leftEntries 中转给 SplitNode 和 OneNode。最后,开始执行分割过程,直到 leftEntries 中无剩余入口为止。

SplitNode 函数引用了两个未定义的函数,PickNext 及 AssignAllEntries 函数,前者用于查找下一个待分配的入口,也就是前文提到的寻找最大面积差入口,其实现过程如下。
XTree.cs/XTree

```csharp
private int PickNext(XNodeEntry FirstNode, XNodeEntry SecondNode,
    List<XNodeEntry> entries, ref double maxDiffArea)
{
    maxDiffArea = double.MinValue;
    int index = -1;
    for (int i = 0; i < entries.Count; i++)
    {
        double diffArea = EnlargedArea(FirstNode, entries[i]) - EnlargedArea(SecondNode, entries[i]);
        if (Math.Abs(diffArea) > maxDiffArea)
        {
            maxDiffArea = Math.Abs(diffArea);
            index = i;
        }
    }
    maxDiffArea = EnlargedArea(FirstNode, entries[index]) - EnlargedArea(SecondNode, entries[index]);
    return index;
}
```

在 PickNext 函数中，最大面积差 maxDiffArea 前面带有前缀 ref，表示它的计算结果会被传回调用的 SplitNode 函数，因为要用它的符号和值来确定到底要把这个入口分配给哪个结点。

AssignAllEntries 函数用于把剩余入口全部分配给某个结点，其代码如下。

XTree.cs/XTree

```
private void AssignAllEntries(XNodeEntry node, List<XNodeEntry> entries)
{
    for (int i = 0; i < entries.Count; i++)
        node.AddEntry(entries[i]);
    entries.Clear();
}
```

截至目前，仍然报错的地方只有未定义的 AdjustTree 函数，我们在 22.6 节中解决此问题。

22.6 树的调整

当新的数据入口被插入树中后，可能会引起叶结点 MBR 的变化，也可能令叶结点分裂，如果发生 MBR 的变化，需要把这种变化传递给上层结点，如果发生结点分裂，要试着给这个被分裂出来的结点找一个上层结点，否则它就与树没什么关系了，所有这些操作都将在 AdjustTree 函数中完成。

先给出 AdjustTree 函数的代码，再解释其含义。

XTree.cs/XTree

```
private void AdjustTree(XNodeEntry OneNode, XNodeEntry SplitNode)
{
    //OneNode 是根结点
    if (OneNode.Parent == null)
    {
        //出现了一个兄弟，则需要向上生长
        if (SplitNode != null)
        {
            //新生长的根结点，肯定不是叶结点
            XNodeEntry newroot = new XNodeEntry(OneNode.Level + 1);
            newroot.AddEntry(OneNode);
            newroot.AddEntry(SplitNode);
            Root = newroot;
        }
        return;
    }
    //找到原有结点的父结点
    XNodeEntry Parent = OneNode.Parent;
    //调整父结点的 MBR
    Parent.MBR.Merge(OneNode.MBR);
    //将被分裂出来的结点插入父结点的入口列表
    InsertNode(Parent, SplitNode);
}
```

该函数的输入参数有两个：一个是原有结点 OneNode；一个是可能被分裂出来的结点 SplitNode。如果 OneNode 在插入新入口后入口数没有超过 MaxEntries，则 SplitNode 为空值。

如果 OneNode 是根结点，而 SplitNode 是空值，就表示调整到此为止了，但如果

SplitNode 不是空值，这时就表示树要开始向上生长了，即新的根结点出现，其两个子结点就是 OneNode 和 SplitNode，新的根结点的 Level 必然比现有的两个结点的 Level 高一级。

如果 OneNode 不是根结点，那么就需要先更新 OneNode 父结点的 MBR，然后把 SplitNode 作为子结点入口插入这个父结点中，然后程序就结束了。这似乎结束得太突然了，父结点被插入这个 SplitNode 后，会不会引起父结点的分裂？这个父结点的父结点难道不需要调整了吗？奥秘就在这里，当重新回头去看 InsertNode 函数的时候会发现，是它调用的 AdjustNode 函数，而 AdjustNode 函数又调用了 InsertNode 函数，这样，上层父结点的调整工作就交给接下来的 InsertNode 函数及 AdjustNode 函数，也就是说，这里有个递归调用的关系，利用这种方式很容易完成整个树的调整。递归调用在树型结构操作中是非常常见的。至此，我们完成了在 XTree.cs 中构建 R-Tree 的核心代码。

22.7 总结

本章介绍了空间索引结构 R-Tree 的原理及构建过程，其中涉及了很多递归类型的函数，需要读者认真体会，当然，最好的办法是阅读 Guttman 最初的文章。

此外，这是一个比较特殊的章节，当结束本章时，我们尚未在可运行的程序中看到 R-Tree 是如何发挥作用的，这是因为我们尚未将 R-Tree 与现有的应用结合起来，期待在第 23 章中看到其成效。

第23章

空间索引的应用

XTree 的构建工作已经完成了,需要把它引入图层中才能发挥作用。本章首先介绍如何在 XVectorLayer 中增加 XTree,然后实现基于 XTree 的空间对象查询功能,这项功能将被整合到矢量图层的选择功能及地图绘制功能中;最后将介绍树的维护方法,包括如何保存和读取含有 XTree 的图层文件,以及由于空间对象的删除而造成的树结构变化。

23.1 R-Tree 在图层中的引入

我们在 XVectorLayer 的属性成员中添加一个 XTree 的实例,同时在构造函数中完成初始化操作,更新后的代码如下。

BasicClasses.cs/XVectorLayer

```
public XTree Tree;

public XVectorLayer(string _name, SHAPETYPE _shapetype)
{
    Name = _name;
    ShapeType = _shapetype;
    Tree = new XTree(this);
}
```

接下来,再增加一个一次性为图层中所有空间对象构建树的函数,代码如下。

BasicClasses.cs/XVectorLayer

```
public void BuildTree()
{
    Tree = new XTree(this);
    for (int i = 0; i < FeatureCount(); i++)
        Tree.InsertData(i);
}
```

这个函数可以清空图层中原有的树,然后将图层中所有现存的空间对象插入这棵新树中。然而,如果在此之后,又有新的空间对象加入图层中怎么办呢?考虑到这种情况,在 AddFeature 函数中也要有种树的过程,只需调用 XTree 的 InsertData 函数即可,其代码修改如下。

BasicClasses.cs/XVectorLayer

```
public void AddFeature(XFeature feature)
{
    Features.Add(feature);
```

```
        if (Features.Count == 1)
            Extent = new XExtent(feature.spatial.extent);
        else
            Extent.Merge(feature.spatial.extent);
        Tree.InsertData(Features.Count - 1);
    }
```

如果图层中空间对象被删除了，那么它在树结构中对应的数据结点也要被删除，相应地，树结构可能会发生变化，这种变化有时是很复杂的，例如，删除数据入口的叶结点的入口数小于 MinEntries 了，就需要跟邻近结点合并，或者合并后再分裂，以保证入口数在规定范围以内，它们的变化又会波及上层结点的变化，直到树根。因此，相应的过程稍显复杂，这时，我们放弃了上述 Guttman 的做法，而采取了一种简化的方式，删除空间对象后，直接调用 XVectorLayer 中的 BuildTree 函数，完全重建树结构。RemoveFeature 函数代码如下。

BasicClasses.cs/XVectorLayer

```
    public void RemoveFeature(int index)
    {
        Features.RemoveAt(index);
        BuildTree();
        UpdateExtent();
    }
```

除了删除单个空间对象，XVectorLayer 中还涉及两处删除操作，包括清空所有对象的 DeleteAllFeatures 函数以及清空选中的对象的 DeleteSelectedFeatures 函数，前者只需砍树即可，而后者采用重新构建树结构的方式，它们的代码修改如下。

BasicClasses.cs/XVectorLayer

```
    public void DeleteAllFeatures()
    {
        Features.Clear();
        SelectedFeatures.Clear();
        Tree = new XTree(this);
    }

    public void DeleteSelectedFeatures()
    {
        List<XFeature> leftFeatures = new List<XFeature>();
        foreach(XFeature feature in Features)
        {
            if (SelectedFeatures.Contains(feature)) continue;
            leftFeatures.Add(feature);
        }
        DeleteAllFeatures();
        Features = leftFeatures;
        BuildTree();
    }
```

显然，上述删除过程并非一种高效的方式，因为每次删除都要重建树结构，实在太浪费时间了，读者可以考虑参考 Guttman 的文章，尝试实现更优化的删除操作。

至此，在图层中建树的过程结束了，在介绍这棵树的实际应用价值之前，可以看一下一棵树的生长过程是怎样的。回到 XTree.cs，增加 NodeList 函数，它的作用是把当前树中的所有结点增加到一个结点列表里，其代码如下。

XTree.cs/XTree

```
private void NodeList(List<XNodeEntry> nodes, XNodeEntry node)
{
    nodes.Add(node);
    if (node.Entries == null) return;
    for (int i = 0; i < node.Entries.Count; i++)
        NodeList(nodes, node.Entries[i]);
}
```

NodeList 函数非常简单，也是一个递归函数，用一个简单的逻辑就可以实现树的遍历，从树根（父结点）开始，到它的子结点，然后重复这一过程，直到数据结点。现在再做一个 GetTreeLayer 函数，用来调用 NodeList 函数，并将返回列表变成一个图层，代码如下。

XTree.cs/XTree

```
public XVectorLayer GetTreeLayer()
{
    List<XNodeEntry> nodes = new List<XNodeEntry>();
    NodeList(nodes, Root);
    XVectorLayer treelayer = new XVectorLayer("treelayer", SHAPETYPE.Line);
    treelayer.Fields.Add(new XField(typeof(Int32), "Level"));
    for (int i = 0; i < nodes.Count; i++)
    {
        List<XVertex> vs = new List<XVertex>();
        vs.Add(new XVertex(nodes[i].MBR.getMaxX(), nodes[i].MBR.getMaxY()));
        vs.Add(new XVertex(nodes[i].MBR.getMaxX(), nodes[i].MBR.getMinY()));
        vs.Add(new XVertex(nodes[i].MBR.getMinX(), nodes[i].MBR.getMinY()));
        vs.Add(new XVertex(nodes[i].MBR.getMinX(), nodes[i].MBR.getMaxY()));
        vs.Add(new XVertex(nodes[i].MBR.getMaxX(), nodes[i].MBR.getMaxY()));
        XLine line = new XLine(vs);
        XAttribute a = new XAttribute();
        a.AddValue(nodes[i].Level);
        treelayer.AddFeature(new XFeature(line, a));
    }
    return treelayer;
}
```

GetTreeLayer 函数首先把当前所有结点读出来，建立一个线图层，仅包括一个属性字段，即每个结点的 Level。针对每个结点，将其 MBR 转换成一个四边形的线实体，添加 Level 属性值，然后插入图层中。

现在回到 FormXGIS，给它增加一个按钮"显示树结构"(bShowTree)，单击此按钮后，获得一个图层的 Tree 属性，进而获得树图层，并添加到地图窗口中显示出来，代码如下。

FormXGIS.cs

```
private void bShowTree_Click(object sender, EventArgs e)
{
    XVectorLayer layer = (XVectorLayer)MapPanel.document.Layers[0];
    XVectorLayer treelayer = layer.Tree.GetTreeLayer();
    treelayer.Symbology.ThematicGroup[0].LinePen = new Pen(Color.Blue, 2);
    treelayer.Symbology.SelectedThematic.LinePen = new Pen(Color.Red, 4);
    MapPanel.AddLayer(treelayer);
    MapPanel.UpdateMap();
}
```

确保 Program.cs 的启动窗体是 FormXGIS，然后运行程序，打开一个图层，全图显示，单击"显示树结构"，可看到层叠分布的蓝色矩形框。可以根据 Level 属性，生成独立值专题地图，看看不同级别的树结点都是如何分布的；也可以通过属性选择的方法，查看特定级别树结点的分布，我们通过属性查询，将 Level 为 1 的树结点矩形框高亮显示出来。

上述方法是一次性把所有的树结点都显示出来，为更好地体现树的生长过程，我们还可以采用一种交互式的方法。在 FormXGIS 中再建立两个按钮"清空树结构"（bClearTree）及"添加树结点"（bAddNode），同时为 FormXGIS 增加一个属性成员记载待添加的空间对象序号。单击事件处理函数 bClearTree 负责清空当前的树结构，而单击事件处理函数 bAddNode 负责逐个添加树结点，并把树显示出来，它们的代码如下。

FormXGIS.cs

```
int index = 0;
private void bClearTree_Click(object sender, EventArgs e)
{
    XVectorLayer layer = (XVectorLayer)MapPanel.document.Layers[0];
    layer.Tree = new XTree(layer);
    index = 0;
}

private void bAddNode_Click(object sender, EventArgs e)
{
    XVectorLayer layer = (XVectorLayer)MapPanel.document.Layers[0];
    if (index == layer.FeatureCount()) return;
    layer.Tree.InsertData(index);
    XVectorLayer treelayer = layer.Tree.GetTreeLayer();
    treelayer.Symbology.ThematicGroup[0].LinePen = new Pen(Color.Blue, 2);
    if (!MapPanel.ReplaceLayer(treelayer)) MapPanel.AddLayer(treelayer);
    MapPanel.UpdateMap();
    index++;
}
```

现在再次运行一下，先添加一个图层，全图显示，然后单击"清空树结构"按钮，再连续单击按钮"添加树结点"，就会清晰地看到树的生长过程。我们希望通过这个过程，让读者能够对建立空间索引有一个更直观的理解。当然，在 FormXGIS 中新添加的这三个按钮在实际应用中通常并无意义，因此在完成上述操作后可以删除，本书会在下一章开始时，删除这些按钮。

23.2　基于树结构的搜索

搜索的原理已经在第 22 章中有所介绍，本节来实现它。在一般的空间对象查询过程中，通常会有一个搜索范围，有时需要寻找的是被这个搜索范围包括的所有空间对象（覆盖搜索），有时需要寻找的是与这个搜索范围相交的空间对象（相交搜索）。据此，先定义一个公有函数 Query，其参数包括搜索范围（extent）及搜索方式（OnlyInclude），如果 OnlyInclude 为 true，表示覆盖搜索，否则为相交搜索，Query 函数代码如下。

XTree.cs/XTree

```
public List<XFeature> Query(XExtent extent, bool OnlyInclude)
{
    List<XFeature> features = new List<XFeature>();
    FindFeatures(Root, features, extent, OnlyInclude);
    return features;
}
```

Query 函数调用 FindFeatures 函数获得符合条件的空间对象，FindFeatures 函数从根结点开始，再次采用递归调用的方式实现，其代码如下。

XTree.cs/XTree

```
private void FindFeatures(XNodeEntry node, List < XFeature > features, XExtent extent, bool OnlyInclude)
{
    //如果是叶结点
    if (node.Level == 1)
    {
        foreach (XNodeEntry entry in node.Entries)
        {
            //如果数据的 MBR 与搜索范围不相交,则忽略它
            if (!entry.MBR.IntersectOrNot(extent)) continue;
            //如果不需要搜索范围覆盖数据的 MBR,则入选返回列表
            if (!OnlyInclude) features.Add(entry.Feature);
            //搜索范围需要覆盖数据的 MBR,且确实覆盖了,则入选返回列表
            else if (extent.Includes(entry.MBR)) features.Add(entry.Feature);
        }
    }
    else
    {
        foreach (XNodeEntry entry in node.Entries)
        {
            //如果子结点的 MBR 与搜索范围相交,则搜索该子结点
            if (entry.MBR.IntersectOrNot(extent))
                FindFeatures(entry, features, extent, OnlyInclude);
        }
    }
}
```

R-Tree 的生长从树叶开始(即叶结点首先分裂,然后向树根蔓延,进而生成新的树根,令树长高),而搜索从树根开始,直到树叶为止,否则就逐一递归搜索当前结点的各个子结点。从 FindFeatures 函数的内容可知,不论是覆盖搜索还是相交搜索,都是仅检查空间对象的 MBR。这样效率很高,但针对相交情况的搜索,通过 R-Tree 找到的空间对象还需要进行二次搜索(refine),以确定空间对象本身是否也与搜索范围相交,如图 23-1 所示,空间对象的 MBR 与搜索范围确实相交,因此会被 FindFeatures 函数选入结果列表,但空间对象本身不与搜索范围相交,因

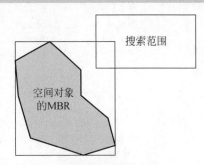

图 23-1　空间对象的 MBR 与搜索范围的位置关系

此,二次搜索是必要的,它可以剔除一些被错误选入的空间对象。二次搜索的复杂性会高一些,但通过 FindFeatures 函数已经大大地缩小了需要二次搜索的空间对象的数量。在 XTree.cs 中,不包括二次搜索的功能,因为这是与具体空间对象结合的,将在之后介绍。

现在,我们将 XTree 的 Query 函数应用到 XVectorLayer 的选择函数 SelectByVertex 函数及 SelectByExtent 函数中,整合后的代码如下。

BasicClasses.cs/XVectorLayer

```
public void SelectByVertex(XVertex vertex, double tolerance, bool modify)
{
    XExtent extent = new XExtent(vertex.x + tolerance, vertex.x - tolerance,
        vertex.y + tolerance, vertex.y - tolerance);
    List < XFeature > roughSelection = Tree.Query(extent, false);
    List < XFeature > features = XSelect.ToFeatures(
        XSelect.SelectFeaturesByVertex(vertex, roughSelection, tolerance));
```

```
        ModifySelection(features, modify);
    }
    public void SelectByExtent(XExtent extent, bool modify)
    {
        List<XFeature> roughSelection = Tree.Query(extent, true);
        List<XFeature> features = XSelect.ToFeatures(
            XSelect.SelectFeaturesByExtent(extent, roughSelection));
        ModifySelection(features, modify);
    }
```

在 SelectByVertex 函数中，先根据单击位置（vertex）及冗余度（tolerance）构建一个地图范围（extent），然后调用 Tree 的 Query 函数，执行相交查询，获得粗选集（roughSelection），进而利用原来的过程完成搜索。SelectByExtent 函数则更简单一些，直接利用已有的搜索范围（extent），执行覆盖查询获得粗选集。经过这样的修改，查询效率一定会有很大的提高，用户可找一些大型图层文件做对比实验。

不仅是查询操作，在图层的 draw 绘制函数中，我们会发现，它的过程是先确定当前屏幕的地图范围，然后再与所有空间对象的 MBR 进行相交判断，如果相交就绘制，否则就忽略。因此，这显然也是一个空间查询的过程，确切地说是相交搜索，可以用 XTree 的 Query 函数进行粗选。据此，修改原来的 draw 函数，代码如下。

BasicClasses.cs/XVectorLayer

```
public override void draw(Graphics graphics, XView view)
{
    if (Extent == null) return;
    if (!Extent.IntersectOrNot(view.CurrentMapExtent)) return;
    List<XFeature> roughSelections = Tree.Query(view.CurrentMapExtent, false);
    for (int i = 0; i < roughSelections.Count; i++)
    {
        roughSelections[i].DrawSpatial(graphics, view,
            Symbology.GetThematic(roughSelections[i],
            SelectedFeatures.Contains(roughSelections[i])));
    }
    if (Label.LabelOrNot)
    {
        for (int i = 0; i < roughSelections.Count; i++)
        {
            roughSelections[i].DrawAttribute(graphics, view, Label);
        }
    }
}
```

draw 函数调用 XTree 的 Query 函数获得相交搜索后的粗选集，但二次搜索实际是不需要的，因为执行二次搜索有时比绘制一个空间对象还要复杂，所以还不如直接绘制，尽管它可能完全在屏幕之外，但也无所谓，毕竟这只是显示而已，并不需要获得完全准确的选择集。

同样地，现在可以运行程序，找个大型图层文件，感受一下绘制速度的提高。

23.3　树结构的存储

空间索引的功能已经在第 23.1、23.2 节给大家简单展示了一下，值得注意的是，图层中的空间对象数量越多，它的效果越明显，但同时也带来了一个问题，构建树结构的时间也变长了，如果每次打开文件的时候都重新构建一遍树，那实在太浪费时间了，如果能够把树的信息也存入图层文件中,那将解决这个问题,毕竟现在硬盘空间越来越大,多存些信息也不是太大的问题。

树的存储就是把其结点和结点间的关系存储起来,先来分析一下 XNodeEntry 的几个属性成员。

- XExtent 类型的属性 MBR,由四个坐标极值构成,容易存储。
- Int 类型的属性 FeatureIndex,一个整数而已,也容易存储。
- XFeature 类型的属性 Feature,有了 FeatureIndex 就不需要存储它了。
- List<XNodeEntry>类型的属性 Entries,似乎不太容易存储。
- XNodeEntry 类型的属性 Parent,似乎也不太容易存储。
- Int 类型的属性 Level,是一个整数,容易存储。

看起来有些复杂,但实际做起来也还算容易,只要学会用递归的思想去解决这个问题就行了。在 XTree 中增加了两个函数,用于将树写入一个文件,输入参数为一个 BinaryWriter 类型的实例,代码如下。

XTree.cs/XTree

```
public void WriteFile(BinaryWriter bw)
{
    WriteNode(Root, bw);
}

private void WriteNode(XNodeEntry node, BinaryWriter bw)
{
    bw.Write(node.Level);
    if (node.Level == 0)
        //数据结点
        bw.Write(node.FeatureIndex);
    else
    {
        //树结点
        node.MBR.Output(bw);
        bw.Write(node.Entries.Count);
        for (int i = 0; i < node.Entries.Count; i++)
            WriteNode(node.Entries[i], bw);
    }
}
```

WriteNode 函数显然又是一个递归函数,它负责将一个结点及其下层所有结点写入文件,直到遇到数据结点。写入数据结点非常简单,就是一个空间对象在列表中的序号,其空间实体和属性值可以根据序号从图层中获得。针对树结点,要先写入其 MBR,然后写入其子结点的数量,再递归调用子结点 Write 函数。上述写入过程似乎有些太简单了,根本没有涉及 Entries 及 Parent 属性。实际上,这些属性的存储是隐含在上述写入过程中的,当实现了树的读取函数后,这一点将会被更容易理解。

这里 MBR 的写入调用了 XExtent 的一个未实现的 Output 函数,补充如下。

BasicClasses.cs/XExtent

```
public void Output(BinaryWriter bw)
{
    bw.Write(getMaxX());
    bw.Write(getMaxY());
    bw.Write(getMinX());
    bw.Write(getMinY());
}
```

对应于存储函数，建立树的读取函数，只需要反过来做就好了，同样，读取过程也包括两个函数，其中直接负责读操作的 ReadNode 函数也是一个递归函数，代码如下。

XTree.cs/XTree

```
public void ReadFile(BinaryReader br)
{
    Root = ReadNode(br);
}

private XNodeEntry ReadNode(BinaryReader br)
{
    int level = br.ReadInt32();
    if (level == 0)
    {
        //数据结点
        int index = br.ReadInt32();
        XNodeEntry node = new XNodeEntry(Layer.GetFeature(index), index);
        return node;
    }
    else
    {
        //树结点
        XNodeEntry node = new XNodeEntry(level);
        node.MBR = XExtent.Input(br);
        int EntryCount = br.ReadInt32();
        for (int i = 0; i < EntryCount; i++)
        {
            XNodeEntry childnode = ReadNode(br);
            //恢复父子关系
            childnode.Parent = node;
            node.Entries.Add(childnode);
        }
        return node;
    }
}
```

ReadNode 函数返回的就是一个结点，并返回到上层的 ReadNode 函数中，这是一个递归的过程，最终，它将在 ReadFile 函数中返回这棵树的根结点。在递归读取过程中，父子关系被建立起来，即 Entries 及 Parent 属性。此外，这里又出现了一个未定义的 XExtent.Input 函数，它负责读入文件内容，构造 XExtent 的对象实例，代码如下。

BasicClasses.cs/XExtent

```
public static XExtent Input(BinaryReader br)
{
    XVertex upright = new XVertex(br.ReadDouble(), br.ReadDouble());
    XVertex bottomleft = new XVertex(br.ReadDouble(), br.ReadDouble());
    return new XExtent(upright, bottomleft);
}
```

至此，在 XTree 中的读写操作都完成了，并且它可以与其他图层属性一样被写入图层文件中，这些操作将在 XMyFile 中完成，代码如下。

BasicClasses.cs/XMyFile

```
public static void WriteFile(XVectorLayer layer, BinaryWriter bw)
{
    WriteFileHeader(layer, bw);
    XTools.WriteString(layer.Name, bw);
```

```
    WriteFields(layer.Fields, bw);
    WriteFeatures(layer, bw);
    if (layer.FeatureCount() > 0)
        layer.Tree.WriteFile(bw);
}
```

上述修改看起来非常简单,首先判断是否为空图层,如果不是,就直接调用 XTree 的 WriteFile 函数即可,而在读图层文件时,则稍有些不同。分析 XMyFile 的原有函数 ReadFile,其 ReadFeatures 函数部分调用了 XVectorLayer 的 AddFeature 函数,此函数里面包含了插入树结点的过程,但是我们希望跳过此步骤,当完成图层所有 Features 读入时,一次性完成树结构的读取,如此,才能达到节省建树时间的目的。为此,我们首先修改 AddFeature 函数,为其增加一个开关属性,决定是否同时插入树结点,为不影响其他代码,我们给此属性设置默认为 true,修改后的代码如下。

BasicClasses.cs/XVectorLayer

```
public void AddFeature(XFeature feature, bool InsertTreeNode = true)
{
    Features.Add(feature);
    if (Features.Count == 1)
        Extent = new XExtent(feature.spatial.extent);
    else
        Extent.Merge(feature.spatial.extent);
    if (InsertTreeNode) Tree.InsertData(Features.Count - 1);
}
```

在 XMyFile 的 ReadFeatures 函数中,当调用 AddFeature 函数时,令第二个参数为 false,实际上,这也是唯一一次使用第二个参数的情景。修改后的代码如下。

BasicClasses.cs/XMyFile

```
static void ReadFeatures(XVectorLayer layer, BinaryReader br, int FeatureCount)
{
    for (int featureindex = 0; featureindex < FeatureCount; featureindex++)
    {
        List<XVertex> vs = ReadMultipleVertexes(br);
        XAttribute attribute = new XAttribute(layer.Fields, br);
        XSpatial spatial = null;
        if (layer.ShapeType == SHAPETYPE.Point)
            spatial = new XPoint(vs[0]);
        else if (layer.ShapeType == SHAPETYPE.Line)
            spatial = new XLine(vs);
        else if (layer.ShapeType == SHAPETYPE.Polygon)
            spatial = new XPolygon(vs);
        XFeature feature = new XFeature(spatial, attribute);
        layer.AddFeature(feature, false);
    }
}
```

现在,我们来完善 XMyFile 的 ReadFile 函数,代码如下。

BasicClasses.cs/XMyFile

```
public static XVectorLayer ReadFile(BinaryReader br)
{
    MyFileHeader mfh = (MyFileHeader)(XTools.FromBytes2Struct(br, typeof(MyFileHeader)));
    SHAPETYPE ShapeType = (SHAPETYPE)Enum.Parse(typeof(SHAPETYPE), mfh.ShapeType.ToString());
    string layername = XTools.ReadString(br);
    XVectorLayer layer = new XVectorLayer(layername, ShapeType);
```

```
            layer.Fields = ReadFields(br, mfh.FieldCount);
            layer.Extent = new XExtent(mfh.MinX, mfh.MaxX, mfh.MinY, mfh.MaxY);
            ReadFeatures(layer, br, mfh.FeatureCount);
            if (layer.FeatureCount()> 0)
                layer.Tree.ReadFile(br);
            return layer;
        }
```

至此，我们完成了空间索引结构的保存和读取，该过程已经被整合到整个图层的读写过程中，对于用户来说，功能上没有任何变化，但空间查询与显示的速度提升了。现在运行程序，由于 XMyFile 的修改，已经无法打开之前自定义的图层文件了，因此，只能打开 Shapefile 图层文件，再重新保存成自定义图层文件即可。

23.4　总结

现在，系统已经变得有些复杂了，可能不应再被称为迷你 GIS，当然它的可执行程序文件肯定还是非常迷你的。通过本章的介绍，希望读者理解以下两点。

第一，当透彻了解了一件事情的原委时，就能够更好地使用它和改进它，例如，RemoveFeature 函数适合删除一个空间对象，但如果一次要删除 10 个空间对象怎么办？如果调用 10 次 RemoveFeature 函数，那么就要调用 10 次 UpdateTree 函数，这显然是非常浪费时间的。这时，读者也许会想到去改进，而且改进也是有可能的。但如果使用的是一个封闭的，或二次开发可能性非常有限的系统，则很难做到这一点，或很难理解为什么效率变低。显然，我们需要的是自主创新的自由，这也许就是底层开发的乐趣所在。

第二，写程序就像说话一样，同一件事情，不同的人讲出来，语言文字不会完全一样，本书的代码不可能是最好的，逻辑不可能是没有错误的，希望读者能受到启发，设计出更高效的系统。

第24章

空间参考系统

如前文所述,一个坐标位置只有在特定的坐标系统中才有意义,这就比如,你告诉一个来访的朋友,你在 325 房间等他,但如果不告诉他是哪个建筑的 325 房间,你的朋友肯定没法找到你。坐标系统也称为空间参考系统,学习过这方面知识的读者一定知道,目前有两类空间参考系统,地理坐标系统和投影坐标系统,地理坐标系统类似于球面坐标,用角度(即经纬度)来描述一个位置,而投影坐标系统是平面坐标,用可量测的度量单位(比如米、千米)来描述一个位置。世界上有数不清的坐标系统,本章并不希望也不可能全部实现对这些已有坐标系统的处理,本章将选择其中的两种坐标系统,介绍它们之间坐标相互转换的方法。

24.1 WGS 1984 及 UTM

WGS 1984,简称为 WGS84,是一个经典的地理坐标系统。定义一个地理坐标系统的核心就是定义地球的形状,除此之外,大部分地理坐标系统都会将经过格林尼治天文台的那根经线定义为经度的 0°,将赤道定义为纬度的 0°。地球的形状是接近椭球形的,而定义一个椭球就是定义它的长轴半径(semi-major axis)及短轴半径(semi-minor axis)。就 WGS84 而言,其两个参数分别为 6378137 米及 6356752.314245 米,代表这两个轴的半径长度。

UTM 是一种横轴等角割椭圆柱面投影坐标系统,名字听起来很复杂,有兴趣的读者可以查找更多的资料,以理解它的原理。简单地说,这种投影就是找一个巨大的圆柱,其直径小于赤道的直径,然后用它去割地球,两条割线位置分别为南北纬 84°处,将地球上的对应位置等角投影到圆柱面上,然后把圆柱展开。需要注意的是,它展开时并不是一个完整的平面,而是一个有些像橘子瓣拼接起来的一个形状,每个橘子瓣经度跨度是 6°。这种投影在南北两极不太适用,在其他区域都表现不错(即各种由投影引起的方向、面积、距离变形比较小)。任何投影坐标系统都是建立在一定的地理坐标系统之上的,所以,在 UTM 的投影描述中,也包括长轴半径和短轴半径,本章中,假设 UTM 投影采用的椭球体定义与 WGS84 是一致的。UTM 坐标单位一般为米,而 WGS84 坐标单位为度(°)。此外,UTM 还包括更多的参数,用于描述其投影特征,现分别解释如下。

- 分度带号码(zone number),为 1~60 的整数,其中有一些特殊分度带,主要是为了保证区域的完整性,不至于使有些特定的区域被分配到多个分度带里。
- 南半球还是北半球(south or north),处理起来不一样,因此,实际上有 120 个分度带,南北半球各 60 个。
- 每个分度带的中央经度(central meridian),为分度带号乘以 6 减去 183。

- 起始纬度(origin of latitude)，通常为 0，可以不必记录。
- 中央经线的长度变形比例(scale factor)，通常为 0.9996，就是说经线在投影后稍微变短了一点。
- 对于每个分度带来说，投影后的坐标原点一般为中央经线与赤道的交点，但是如果这样，就会出现负数坐标值，这有时使用起来不是很方便。为此，对横坐标来说，所有投影后的坐标值加 500 千米，被称为 false easting。对于纵坐标来说，凡是处于南半球的投影位置，都加 10 000 千米，被称为 south offset。当然，即便这样，还是会有负的坐标值出现，但这样的值通常离中央经线比较远。
- 赤道的长度(equator length)，通常被认为是 40 000 千米。

根据上面的介绍，需要在代码中把这些参数定义一下。为此，在 BasicClasses.cs 文件中新增两个类，分别为 CS_WGS84 及 CS_UTM，其中 CS 指代 coordinate system，所有属性成员均为公共静态变量，代码如下。

BasicClasses.cs

```
public class CS_WGS84
{
    public static double SemiMajorAxis = 6378137;
    public static double SemiMinorAxis = 6356752.314245;
}

public class CS_UTM
{
    public static double SemiMajorAxis = CS_WGS84.SemiMajorAxis;
    public static double SemiMinorAxis = CS_WGS84.SemiMinorAxis;
    public static double FalseEasting = 500000;
    public static double ScaleFactor = 0.9996;
    public static double EquatorLength = 40000000;
    public static double SouthOffset = 10000000;
}
```

24.2 单个点的坐标转换

WGS84 的坐标值是绝对的，因此，可以直接用 XVertex 表示一个 WGS84 的坐标点，而 UTM 坐标值还必须配以分度带号和南北半球标识才有意义。为此，先定义一个专用于 UTM 坐标的类，其属性成员及构造函数如下。

BasicClasses.cs

```
public class UTM_Vertex
{
    public XVertex v;
    public int ZoneNumber;
    public bool NorthOrSouth; //北半球: true, 南半球: false

    public UTM_Vertex(double _X, double _Y, int _ZoneNumber, bool _NorthOrSouth)
    {
        v = new XVertex(_X, _Y);
        ZoneNumber = _ZoneNumber;
        NorthOrSouth = _NorthOrSouth;
    }
}
```

下面来尝试实现 WGS84 与 UTM 之间的坐标转换，这是一个有点复杂的过程，本书不打算在此介绍其坐标转换的原理和公式,而是直接给出实现代码,有兴趣的读者可以寻找相关资料了解更多信息。我们定义一个新的类 CS_Transformer 用于存储所有相关的转换方法。

首先,给出从 UTM 到 WGS84 的转换函数 UTM2WGS,这是一个被放置在 CS_UTM 中的静态函数。另外,该函数用到了很多中间变量,为了避免多次无谓的重复计算,把它统一放置在 CS_Transformer 中,作为静态私有变量,其中 Rad2Deg 代表从弧度转成角度时用到的系数,除此之外的变量可不去理解,代码如下。

BasicClasses.cs/CS_Transformer

```
static double p1 = Math.Pow((Math.Pow(CS_UTM.SemiMajorAxis, 2) -
    Math.Pow(CS_UTM.SemiMinorAxis, 2)), 0.5) / CS_UTM.SemiMinorAxis;
static double p2 = Math.Pow(p1, 2);
static double p3 = p2 * 3 / 4;
static double p4 = Math.Pow(p3, 2) * 5 / 3;
static double p5 = Math.Pow(p3, 3) * 35 / 27;
static double p6 = Math.Pow(CS_UTM.SemiMajorAxis, 2) / CS_UTM.SemiMinorAxis;
static double p7 = CS_UTM.EquatorLength / (2 * Math.PI);
static double p8 = (p7 * CS_UTM.ScaleFactor);

static double Rad2Deg = 180 / Math.PI;

public static XVertex UTM2WGS(XVertex v, int ZoneNumber, bool NorthOrSouth)
{
    double easting = v.x - CS_UTM.FalseEasting;
    double northing = NorthOrSouth ? v.y : v.y - CS_UTM.SouthOffset;
    double centralMeridian = ((ZoneNumber * 6.0) - 183.0);
    double a1 = northing / p8;
    double a2 = (p6 / Math.Pow(1 + (p2 * Math.Pow(Math.Cos(a1), 2)), 0.5)) * CS_UTM
.ScaleFactor;
    double a3 = easting / a2;
    double a4 = Math.Sin(2 * a1);
    double a5 = a4 * Math.Pow((Math.Cos(a1)), 2);
    double a6 = a1 + a4 / 2;
    double a7 = (a6 * 3 + a5) / 4;
    double a8 = (5 * a7 + a5 * Math.Pow((Math.Cos(a1)), 2)) / 3;
    double b1 = CS_UTM.ScaleFactor * p6 * (a1 - p3 * a6 + p4 * a7 - p5 * a8);
    double b2 = (northing - b1) / a2;
    double b3 = ((p2 * Math.Pow(a3, 2)) / 2) * Math.Pow((Math.Cos(a1)), 2);
    double b4 = a3 * (1 - (b3 / 3));
    double b5 = (b2 * (1 - b3)) + a1;
    double b6 = (Math.Exp(b4) - Math.Exp(-b4)) / 2;
    double b7 = Math.Atan(b6 / (Math.Cos(b5)));
    double b8 = Math.Atan(Math.Cos(b7) * Math.Tan(b5));
    double longitude = b7 * Rad2Deg + centralMeridian;
    double latitude = ((a1 + (1 + p2 * Math.Pow(Math.Cos(a1), 2) -
        (3.0 / 2.0) * p2 * Math.Sin(a1) * Math.Cos(a1) * (b8 - a1)) * (b8 - a1)))
 * Rad2Deg;
    return new XVertex(longitude, latitude);
}
```

同样地,从 WGS84 到 UTM 的坐标转换函数 WGS2UTM 也被放置在 CS_Transformer 中,之前也有一些中间变量,其中,Deg2Rad 代表从角度转成弧度时用到的系数,函数返回值就是一个 UTM_Vertex 的实例。如前文所述,UTM 坐标必须与一个给定的分度带号配合才有意义,但这并不意味着地球上的某个位置如果处于某个分度带内,它经过投影后的坐标也必须是唯一的,而且属于这个分度带。实际上,任何一个位置都可以投影到任何一个分度带里,差别是,距离中央经线越近,投影误差越小,反之误差越大。例如,经度 100°的点应该处于第

47分度带内,这时它的投影误差最小,但也可以把它投影到48分度带甚至59分度带里,只不过误差变形会大一些。这样做法的原因是,有些区域为了让它整体处于同一个坐标体系下,即便它们的经度差大于6°,也选择投影到一个分度带里,就是说选择同一个中央经线。除此之外,由于UTM在高纬度表现一般,因此,也有一些特殊的分度带设计。这些情况都会在坐标转换中有所考虑。为此,定义了两个坐标转换函数:一个是根据经纬度、分度带号及南北半球转换坐标;另一个仅根据经纬度调用GetZoneNumber函数获得最佳分度带号,然后调用前一个函数实现坐标转换。在实际情况中,前一个函数往往应用更广。中间变量及两个函数代码如下。

BasicClasses.cs/CS_Transformer

```
static double Deg2Rad = Math.PI / 180;
static double v1 = 1 - CS_UTM.SemiMinorAxis * CS_UTM.SemiMinorAxis /
    (CS_UTM.SemiMajorAxis * CS_UTM.SemiMajorAxis);
static double v2 = (v1) / (1 - v1);
static double v3 = 1 - v1 / 4 - 3 * v1 * v1 / 64 - 5 * v1 * v1 * v1 / 256;
static double v4 = 3 * v1 / 8 + 3 * v1 * v1 / 32 + 45 * v1 * v1 * v1 / 1024;
static double v5 = 15 * v1 * v1 / 256 + 45 * v1 * v1 * v1 / 1024;
static double v6 = 35 * v1 * v1 * v1 / 3072;
public static UTM_Vertex WGS2UTM(XVertex v, int ZoneNumber, bool NorthOrSouth)
{
    double Longitude = v.x;
    double Latitude = v.y;
    double OriginLongitude = ZoneNumber * 6 - 183;
    double a1 = Latitude * Deg2Rad;
    double a2 = Longitude * Deg2Rad;
    double a3 = OriginLongitude * Deg2Rad;
    double a4 = CS_UTM.SemiMajorAxis / Math.Sqrt(1 - v1 * Math.Sin(a1) * Math.Sin(a1));
    double a5 = Math.Tan(a1) * Math.Tan(a1);
    double a6 = v2 * Math.Cos(a1) * Math.Cos(a1);
    double a7 = Math.Cos(a1) * (a2 - a3);
    double a8 = CS_UTM.SemiMajorAxis * (v3 * a1 - v4 * Math.Sin(2 * a1) +
        v5 * Math.Sin(4 * a1) - v6 * Math.Sin(6 * a1));
    double X = CS_UTM.ScaleFactor * a4 * (a7 + (1 - a5 + a6) * Math.Pow(a7, 3) / 6 +
        (5 - 18 * a5 + a5 * a5 + 72 * a6 - 58 * v2) * Math.Pow(a7, 5) / 120) + CS_UTM
    .FalseEasting;
    double Y = CS_UTM.ScaleFactor * (a8 + a4 * Math.Tan(a1) * (a7 * a7 / 2 +
        (5 - a5 + 9 * a6 + 4 * a6 * a6) * Math.Pow(a7, 4) / 24 +
        (61 - 58 * a5 + a5 * a5 + 600 * a6 - 330 * v2) * Math.Pow(a7, 6) / 720));
    //南半球偏移
    if (!NorthOrSouth) Y += CS_UTM.SouthOffset;
    return new UTM_Vertex(X, Y, ZoneNumber, NorthOrSouth);
}

public static UTM_Vertex WGS2UTM(XVertex v)
{
    double Longitude = v.x;
    double Latitude = v.y;
    int ZoneNumber = GetZoneNumber(Longitude, Latitude);
    return WGS2UTM(v, ZoneNumber, Latitude >= 0);
}
```

其中根据坐标位置计算分度带的GetZoneNumber函数代码如下。

BasicClasses.cs/CS_Transformer

```
public static int GetZoneNumber(double Longitude, double Latitude)
{
```

```
    //限定经度在±180°之间
    Longitude = (Longitude > 180) ? Longitude - 360 : Longitude;
    //一般区号计算
    int ZoneNumber = (int)((Longitude + 180) / 6) + 1;
    //特殊区号处理
    if (Latitude >= 56.0 && Latitude < 64.0 && Longitude >= 3.0 && Longitude < 12.0)
        ZoneNumber = 32;
    if (Latitude >= 72.0 && Latitude < 84.0)
    {
        if (Longitude >= 0.0 && Longitude < 9.0) ZoneNumber = 31;
        else if (Longitude >= 9.0 && Longitude < 21.0) ZoneNumber = 33;
        else if (Longitude >= 21.0 && Longitude < 33.0) ZoneNumber = 35;
        else if (Longitude >= 33.0 && Longitude < 42.0) ZoneNumber = 37;
    }
    return ZoneNumber;
}
```

至此，基于单个点的坐标转换已经完成了，在 24.3 节中将探讨一个空间实体及一个图层的坐标转换。

24.3 空间实体坐标转换

空间实体坐标转换的过程就是根据其类型的不同，把构成空间实体的 XVertex 转成指定坐标系下新的 XVertex。我们首先来完成空间实体坐标自 UTM 向 WGS84 转换的函数，其输入函数包括空间实体本身（spatial）、分度带号（ZoneNumber）及南北半球标志（NorthOrSouth），而其返回值是一个以 WGS84 坐标值描述的新空间实体。代码如下。

BasicClasses.cs/CS_Transformer

```
public static XSpatial UTM2WGS(XSpatial spatial, int ZoneNumber, bool NorthOrSouth)
{
    List<XVertex> vs = new List<XVertex>();
    foreach (XVertex v in spatial.vertexes)
        vs.Add(UTM2WGS(v, ZoneNumber, NorthOrSouth));
    if (spatial is XPoint)
    {
        return new XPoint(vs[0]);
    }
    else if (spatial is XLine)
    {
        return new XLine(vs);
    }
    else if (spatial is XPolygon)
    {
        return new XPolygon(vs);
    }
    return null;
}
```

空间实体坐标自 WGS84 向 UTM 转换的函数也非常类似，其中，也必须指定分度带号和南北半球标志，这是因为坐标转换是整体进行的，因此构成空间实体的每个节点都必须转换至同一个坐标体系下。代码如下。

BasicClasses.cs/CS_Transformer

```
public static XSpatial WGS2UTM(XSpatial spatial, int ZoneNumber, bool NorthOrSouth)
{
    List<XVertex> vs = new List<XVertex>();
```

```
        foreach (XVertex v in spatial.vertexes)
            vs.Add(WGS2UTM(v, ZoneNumber, NorthOrSouth).v);
        if (spatial is XPoint)
        {
            return new XPoint(vs[0]);
        }
        else if (spatial is XLine)
        {
            return new XLine(vs);
        }
        else if (spatial is XPolygon)
        {
            return new XPolygon(vs);
        }
        return null;
    }
```

24.4　图层坐标转换

正常来说，一个图层必须配有坐标系统说明，如 Shapefile 文件，它就附带一个描述坐标投影信息的".prj"文件。它是一个文本文件，以 WKT（well-known text）格式记录了坐标系统的详细信息，例如，一个 WGS84 的 WKT 为

```
GEOGCS["GCS_WGS_1984",
    DATUM["D_WGS_1984",SPHEROID["WGS_1984",6378137,298.257223563]],
    PRIMEM["Greenwich",0],
    UNIT["Degree",0.0174532925199433]
]
```

而一个 UTM 的 WKT 为

```
PROJCS["WGS_1984_UTM_Zone_16N",
    GEOGCS["WGS 84",
        DATUM["WGS_1984",
            SPHEROID["WGS 84",6378137,298.257223563,AUTHORITY["EPSG","7030"]],
            AUTHORITY["EPSG","6326"]
        ],
        PRIMEM["Greenwich",0,AUTHORITY["EPSG","8901"]],
        UNIT["degree",0.01745329251994328,AUTHORITY["EPSG","9122"]],
        AUTHORITY["EPSG","4326"]
    ],
    PROJECTION["Transverse_Mercator"],
    PARAMETER["latitude_of_origin",0],
    PARAMETER["central_meridian",9],
    PARAMETER["scale_factor",0.9996],
    PARAMETER["false_easting",500000],
    PARAMETER["false_northing",0],
    UNIT["metre",1,AUTHORITY["EPSG","9001"]],
    AUTHORITY["EPSG","32632"]
]
```

本书暂时不讨论针对 WKT 文件的解析，仅尝试性地实现图层的坐标转换，读者可在此基础上不断完善。通过调用空间实体坐标转换函数，即可实现整个图层所有空间对象的坐标转换，自 UTM 向 WGS84 转换的函数需要三个输入参数：图层、分度带号及南北半球标志，转换函数根据这些参数逐一更新每个图层对象的空间实体，最后记得更新图层空间索引及图层空间范围。代码如下：

BasicClasses.cs/CS_Transformer

```csharp
public static void UTM2WGS(XVectorLayer layer, int ZoneNumber, bool NorthOrSouth)
{
    for (int i = 0; i < layer.FeatureCount(); i++)
    {
        XFeature f = layer.GetFeature(i);
        f.spatial = UTM2WGS(f.spatial, ZoneNumber, NorthOrSouth);
    }
    //更新空间索引及空间范围
    layer.BuildTree();
    layer.UpdateExtent();
}
```

自 WGS84 向 UTM 的图层坐标转换函数仅需要一个图层参数,该函数首先将图层范围中心点所在的地理坐标转换成投影坐标,转换的目的是获得用于图层其他空间实体转换的分度带号和南北半球标志,之后,跟 UTM2WGS 一样,逐一更新图层对象的空间实体,最后更新索引和地图范围。

BasicClasses.cs/CS_Transformer

```csharp
public static void WGS2UTM(XVectorLayer layer)
{
    UTM_Vertex uv = WGS2UTM(layer.Extent.getCenter());
    for (int i = 0; i < layer.FeatureCount(); i++)
    {
        XFeature f = layer.GetFeature(i);
        f.spatial = WGS2UTM(f.spatial, uv.ZoneNumber, uv.NorthOrSouth);
    }
    //更新空间索引及空间范围
    layer.BuildTree();
    layer.UpdateExtent();
}
```

上述所有坐标转换都是面向矢量图层的,而栅格图层同样可以实现坐标转换,由于栅格图层并不包含空间对象,因此,只需要转换其空间范围属性(Extent)即可。此外,这里还有一点需要说明的是,经过坐标转换后的栅格图层往往是会变形的,即其基于的矩形栅格数据(图片)经转换后并不保证仍然是矩形,本书介绍的栅格图层转换方式只是一种近似的方法,仅适用于空间范围较小的区域。两个转换函数的代码如下。

BasicClasses.cs/CS_Transformer

```csharp
public static void UTM2WGS(XRasterLayer layer, int ZoneNumber, bool NorthOrSouth)
{
    XExtent extent = layer.Extent;
    XVertex bottomleft = UTM2WGS(extent.bottomleft, ZoneNumber, NorthOrSouth);
    XVertex upright = UTM2WGS(extent.upright, ZoneNumber, NorthOrSouth);
    layer.Extent = new XExtent(bottomleft, upright);
}

public static void WGS2UTM(XRasterLayer layer)
{
    XExtent extent = layer.Extent;
    UTM_Vertex uv = WGS2UTM(extent.getCenter());
    XVertex bottomleft = WGS2UTM(extent.bottomleft, uv.ZoneNumber, uv.NorthOrSouth).v;
    XVertex upright = WGS2UTM(extent.upright, uv.ZoneNumber, uv.NorthOrSouth).v;
    layer.Extent = new XExtent(bottomleft, upright);
}
```

24.5 验证转换效果

在 FormXGIS 中，我们添加两个按钮"WGS 转 UTM"（bWGS2UTM）及"UTM 转 WGS"（bUTM2WGS）。两个按钮的事件处理函数如下。

FormXGIS.cs

```
private void bWGS2UTM_Click(object sender, EventArgs e)
{
    XLayer layer = MapPanel.document.Layers[0];
    if (layer is XVectorLayer)
        CS_Transformer.WGS2UTM((XVectorLayer)layer);
    else if (layer is XRasterLayer)
        CS_Transformer.WGS2UTM((XRasterLayer)layer);
    MapPanel.document.UpdateExtent();
    MapPanel.UpdateExtent(layer.Extent);
}

private void bUTM2WGS_Click(object sender, EventArgs e)
{
    XLayer layer = MapPanel.document.Layers[0];
    if (layer is XVectorLayer)
        CS_Transformer.UTM2WGS((XVectorLayer)layer, 10, true);
    else if (layer is XRasterLayer)
        CS_Transformer.UTM2WGS((XRasterLayer)layer, 10, true);
    MapPanel.document.UpdateExtent();
    MapPanel.UpdateExtent(layer.Extent);
}
```

两个函数的结构几乎一模一样，假定要转换 MapPanel 中的第一个图层，根据图层类型，调用 CS_Transformer 相应的转换函数，其中 UTM2WGS 函数需要提供分度带号和南北半球标志，出于测试的目的，我们就简单给出了两个常数，完成转换后，由于原有图层的地图范围已经发生变化了，我们需要调用 XDocument 的 UpdateExtent 函数更新整个地图文档的空间范围，虽然在此处它并不一定是必须的，但从严谨性上考虑是需要的，XDocument 的 UpdateExtent 函数尚未定义，而实际上，这个函数的代码在 DeleteLayer 函数里已经存在了（删除一个图层后，需要更新文档的地图范围），为避免代码重复，我们把这部分分割出来，就形成了 UpdateExtent 函数，修改后的 DeleteLayer 函数和新添加的 UpdateExtent 函数代码如下。

BasicClasses.cs/XDocument

```
public void DeleteLayer(XLayer layer)
{
    if (!Layers.Contains(layer)) return;
    Layers.Remove(layer);
    UpdateExtent();
}
public void UpdateExtent()
{
    if (Layers.Count == 0) return;
    else
    {
        Extent = new XExtent(Layers[0].Extent);
        foreach (XLayer _layer in Layers)
            Extent.Merge(_layer.Extent);
    }
}
```

上述两个图层转换按钮事件处理函数的最后一行是调用 MapPanel 的 UpdateExtent 函数，它是已经存在的一个函数，其参数就是希望显示在当前地图窗口的地图范围，在这里也就是转换后的图层范围。

现在运行程序，打开一个图层，根据这个图层的元数据信息（比如 Shapefile 的".prj"文件）或者通过观察状态栏上的坐标值，可大概猜出该图层是地理坐标还是投影坐标。据此，可单击转换按钮，观察结果，如图 24-1 所示，左图为在地理坐标空间中任意绘制的数个多边形，其中之一处于被选中状态，右图为转换后的投影坐标，可以看出，两幅图空间对象的长宽比略有不同，而且状态栏上的坐标值也相差非常大。

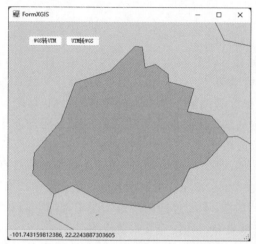 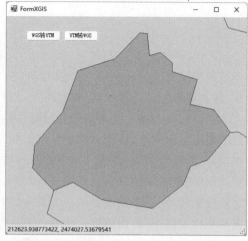

图 24-1　将地理坐标图层转成投影坐标图层

需要注意的是，如果单击"WGS 转 UTM"，而此时图层是投影坐标，且坐标值超过地理坐标的阈值，那么转换结果可能会非常奇怪，甚至会出错，反之亦然，读者可自行尝试。当然，在正常情况下，我们是需要根据图层当前的空间参考系统决定执行怎样的坐标转换。

24.6　总结

本章介绍了空间参考系统，而这个题目本身是相当复杂的，本书涉及的仅是其中的一小部分，但系统框架已经定义好了，希望能够给读者一些启发，在此基础上，将更多的坐标系统纳入其中。

图层的属性成员中应该包括针对空间参考系统的一些描述，否则在处理多个图层时，就无法保证每个图层都能在正确的位置显示。想象一下，一个 WGS84 的图层和一个 UTM 的图层同时被打开，那么应用系统应该统一选择一种空间参考系统，比如 WGS84，然后把 UTM 图层转成 WGS84 图层，再加载到 XPanel 中。因此，让应用系统事先了解一个图层的空间参考系统是有必要的，读者可思考一下，如何添加进去。

第25章

图层新建与编辑栏的添加

本书最初的设想是开发一个类似 ESRI 公司早期 Arcview 软件的产品,可打开已有的空间数据、并实现分析及可视化,而对已有数据的修改和编辑不是本书的重点。目前,这个设想基本完成了。在本书接近结束的时候,我们决定从软件完整性的角度出发,用最简单的方式实现有限的数据编辑功能,请读者在此基础上继续完善。

编辑功能,简单地说,就是针对数据进行增、删、改、查,其中,"查"功能在相关章节已有完整介绍,"删"功能在函数级别已经实现,但尚未整合入 XPanel 中实现人机交互式操作,"增"及"改"功能尚未涉及,将在本章介绍。尤其是"增"功能,不仅包括向现有图层中增加空间对象,还应包括新建图层,并添加数据。因此,25.1 节就是介绍如何交互式新建图层。

由于图层对象编辑涉及内容较多,我们在本章将主要讨论如何交互式新建图层及如何添加编辑工具栏,而实际的图层编辑功能在第 26 章讨论。

另外,特别需要指出的是,本章及第 26 章所有讨论都是针对矢量图层的。

25.1 交互式新建图层

调用 XVectorLayer 的构造函数就能生成一个矢量图层,但其必需的属性成员(空间范围和字段结构)还需要进一步的定义。当然,我们可以在代码中完成所有成员的定义,然而,从软件操作角度出发,这并不方便。为此,我们需要实现一个人机交互式新建图层功能,并把这个功能添加到 XPanel 右键快捷菜单中。

首先,我们建立一个窗体 FormCreateVectorLayer 用于新建矢量图层,其界面设计如图 25-1 所示。它可以定制图层的三组参数:坐标范围,包括最小 X 值(tbMinX)、最大 X 值(tbMaxX)、最小 Y 值(tbMinY)及最大 Y 值(tbMaxY);空间对象类型,包括点(rbPoint)、线(rbLine)及多边形(rbPolygon);属性字段(dgvAttributes)。其中坐标范围我们给出了比较常用的,适合于地理坐标系统的最大范围。单击按钮"新建"(bOK)可根据上述参数完成图层构建,并提示用户保存成图层文件。单击按钮"取消"(bCancel)取消新建操作。

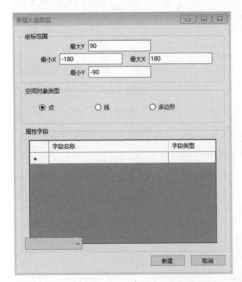

图 25-1 新建矢量图层窗体

此外，在添加属性字段时，用户需要给出名称和字段类型，其中名称是自由输入的，而字段类型是可选的。为此，我们定义了一个可应用于控件 DataGridView 中实现选择的控件 ComboBox 达到此目的，该控件被命名为 cbDataTypes，其 DropDownStyle 应为 DropDownList，其 Items 属性即为可选的字段类型，我们暂时仅包含"字符串""整数"及"实数"三类数据类型，读者稍后可以添加更多数据类型。

cbDataTypes 的实际显示位置应该是在"字段类型"一列的某一行，要根据人机交互确定实际显示位置，因此，在设计时，其 Visible 属性应为 false，而在运行时，当用户将鼠标单击到字段类型一列的小格子时，根据小格子的位置计算 cbDataTypes 的位置，然后才应当将其属性设为 true，该操作可在 dgvAttributes 的事件处理函数 CurrentCellChanged 中实现，代码如下。

FormCreateVectorLayer.cs

```
private void dgvAttributes_CurrentCellChanged(object sender, EventArgs e)
{
    if (dgvAttributes.CurrentCell == null)
    {
        cbDataTypes.Visible = false;
        return;
    }
    if (dgvAttributes.CurrentCell.ColumnIndex != 1)
    {
        cbDataTypes.Visible = false;
        return;
    }
    if (dgvAttributes.CurrentCell.Value == null)
        cbDataTypes.SelectedIndex = 0;
    else
        cbDataTypes.Text = dgvAttributes.CurrentCell.Value.ToString();
    Rectangle rect = dgvAttributes.GetCellDisplayRectangle(dgvAttributes.CurrentCell.ColumnIndex,
        dgvAttributes.CurrentCell.RowIndex, false);
    cbDataTypes.Left = rect.Left + dgvAttributes.Left;
    cbDataTypes.Top = rect.Top + dgvAttributes.Top;
    cbDataTypes.Width = rect.Width;
    cbDataTypes.Height = rect.Height;
    cbDataTypes.Visible = true;
}
```

该函数首先要判断当前的小格子（CurrentCell）是否是"字段类型"一列的，如果不是就令 cbDataTypes.Visible 为 false，如果是，要根据当前小格子的内容决定 cbDataTypes 的选择项，然后调用 GetCellDisplayRectangle 函数获得当前小格子所在的矩形范围，据此计算 cbDataTypes 所应出现的位置和大小。其中 Left 及 Top 参数增加了 dgvAttributes 的位置作为偏移量，其原因是小格子的位置是相对其父控件 dgvAttributes 的，而 cbDataTypes 不是 dgvAttributes 的子控件，根据图 25-1，控件 cbDataTypes 与 dgvAttributes 其实同属于一个 GroupBox，因此，cbDataTypes 的位置应该是相对于此 GroupBox 的，添加 dgvAttributes 的位置偏移量就实现了这一点。从上述讨论也可以看出，cbDataTypes 虽然最初是不需要显示的，但在 VS 中放到什么位置还是决定了其父控件是谁，进而也会影响后期位置的实时计算。

接下来，我们要为 cbDataTypes 添加一个事件处理函数 SelectedIndexChanged，用来将用户的选择添加到小格子里，代码如下。

FormCreateVectorLayer.cs

```
private void cbDataTypes_SelectedIndexChanged(object sender, EventArgs e)
{
```

```
        dgvAttributes.CurrentCell.Value = cbDataTypes.Text;
    }
```

单击"取消"后,取消新建操作,直接关闭窗口即可,代码如下。

FormCreateVectorLayer.cs

```
    private void bCancel_Click(object sender, EventArgs e)
    {
        Close();
    }
```

单击"新建"完成新建操作,这也是该窗体最复杂的一部分,代码如下。

FormCreateVectorLayer.cs

```
    private void bOK_Click(object sender, EventArgs e)
    {
        //获取图层范围
        double _minx, _miny, _maxx, _maxy;
        if (!double.TryParse(tbMinX.Text, out _minx) ||
            !double.TryParse(tbMaxX.Text, out _maxx) ||
                !double.TryParse(tbMinY.Text, out _miny) ||
                !double.TryParse(tbMaxY.Text, out _maxy))
        {
            MessageBox.Show("坐标输入格式错误!");
            return;
        }
        if (_minx >= _maxx)
        {
            MessageBox.Show("坐标 X 输入范围错误!");
            return;
        }
        if (_miny >= _maxy)
        {
            MessageBox.Show("坐标 Y 输入范围错误!");
            return;
        }
        //获取图层空间类型
        SHAPETYPE shapeType = SHAPETYPE.Point;
        if (rbLine.Checked)
            shapeType = SHAPETYPE.Line;
        else if (rbPolygon.Checked)
            shapeType = SHAPETYPE.Polygon;
        //获取属性字段定义
        if (dgvAttributes.Rows.Count == 1)
        {
            MessageBox.Show("属性字段尚未添加!");
            return;
        }
        List<XField> fields = new List<XField>();
        List<string> fieldnames = new List<string>();
        for (int i = 0; i < dgvAttributes.Rows.Count - 1; i++)
        {
            DataGridViewRow row = dgvAttributes.Rows[i];
            if (row.Cells[0].Value == null || row.Cells[1].Value == null)
            {
                MessageBox.Show("属性字段信息输入不完整!");
                return;
            }
            string name = row.Cells[0].Value.ToString();
            string type = row.Cells[1].Value.ToString();
            if (name == "" || type == "")
            {
```

```
                MessageBox.Show("属性字段信息不可为空!");
                return;
            }
            if (fieldnames.Contains(name))
            {
                MessageBox.Show("属性字段名称不可重复!");
                return;
            }
            fieldnames.Add(name);
            fields.Add(new XField(String2DataType(type), name));
        }
        //生成新的图层
        XVectorLayer layer = new XVectorLayer("新图层", shapeType);
        layer.Extent = new XExtent(_minx, _maxx, _miny, _maxy);
        layer.Fields = fields;
        //保存图层
        SaveFileDialog dialog = new SaveFileDialog();
        dialog.Filter = "地图图层文件|*.gis";
        if (dialog.ShowDialog() != DialogResult.OK) return;
        XMyFile.WriteFile(layer, dialog.FileName);
        MessageBox.Show("新建图层已保存至" + dialog.FileName);
        //通知父窗体,新建完成
        CreateLayer(dialog.FileName);
        //关闭窗体
        Close();
    }
```

根据注释不难看出，函数由几部分构成，首先检查三组输入参数的合法性，其中数组 fieldnames 用于确保字段名称不重复，String2DataType 函数用于将字段类型字符串转换成数据类型，然后根据参数生成新的图层，最后将结果保存至一个硬盘文件中，同时调用代理函数 CreateLayer 通知父窗体新建完成，CreateLayer 函数的定义如下。

FormCreateVectorLayer.cs

```
    public delegate void DelegateCreateLayer(String layerpath);
    public event DelegateCreateLayer CreateLayer;
```

String2DataType 函数目前只支持三种数据类型，用户可在此基础上扩充，代码如下。

FormCreateVectorLayer.cs

```
    private Type String2DataType(string v)
    {
        if (v == "字符串") return typeof(string);
        else if (v == "整数") return typeof(int);
        else if (v == "实数") return typeof(double);
        else return typeof(string);
    }
```

至此，新建图层功能已完成，我们将其整合入 XPanel，调用入口如图 25-2 所示，作为菜单项"新建矢量图层"（mCreateVectorLayer），被添加至 XPanel 的快捷菜单中。

事件处理函数代码如下。

XPanel.cs

```
    private void mCreateVectorLayer_Click(object sender, EventArgs e)
    {
        FormCreateVectorLayer form = new FormCreateVectorLayer();
```

图 25-2　添加"新建矢量图层"菜单项

```
        form.CreateLayer += AfterCreateLayer;
        form.ShowDialog();
    }
```

该函数很简单，就是定义一个 FormCreateVectorLayer 类型的窗体实例，为 CreateLayer 事件添加一个响应函数 AfterCreateLayer，然后打开此窗体即可。AfterCreateLayer 函数的目的是询问用户是否需要将新建的图层添加到当前地图文档中，如果需要，就调用 document 的 AddLayer 函数添加此图层，代码如下。

XPanel.cs

```
    private void AfterCreateLayer(string layerpath)
    {
        DialogResult dialogResult = MessageBox.Show(
                "是否将此图层添加至当前地图文档?",
                "确认", MessageBoxButtons.YesNo);
        if (dialogResult == DialogResult.Yes)
        {
            XLayer layer = XTools.OpenLayer(layerpath);
            AddLayer(layer);
        }
    }
```

现在，可运行程序，尝试一下上述功能是否可正常执行。

25.2 添加编辑工具栏

我们希望在 XPanel 中内嵌一个编辑工具栏，如图 25-3 所示，该工具栏集成了所有的编辑功能，它是一个 ToolStrip 控件（tsEditor），包含一个图层列表（cbLayers）以及 4 个按钮：添加（bAdd），删除（bDelete），修改（bEdit）及保存（bSave）。通常来说，在工具栏上的按钮都是用图标表示的，但本章为了更直观地指示按钮功能，使用了文字的形式，想做到这一点，只需将按钮的 DisplayStyle 设为 Text 即可。

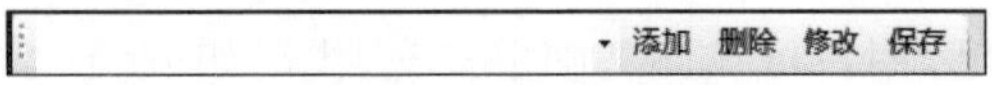

图 25-3 编辑工具栏

图层列表（cbLayers）包含当前地图文档里所有矢量图层，当然每次会有一个图层被选中，之后的所有编辑操作都是针对此选中图层进行的。cbLayers 的 DropDownStyle 应为 DropDownList，确保在给定的图层列表中选择。我们首先定义一个加载图层列表至 cbLayers 的 LoadLayers 函数，代码如下。

XPanel.cs

```
    private void LoadLayers()
    {
        string currentLayer = cbLayers.SelectedIndex < 0 ? "" : cbLayers.Text;
        cbLayers.Items.Clear();
        int index = 0;
        int selectedIndex = -1;
        foreach(XLayer layer in document.Layers)
        {
            if (layer is XVectorLayer)
            {
                cbLayers.Items.Add(layer.Name);
                if (layer.Name == currentLayer) selectedIndex = index;
                index++;
            }
        }
```

```
            if (cbLayers.Items.Count == 0)
            {
                cbLayers.SelectedIndex = -1;
            }
            else if (selectedIndex > -1)
            {
                cbLayers.SelectedIndex = selectedIndex;
            }
            else
            {
                cbLayers.SelectedIndex = 0;
            }
        }
```

LoadLayers 函数考虑了多种情况，首先，函数把当前的用户选择记录在字符串 currentLayer 中，然后逐步添加矢量图层名称至 cbLayers 列表中，添加过程中，如果发现图层名称等于 currentLayer，就将其序号赋值给 selectedIndex，最后，根据 cbLayers 列表中的情况，确定其当前选择项。

LoadLayers 函数需要在所有图层发生变化时被调用，包括打开地图文档、新建地图文档、添加图层、删除图层。涉及的函数如下。

XPanel.cs

```
        public void NewDoc()
        {
            document = new XDocument();
            UpdateMap();
            LoadLayers();
        }

        public void OpenDoc()
        {
            OpenFileDialog dialog = new OpenFileDialog();
            dialog.Filter = "地图文档|*.xdoc";
            if (dialog.ShowDialog() != DialogResult.OK) return;
            document.Read(dialog.FileName);
            FullExtent();
            LoadLayers();
        }
        public void AddLayer(XLayer layer)
        {
            document.AddLayer(layer);
            LoadLayers();
        }
        private void mDeleteLayer_Click(object sender, EventArgs e)
        {
            document.DeleteLayer(CurrentLayer);
            UpdateMap();
            LoadLayers();
        }
```

编辑工具栏不一定需要永远存在，很多时候，用户仅希望浏览数据，而不需要编辑数据。因此，应该有一个开关决定其可视性，我们将此开关"编辑工具栏"（mShowEditTool）放置在 XPanel 的快捷菜单中，如图 25-4 所示。

该菜单项的 Checked 属性与 tsEditor 的 Visible 属性应该是永远相等，如果希望缺省情况下不显示 tsEditor，那么上述两个属性在设计时就应该都设为 false。菜单项"编辑工具栏"的

图 25-4 添加"编辑工具栏"菜单项

事件处理函数代码如下。

XPanel.cs

```
private void mShowEditTool_Click(object sender, EventArgs e)
{
    mShowEditTool.Checked = !mShowEditTool.Checked;
    tsEditor.Visible = mShowEditTool.Checked;
}
```

现在可运行程序，看看该工具栏的控制是否灵活，图层列表的显示是否正确。在第 26 章，我们就可以实现工具栏的 4 个按钮了。

25.3 总结

新建图层时，目前仅支持三种数据类型，其实添加新的数据类型是非常简单的，在 cbDataTypes 中添加新的项目，然后在 String2DataType 中增加判断选项和返回相应数据类型即可。

本章在 XPanel 中添加的编辑工具栏位置是固定的，有时也许会觉得不方便，读者可以想办法实现编辑工具栏的自由拖动。

第26章

空间对象编辑

基于第 25 章定义的编辑工具栏,本章将介绍几项编辑功能的具体实现方法,其中添加图层对象应该是最复杂的一项操作,因为涉及多情景及多种空间类型的人机交互,而且利用鼠标绘制空间实体时还要考虑与已有鼠标操作之间的关系,避免产生冲突。删除空间对象就是删除图层当前选中的所有对象。修改空间对象在本书中仅指修改空间对象的属性信息。同样,本章涉及的所有讨论都是面向矢量图层的。

26.1 空间实体绘制

添加空间对象包含两个步骤:绘制空间实体及输入属性信息,本节介绍前者。绘制空间实体其实就是在地图上交互式添加节点,如果是点实体就添加一个节点、否则可能是一组节点。为此,我们首先在 XPanel 中定义三个全局属性成员,用于记录绘制节点时的状态信息,定义如下。

XPanel.cs

```
private SHAPETYPE AddType;
private List<XVertex> AddedVertexes;
private bool IsAddingVertex = false;
```

AddType 用于记录当前正在绘制的空间实体类型,AddedVertexes 用于记录绘制过程中添加的节点,IsAddingVertex 用于记录现在是否处于绘制空间实体的状态,缺省情况下应该为 false。上述三个变量在单击按钮"添加"时会被赋值,代码如下。

XPanel.cs

```
private void bAdd_Click(object sender, EventArgs e)
{
    if (IsAddingVertex) return;
    XVectorLayer layer = GetEditLayer();
    if (layer == null) return;
    AddType = layer.ShapeType;
    AddedVertexes = new List<XVertex>();
    IsAddingVertex = true;
    Cursor = Cursors.Cross;
}
```

该操作首先判断,如果当前已经处于绘制状态,则不需要继续了;否则,调用 GetEditLayer 函数获得当前被编辑的图层,根据获得的图层,确定 AddType,同时清空 AddedVertexes,并令 IsAddingVertex 为 true,最后,为了表明现在处于绘制状态,我们修改了 XPanel 的默认鼠标指针样式为 Cross。由于 GetEditLayer 这个动作会在几处被调用，因此我们将它写成了一个独立的函数，其代码如下。

XPanel.cs

```
private XVectorLayer GetEditLayer()
{
    if (cbLayers.Items.Count == 0)
    {
        MessageBox.Show("当前并无可编辑的矢量图层!");
        return null;
    }
    XLayer layer = document.FindLayer(cbLayers.Text);
    return (XVectorLayer)layer;
}
```

现在如果读者运行程序，添加一个图层后，单击按钮"添加"后，鼠标指针会变成十字线，其他没有任何变化，地图仍然可以通过鼠标被正常浏览。接下来，我们尝试利用鼠标单击添加节点的操作，同时，我们考虑到在绘制一条较长的线实体或一个较复杂的面实体时，很可能会出错，需要提供一种回退的机制，此外，还需要有结束添加节点和取消添加节点的动作，"结束"和"取消"的区别在于，前者表明已完成所有节点的绘制，而后者表示放弃绘制，添加动作作废。

图 26-1　节点操作快捷菜单

我们将这些工作放置在一个新的右键快捷菜单 MenuVertex 中，如图 26-1 所示，菜单中包含"删除上一个节点"(mDeleteLastVertex)、"结束添加节点"(mStopAddVertex) 及"取消添加节点"(mCancelAddVertex) 三个菜单项。该菜单不适用于绘制点实体情况，即 DrawType 为 SHAPETYPE.Point，因为点实体只涉及一个节点，无须这些复杂的操作。

现在，我们在 XPanel 的事件处理函数 MouseClick 中完成节点添加和右键快捷菜单的打开，修改后的代码如下。

XPanel.cs

```
private void XPanel_MouseClick(object sender, MouseEventArgs e)
{
    if (IsAddingVertex)
    {
        if (e.Button == MouseButtons.Left)
        {
            AddVertex(view.ToMapVertex(e.Location));
        }
        else if (e.Button == MouseButtons.Right)
        {
            if (AddType != SHAPETYPE.Point)
                MenuVertex.Show(this.PointToScreen(e.Location));
        }
    }
    else
    {
        if (e.Button == MouseButtons.Right)
            MenuDoc.Show(this.PointToScreen(e.Location));
    }
}
```

IsAddingVertex 是首要判断条件，如果为 true 表示当前处在添加节点过程中，则左键调用 AddVertex 函数完成添加节点工作，右键负责打开 MenuVertex 快捷菜单。AddVertex 函数代码如下。

XPanel.cs

```
private void AddVertex(XVertex v)
{
    AddedVertexes.Add(v);
    UpdateMap();
    if (DrawType == SHAPETYPE.Point)
    {
        StopAddVertex();
    }
}
```

AddVertex 函数把输入的节点添加到数组 AddedVertexes 中，然后重绘地图，如果当前添加的是点实体，则可以调用 StopAddVertex 函数停止添加了。上述过程中重绘地图函数 UpdateMap 需要增加绘制 AddedVertexes 节点以及节点间连线的部分，对于绘制的样式，我们采用的是固定的参数，读者可以想想如何令其可自由定制，补充后的代码如下。

XPanel.cs

```
public void UpdateMap()
{
    ……
    //绘制空间对象
    document.DrawLayers(g, view);
    //绘制添加的节点和连线
    if (IsAddingVertex)
    {
        foreach (XVertex v in AddedVertexes)
        {
            Point p = view.ToScreenPoint(v);
            g.FillRectangle(new SolidBrush(Color.Violet), new Rectangle(p.X - 3, p.Y - 3, 6, 6));
        }
        if (AddedVertexes.Count > 1)
        {
            Point[] points = view.ToScreenPoints(AddedVertexes).ToArray();
            g.DrawLines(new Pen(Color.Orange, 2), points);
        }
    }
    //回收绘图工具
    g.Dispose();
    //重绘前景窗口
    Invalidate();
}
```

UpdateMap 函数可在一个节点添加完成后，在窗口中将其绘制出来，但是，在绘制线或面的过程中，我们希望鼠标移动时，就能够实时显示鼠标当前的位置与上一个节点之间的连线，类似一个橡皮筋，这也是常规绘图中通用的方式，通过修改 XPanel 的两个事件处理函数可实现这一点，即 MouseMove 与 Paint 函数，代码如下。

XPanel.cs

```
private void XPanel_MouseMove(object sender, MouseEventArgs e)
{
    MouseMovingLocation = e.Location;
    CurrentLocation = view.ToMapVertex(MouseMovingLocation);
    LocationChanged(CurrentLocation);
    if (currentMouseAction == XExploreActions.zoominbybox ||
```

```csharp
            currentMouseAction == XExploreActions.pan ||
            currentMouseAction == XExploreActions.select ||
        IsAddingVertex)
    {
        Invalidate();
    }
}

private void XPanel_Paint(object sender, PaintEventArgs e)
{
    ……
    else if (IsAddingVertex)
    {
        e.Graphics.DrawImage(backwindow, 0, 0);
        if (AddedVertexes.Count > 0)
        {
            Point p1 = view.ToScreenPoint(AddedVertexes.Last());
            e.Graphics.DrawLine(new Pen(new SolidBrush(Color.Blue), 2), p1, MouseMovingLocation);
        }
    }
    else
    {
        e.Graphics.DrawImage(backwindow, 0, 0);
    }
}
```

在 MouseMove 事件中，如果当前处于绘制状态，也需调用 Invalidate 函数以激活 Paint 事件，在 Paint 事件中，可绘制 AddedVertexes 中最后一个节点与鼠标当前位置的连线。

至此，鼠标相关操作都已完成，未定义的 StopAddVertex 函数可暂时放一放，我们先考虑快捷菜单的相关事件处理函数。在 MenuVertex 的 Openning 事件中，我们需要对菜单项的可用性赋值，代码如下。

XPanel.cs

```csharp
private void MenuVertex_Opening(object sender, CancelEventArgs e)
{
    mDeleteLastVertex.Enabled = AddedVertexes.Count > 1;
    mStopAddVertex.Enabled = AddedVertexes.Count >
        ((AddType == SHAPETYPE.Polygon) ? 2 : 1);
}
```

显然，节点数量决定了菜单项的可用性，如果节点数为 1 或 0，则不需要删除上一个节点，如果绘制的是多边形，那么完成绘制至少需要 3 个节点，否则 2 个就够了。现在，我们给出三个菜单项的事件处理函数，代码如下。

XPanel.cs

```csharp
private void mDeleteLastVertex_Click(object sender, EventArgs e)
{
    AddedVertexes.RemoveAt(AddedVertexes.Count - 1);
    UpdateMap();
}

private void mStopAddVertex_Click(object sender, EventArgs e)
{
    StopAddVertex();
}
```

```csharp
private void mCancelAddVertex_Click(object sender, EventArgs e)
{
    CancelAddVertex();
}
```

三个函数都非常简单,其中删除上一节点操作没有任何问题,停止添加节点再次调用了之前未实现的 StopAddVertex 函数,而取消操作引出了一个新的未定义的 CancelAddVertex 函数,该函数定义如下。

XPanel.cs

```csharp
private void CancelAddVertex()
{
    IsAddingVertex = false;
    Cursor = Cursors.Default;
    UpdateMap();
}
```

最后,我们给出 StopAddVertex 函数,它由三部分构成,首先,根据 AddedVertexes 数据构造对象的空间部分;然后打开一个窗体,由用户输入属性部分,添加到图层中;最后调用 CancelAddVertex 函数结束添加操作。

XPanel.cs

```csharp
private void StopAddVertex()
{
    //建立对象的空间部分
    XSpatial spatial = null;
    if (AddType == SHAPETYPE.Point)
        spatial = new XPoint(AddedVertexes[0]);
    else if (AddType == SHAPETYPE.Line)
        spatial = new XLine(AddedVertexes);
    else if (AddType == SHAPETYPE.Polygon)
    {
        spatial = new XPolygon(AddedVertexes);
        MouseMovingLocation = view.ToScreenPoint(AddedVertexes[0]);
        UpdateMap();
    }
    //输入对象的属性部分
    FormFeatureAttribute form = new FormFeatureAttribute(GetEditLayer());
    form.ShowDialog();
    if (form.result != null)
    {
        GetEditLayer().AddFeature(new XFeature(spatial, form.result));
        document.UpdateExtent();
    }
    //完成添加操作
    CancelAddVertex();
}
```

在生成空间部分时,一个特殊点是当 AddType 为 SHAPETYPE.Polygon 时,我们将鼠标当前位置赋为多边形的第一个节点,然后重绘地图,这样做实现了多边形在地图上的闭合。

在将新生成的对象添加到图层后,我们又调用了 document 的 UpdateExtent 函数,其原因是,增加新的图层对象可能会修改原有图层的地图范围,进而地图文档的地图也应该被适时更新才行。

函数中涉及的窗体 FormFeatureAttribute 尚未定义,从被调用的代码中可以看出,其构造函数的输入值包含当前被编辑的图层,它有一个共有属性 result 作为窗体的返回值,类型为

XAttribute,如果 result 为 null,则表示用户放弃添加此对象至图层,我们在 26.2 节中完成此窗体的构建。

26.2 属性值编辑

窗体 FormFeatureAttribute 的设计如图 26-2 所示。其核心是一个拥有三列的 DataGridView 控件 dgvValues,前两列"字段名称"和"类型"是只读的,最后一列"字段值"允许用户编辑。dgvValues 根据图层的字段结构顺序列出所有字段的取值,因此,不应允许用户增加和删除行,相关属性需要设为 false。同时,也不应允许用户针对某一列进行排序,因此,每一列的 SortMode 属性值都应为 NotSortable。

该窗体应该不仅用于添加图层对象时输入新的属性值,还可应用于编辑现存对象中的已有属性值,因此,其属性成员和构造函数定义如下。

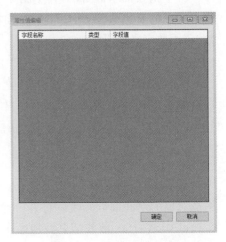

图 26-2　属性值编辑窗体

FormFeatureAttribute.cs

```
public partial class FormFeatureAttribute : Form
{
    XVectorLayer layer;
    public XAttribute result;

    public FormFeatureAttribute(XVectorLayer _layer, XFeature _feature = null)
    {
        InitializeComponent();
        layer = _layer;
        for (int i = 0; i < _layer.Fields.Count; i++)
        {
            int index = dgvValues.Rows.Add();
            dgvValues.Rows[index].Cells[0].Value = layer.Fields[i].name;
            dgvValues.Rows[index].Cells[1].Value = layer.Fields[i].datatype.ToString();
            dgvValues.Rows[index].Cells[2].Value = (_feature == null)?"": _feature.getAttribute(i).ToString();
        }
    }
}
```

窗体 FormFeatureAttribute 有两个属性成员:一个是私有的矢量图层 layer,通过构造函数的传入参数赋值;另一个是共有的 XAttribute 类型值 result,其使用方式在 26.1 节中已经介绍。该窗体构造函数有两个输入参数,其中第二个参数有缺省值 null。如果该窗体是用于新建一个空间对象,那么就类似 26.1 节的做法,不必输入第二个参数;如果是编辑现有对象的属性值,则应给出一个非 null 的 _feature。根据参数 _layer 及 _feature,构造函数完成 dgvValues 的初始化内容。其中第二列直接将数据类型转成了字符串,它应该是英文的,此处读者也可以尝试设计一个函数,用自定义的字符串代替。

单击"确定"后,程序检查所有字段值的输入,如果全部合法,就将其赋值给 result 作为返回值,供新建或修改空间对象之用,该按钮的事件处理函数代码如下。

FormFeatureAttribute.cs

```csharp
private void bOK_Click(object sender, EventArgs e)
{
    result = new XAttribute();
    for(int i = 0;i< dgvValues.Rows.Count;i++)
    {
        DataGridViewRow row = dgvValues.Rows[i];
        object value = GetValueByDataType(layer.Fields[i].datatype, row.Cells[2].Value.ToString());
        if (value == null)
        {
            MessageBox.Show("字段" + layer.Fields[i].name + "输入错误!");
            return;
        }
        else
        {
            result.AddValue(value);
        }
    }
    Close();
}
```

GetValueByDataType 函数用于根据要求的数据类型检查输入数据的合法性，如果合法就返回一个有效值，否则就返回 null，该函数定义如下。

FormFeatureAttribute.cs

```csharp
private object GetValueByDataType(Type datatype, string v)
{
    int intvalue;
    double doublevalue;
    if (datatype == typeof(string)) return v;
    else if (datatype == typeof(int))
    {
        if (int.TryParse(v, out intvalue))
            return intvalue;
        else
            return null;
    }
    else if (datatype == typeof(double))
    {
        if (double.TryParse(v, out doublevalue))
            return doublevalue;
        else
            return null;
    }
    return null;
}
```

跟之前一样，目前 GetValueByDataType 函数仅支持三种数据类型，读者可在此基础上继续扩充。

单击按钮"取消"后，需要令 result 为 null，然后关闭窗体，该按钮的事件处理函数代码如下。

FormFeatureAttribute.cs

```csharp
private void bCancel_Click(object sender, EventArgs e)
{
    result = null;
    Close();
}
```

现在运行程序，打开一个图层，然后单击"添加"，即可完成对象的空间实体绘制与属性信息的输入，如图 26-3 所示，我们已经在一个空间图层中添加了两个多边形，正在添加第三个。

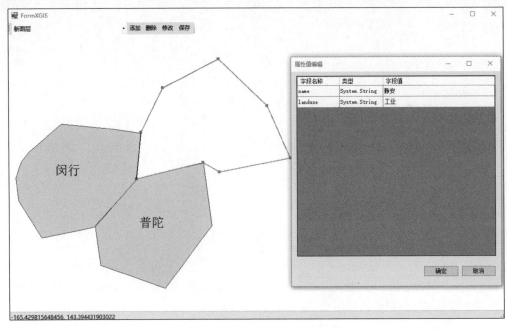

图 26-3　空间实体与属性字段的添加

26.3　空间对象的删除、修改与保存

除了空间对象的添加，其他的操作比较简单，我们在本节逐一来实现。首先，删除操作是删除图层中选中的空间对象，可以通过空间条件或属性条件实现选择，这是我们在之前的章节已经实现的功能，"删除"的事件处理函数代码如下。

XPanel.cs

```
private void bDelete_Click(object sender, EventArgs e)
{
    XVectorLayer layer = GetEditLayer();
    if (layer == null) return;
    if (layer.SelectedFeatures.Count == 0)
    {
        MessageBox.Show("请选择需要删除的空间对象!");
    }
    else
    {
        layer.DeleteSelectedFeatures();
        UpdateMap();
    }
}
```

按钮"修改"涉及的操作即为修改选中的单一空间对象的属性值，其核心操作就是调用窗体 FormFeatureAttribute，"修改"的事件处理函数代码如下。

XPanel.cs

```
private void bEdit_Click(object sender, EventArgs e)
{
    XVectorLayer layer = GetEditLayer();
```

```csharp
        if (layer == null) return;
        if (layer.SelectedFeatures.Count != 1)
        {
            MessageBox.Show("请选择单一空间对象!");
        }
        else
        {
            FormFeatureAttribute form = new FormFeatureAttribute(layer, layer
.SelectedFeatures[0]);
            form.ShowDialog();
            if (form.result!= null)
            {
                layer.SelectedFeatures[0].attribute = form.result;
                UpdateMap();
            }
        }
```

"保存"按钮用于存储对当前编辑图层的所有增、删、改后的结果，直接调用 XMyFile 的 Write 函数即可，事件处理函数代码如下。

XPanel.cs

```csharp
private void bSave_Click(object sender, EventArgs e)
{
    XVectorLayer layer = GetEditLayer();
    if (layer == null) return;
    XMyFile.WriteFile(layer, layer.Path);
    MessageBox.Show("已保存!");
}
```

至此，我们完成了所有的对象编辑功能。

26.4 总结

编辑功能有时可能非常复杂，本书仅实现了一些基本的功能，除此之外，还有很多值得扩充的地方。例如，在绘制节点时，可能需要具有捕捉功能，实现自动选择临近已知节点；在修改对象时，不仅是属性的修改，还应支持空间实体的修改，如拖动或删除某节点等；有时，还可能针对一个已有的图层添加或删除字段；在添加空间对象时，每次只能添加一个，如何实现连续添加。这些功能都是可以在本书代码的基础上实现的。

第27章

最后的整合

作为本书的最后一章,我们把一些不便归并的要点在此进行介绍,当然,这不是说我们解决了 XGIS 可能遇到的所有问题,更多的纠错和改进工作仍可能在未来的研发过程中遇到。

27.1 PeekChar 的问题

在代码中,我们曾多次使用了 PeekChar 函数来判断是否读到了文件的末尾,如果该函数返回值为－1,则表示文件已经读完了。这是非常常见而通用的方法,但是,在实际使用中,针对某些特殊的文件可能会出错,错误的原因是复杂的,幸好,还有另外的方法判断,可以利用文件当前的阅读指针位置(BinaryReader. BaseStream. Position)与文件长度(BinaryReader. BaseStream. Length)进行比较,如果前者小于后者,表明还未到文件末尾。本节就来完成这一替换工作。通过关键词搜索可知,它涉及两个类中的两个函数,分别修改如下。

BasicClasses. cs/XDocument

```
public void Read(string filename)
{
    ……
    BinaryReader br = new BinaryReader(fsr);
    //while (br.PeekChar() != -1)
    while (br.BaseStream.Position < br.BaseStream.Length)
    ……
}
```

BasicClasses. cs/XShapefile

```
public static XVectorLayer ReadShapefile(string shpfilename)
{
    ……
    int index = 0;
    //while (br.PeekChar() != -1)
    while (br.BaseStream.Position < br.BaseStream.Length)
    ……
}
```

27.2 避免无效绘制

本节讨论加快地图窗口显示速度的问题。根据前面章节的内容,地图显示包含了很多步骤,其中有一个步骤就是要把地图坐标转成屏幕坐标,这是比较耗时的,因为涉及除法操作。

但有时，一个空间对象并不需要显示出来，例如，它完全存在于当前地图显示范围的外面，根本看不到，当然不需要去画了，还有一种情况是，当前地图显示范围很大，一个空间对象已经变得非常小，小到几个像素，这时，即便它是由一万个节点构成的一个多边形，也不需要把这一万个节点都转换成屏幕坐标，因为，转换过来的坐标几乎是一样的，已无法分辨其形状。

针对前一种情况，我们目前的绘图函数已经考虑到了，而现在来尝试一下解决后一种情况。其原理如下，判断该空间对象的范围，如果范围在一个很小的屏幕像素尺度以内，则不需继续绘制了。为此，在 XExtent 中增加一个函数，获得一个与地理范围对应的屏幕像素范围，代码如下。

BasicClasses.cs/XExtent

```
public int PixelSize(XView view)
{
    Point p1 = view.ToScreenPoint(upright);
    Point p2 = view.ToScreenPoint(bottomleft);
    return Math.Abs(p1.X - p2.X) + Math.Abs(p1.Y - p1.Y);
}
```

我们可以规定，如果一个空间对象的屏幕范围小于某个阈值，则不需要绘制了，在此，我们定义此阈值为 3。现在，我们把上述新增的函数和阈值应用到实际的绘制过程中。需要注意的是，上述方法只针对线及面实体有效，而对点实体是无效的，因为点的屏幕范围是固定的。此外，点的坐标转换也只需要做一次，也许比执行上述判断还要更快一些。线及面实体的绘制函数修改如下。

BasicClasses.cs/XLine

```
public override void draw(Graphics graphics, XView view, XThematic thematic)
{
    if (extent.PixelSize(view) < 3) return;
    List<Point> points = view.ToScreenPoints(vertexes);
    graphics.DrawLines(thematic.LinePen, points.ToArray());
}
```

BasicClasses.cs/XPolygon

```
public override void draw(Graphics graphics, XView view, XThematic thematic)
{
    if (extent.PixelSize(view) < 3) return;
    Point[] points = view.ToScreenPoints(vertexes).ToArray();
    graphics.FillPolygon(thematic.PolygonBrush, points);
    graphics.DrawPolygon(thematic.PolygonPen, points);
}
```

27.3 属性窗口的快速打开

这里涉及的属性窗口是 FormAttribute，当一个图层的记录数非常多时，打开其属性窗口将是一个比较耗时的工作，时间主要花在填充其 DataGridView 上。一个更快捷的方法是，先将数据填充进一个 DataTable 中，再将 DataGridView 的数据源指向这个 DataTable，这将会节省很多时间，相关的修改就在 FormAttribute 的构造函数中，现在来重写这个函数，代码如下。

AttributeForm.cs

```
public FormAttribute(XVectorLayer _layer)
{
    InitializeComponent();
```

```
        layer = _layer;
        DataTable table = new DataTable();
        //添加序号列
        table.Columns.Add("Index");
        //增加其他列
        for (int i = 0; i < layer.Fields.Count; i++)
        {
            table.Columns.Add(layer.Fields[i].name);
        }
        //填充属性值
        for (int i = 0; i < layer.FeatureCount(); i++)
        {
            DataRow r = table.NewRow();
            r.BeginEdit();
            r[0] = i;
            for (int j = 0; j < layer.Fields.Count; j++)
            {
                r[j + 1] = layer.GetFeature(i).getAttribute(j);
            }
            r.EndEdit();
            table.Rows.Add(r);
        }
        //指定 dgvValues 的数据源
        dgvValues.DataSource = table;
    }
```

27.4 总结

基于 XGIS 可扩展的功能还有很多，比如叠加分析、生成缓冲区、更复杂的空间选择等，在每一章的总结部分我们都简单地提及了一些，读者可以自行扩充。

至此，一个仅有 113KB 的单一 EXE 文件完成了。与几个 GB 的商业 GIS 软件产品相比，XGIS 类库实在是太轻量级了，但是，它确实包含了很多 GIS 的基本功能。现在，你可以通过电子邮件甚至手机把这个 EXE 文件发给任何人，因为它的代码是开源的，使用是免费的。任何一个程序开发项目，只要支持 EXE 文件的引用，都可以很容易地把地图操作集成到自己的应用程序中。当新的内容被增加到 XGIS 后，可以随时更新上述 XGIS.EXE，并提供给他人使用。

当然，工具的编写与工具的使用还不能完全等同，利用 XGIS 类库，已经实现了很多实用工具，读者可以通过微信公众号"大数据攻城狮"找到它们，该公众号的相关文章将选择性地介绍上述实用工具的开发过程，欢迎读者关注。

附 录

XGIS类库说明

1. CS_WGS84（类）

WGS84 坐标系统类。

属 性 成 员	含 义
double SemiMajorAxis	地球椭球体半长轴
double SemiMinorAxis	地球椭球体半短轴

2. CS_UTM（类）

UTM 投影类。

属 性 成 员	含 义
double SemiMajorAxis	地球椭球体半长轴
double SemiMinorAxis	地球椭球体半短轴
double FalseEasting	东偏移参数
double ScaleFactor	比例参数
double EquatorLength	赤道长度
double SouthOffset	北偏移参数

3. CS_Transformer（类）

地理坐标与投影坐标互相转换类。

属 性 成 员	含 义
double $p_1 \cdots p_8$	计算参数
double Rad2Deg	弧度转角度参数
double Deg2Rad	角度转弧度参数
double $v_1 \cdots v_6$	计算参数
方 法 成 员	含 义
UTM_Vertex WGS2UTM（XVertex v, int ZoneNumber, bool NorthOrSouth）	自 WGS84 向 UTM 转换的坐标转换函数 v：节点实体 ZoneNumber：分度带号 NorthOrSouth：南北半球标志,北半球为 true,南半球为 false
UTM_Vertex UTM2WGS（XVertex v, int ZoneNumber, bool NorthOrSouth）	自 UTM 向 WGS84 转换的坐标转换函数 v：节点实体 ZoneNumber：分度带号 NorthOrSouth：南北半球标志,北半球为 true,南半球为 false

续表

方法成员	含义
UTM_Vertex WGS2UTM(XVertex v)	自 WGS84 向 UTM 转换的坐标转换函数 v：节点实体
int GetZoneNumber(double Longitude, double Latitude)	计算坐标分度带号的函数 Longitude：经度 Latitude：纬度
XSpatial UTM2WGS(XSpatial spatial, int ZoneNumber, bool NorthOrSouth)	自 UTM 向 WGS84 转换的坐标转换函数 spatial：空间实体 ZoneNumber：分度带号 NorthOrSouth：南北半球标志，北半球为 true，南半球为 false
XSpatial WGS2UTM(XSpatial spatial, int ZoneNumber, bool NorthOrSouth)	自 WGS84 向 UTM 转换的坐标转换函数 spatial：空间实体 ZoneNumber：分度带号 NorthOrSouth：南北半球标志，北半球为 true，南半球为 false
void UTM2WGS(XVectorLayer layer, int ZoneNumber, bool NorthOrSouth)	自 UTM 向 WGS84 转换的坐标转换函数 layer：用于坐标转换的矢量图层 ZoneNumber：分度带号 NorthOrSouth：南北半球标志，北半球为 true，南半球为 false
void WGS2UTM(XVectorLayer layer)	自 WGS84 向 UTM 转换的坐标转换函数 layer：用于坐标转换的矢量图层
void UTM2WGS(XRasterLayer layer, int ZoneNumber, bool NorthOrSouth)	自 UTM 向 WGS84 转换的坐标转换函数 layer：用于坐标转换的栅格图层 ZoneNumber：分度带号 NorthOrSouth：南北半球标志，北半球为 true，南半球为 false
void WGS2UTM(XRasterLayer layer)	自 WGS84 向 UTM 转换的坐标转换函数 layer：用于坐标转换的栅格图层

4. UTM_Vertex（类）

UTM 投影坐标类。

属性成员	含义
XVertex v	UTM 投影坐标节点
int ZoneNumber	分度带编号
bool NorthOrSouth	坐标所属半球，true 代表北半球，false 代表南半球
方法成员	含义
UTM_Vertex(double _X, double _Y, int _ZoneNumber, bool _NorthOrSouth)	构造函数 _X：横坐标 _Y：纵坐标 _ZoneNumber：分度带编号 _NorthOrSouth：坐标所属半球，true 代表北半球，false 代表南半球

5. SHAPETYPE（枚举类型）

记录空间实体类型。

属 性 成 员	含 义
Point	点
Line	线
Polygon	面
unknown	未知

6. XArc(类)

弧段类。

属 性 成 员	含 义
XLine Line	弧段所包含的线实体
XNode FromNode	线实体的起始结点
XNode ToNode	线实体的终止结点
double Impedance	阻抗,一个定义"最短"概念的指标
方 法 成 员	含 义
XArc(XLine _line,XNode _fromNode, XNode _toNode,double _impedance)	构造函数 _line:构成该弧段的线实体 _fromNode:该线实体的起始结点 _toNode:该线实体的终止结点 _impedance:该线实体的阻抗

7. XAttribute(类)

属性信息类。

属 性 成 员	含 义
ArrayList values	长度可变的数组,用于存储一个对象的不同属性值
方 法 成 员	含 义
XAttribute()	构造函数
XAttribute(XAttribute a)	构造函数,复制一个已知的属性信息 a:已知的属性信息
XAttribute(List < XField > fs,BinaryReader br)	构造函数,读取文件中所有属性值 fs:属性字段数组 br:二进制文件读取工具
void Write(BinaryWriter bw)	将属性信息写入一个文件中 bw:二进制文件写入工具
void AddValue(object o)	向数组中添加属性值 o:属性值
object GetValue(int index)	获取属性值 index:输入序列位置
void draw(Graphics graphics,XView view,XSpatial spatial,XLabel label)	在屏幕上标注属性 graphics:画图工具 view:记录当前的绘图窗口 spatial:待绘制的空间对象 label:属性标注样式
void SetValue(int index,object value)	修改某一属性值 index:待修改的属性值序号 value:新属性值

8. XDocument(类)

地图文档类。

属性成员	含义
List < XLayer > Layers	地图图层数组
XExtent Extent	图层的最小地图范围

方法成员	含义
void AddLayer(XLayer layer)	添加图层 layer：一个已经存在的图层
bool UniqueName(string name)	检查图层名称唯一性 name：需要检查的图层名称
void DeleteLayer(XLayer layer)	删除图层 layer：一个已经存在的图层
XLayer FindLayer(string layerName)	依据图层名称查找图层 layerName：图层名称
bool ChangeLayerName（XLayer layer, string layerName）	修改图层名称 layer：待修改的图层 layerName：修改后的图层名称
bool AdjustLayerOrder（XLayer layer, int step）	调整图层顺序 layer：需要调整的图层 step：调整的步数
void DrawLayers（Graphics g, XView view）	绘制地图图层 g：画图工具 view：当前地图窗口设置
void ClearSelection()	清空当前选择
void SelectByVertex（XVertex vertex, double tolerance, bool modify）	点选空间查询 vertex：点选位置 tolerance：点选的最小容差 modify：选择集是否需要改变
void SelectByExtent（XExtent extent, bool modify）	框选空间查询 extent：框选范围 modify：选择集是否需要改变
void Write(string filename)	将地图文档写入文件中 filename：待写入的地图文档
void Read(string filename)	从文件中读取地图文档 filename：地图文档名称
bool ReplaceLayer(XVectorLayer newLayer)	新旧图层替换 newLayer：新矢量图层
void UpdateExtent()	更新文档的地图范围

9. XExploreActions（枚举类型）

地图浏览操作枚举类型。

属性成员	含义
zoomin	放大操作
zoomout	缩小操作
select	选择操作
moveup	上移操作
movedown	下移操作
moveleft	左移操作

属性成员	含义
moveright	右移操作
zoominbybox	拉框放大操作
pan	拖动平移操作
noaction	空操作

10. XExtent（类）

地图范围类。

属性成员	含义
XVertex bottomleft	地图范围的左下角点
XVertex upright	地图范围的右上角点
double area	地图范围的面积
double ZoomFactor	地图范围放大或缩小的倍数
double MovingFactor	地图范围的移动因子，代表地图被移出的部分占全部地图范围的比例

方法成员	含义
XExtent(XExtent e1,XExtent e2)	构造函数，输出两个地图范围合并后新地图范围 e1：一个地图范围 e2：另一个地图范围
XExtent(XVertex _oneCorner,XVertex _anotherCorner)	构造函数，根据地图范围任意角点构造地图范围 _oneCorner：地图范围的任意角点 _anotherCorner：地图范围的任意角点
XExtent(double x1, double x2, double y1,double y2)	构造函数，根据四个坐标极值，获取地图范围 x1：x 坐标极值 x2：x 坐标极值 y1：y 坐标极值 y2：y 坐标极值
XExtent(XExtent extent)	构造函数，复制一个已经存在的地图范围 extent：已有地图范围
int PixelSize(XView view)	获得一个与地理范围长宽和所对应的屏幕像素长度 view：当前地图窗口设置
bool Includes(XExtent extent)	判断当前地图范围是否包含另一个地图范围 extent：另一个地图范围
void Merge(XExtent extent)	合并另一个地图范围 extent：另一个地图范围
double getMinX()	获取最小的横坐标值，即左下角点的横坐标
double getMaxX()	获取最大的横坐标值，即右上角点的横坐标
double getMinY()	获取最小的纵坐标值，即左下角点的纵坐标
double getMaxY()	获取最大的纵坐标值，即右上角点的纵坐标
double getWidth()	获取地图范围的宽度
double getHeight()	获取地图范围的高度
void ChangeExtent(XExploreActions action)	修改当前的地图范围 action：地图范围修改操作
XVertex getCenter()	获取当前地图范围的中心

续表

方法成员	含 义
bool IntersectOrNot(XExtent extent)	判断是否与另一个地图范围相交，若相交则为 true extent：另一个地图范围
void SetCenter(XVertex newCenter)	依据中心点计算新地图范围角点 newCenter：新中心点
void Output(BinaryWriter bw)	输出当前地图范围到一个文件 bw：文件写入工具
XExtent Input(BinaryReader br)	从文件中读取地图范围 br：文件读取工具

11. XFeature（类）

空间对象类。

属性成员	含 义
XSpatial spatial	空间对象的空间信息
XAttribute attribute	空间对象的属性信息

方法成员	含 义
XFeature(XSpatial _spatial, XAttribute _attribute)	构造函数，为对象类赋值空间和属性信息 _spatial：对象的空间信息 _attribute：对象的属性信息
void DrawSpatial(Graphics graphics, XView view, XThematic thematic)	绘制空间对象空间部分 graphics：画图工具 view：记录当前的绘图窗口 thematic：专题地图样式
void DrawAttribute(Graphics graphics, XView view, XLabel label)	绘制空间对象的属性 graphics：画图工具 view：记录当前的绘图窗口 label：属性标注样式
object getAttribute(int index)	返回对象某个属性值 index：表示属性字段序号
double Distance(XVertex vertex)	计算节点到空间对象的距离 vertex：待计算的节点位置

12. XField（类）

属性字段类。

属性成员	含 义
Type datatype	字段数据类型
string name	字段名称
int DBFFieldLength	字段值的实际字节长度

方法成员	含 义
XField(Type _dt, string _name)	构造函数，为属性成员赋值 _dt：字段数据类型 _name：字段名称
XField(BinaryReader br)	构造函数，将 DBF 字段描述区转换为 XField 类实例 br：二进制文件读取工具
object DBFValueToObject(BinaryReader br)	将读到的 dbf 数值转换为自定义字段值 br：二进制文件读取工具

13. XLabel(类)

属性标注样式定义类。

属 性 成 员	含 义
enum PositionType { LeftUp, RightUp, LeftDown, RightDown, Center }	标注锚点位置 LeftUp 左上 RightUp 右上 LeftDown 左下 RightDown 右下 Center 中心
enum DirectionType { Up, Down, Left, Right }	标注绘制方向 Up 向上 Down 向下 Left 向左 Right 向右
bool LabelOrNot	判断在绘制图层时是否需要标注属性信息
int LabelIndex	记录需要标注的属性序列号
Font LabelFont	标注的字体
Color LabelColor	标注的颜色
PositionType LabelPosition	标注绘制的位置
DirectionType LabelDirection	标注绘制的方向
bool AlongLine	对于线实体,标注是否沿线绘制
方 法 成 员	含 义
XVertex GetLabelAnchor (XSpatial spatial)	计算函数绘制的锚点 spatial:待绘制的空间实体
double AngleAlongLine(XLine line)	计算线对象标注内容的旋转角度 line:需要计算标注旋转角度的线实体
void WriteToDoc(BinaryWriter bw)	自动标注样式写入一个地图文档 bw:二进制文件写入工具
XLabel ReadFromDoc(BinaryReader br)	从地图文档中读取自动标注样式 br:二进制文件读取工具
double GetRotation(XSpatial spatial)	计算标注内容的旋转角度 spatial:需计算旋转角度的空间实体
StringFormat GetStringFormat()	计算锚点在标注字符串中的位置

14. XLayer(抽象类)

地图图层的抽象类。

属 性 成 员	含 义
string Name	图层名称
XExtent Extent	包含图层最小地图范围
bool Visible	判断图层是否可视
string Path	图层文件存储位置
方 法 成 员	含 义
void draw(Graphics graphics, XView view)	图层绘制函数 graphics:画图工具 view:地图窗口设置

方法成员	含义
void WriteToDoc(BinaryWriter bw)	地图图层写入一个地图文档中 bw：二进制文件写入工具

15. XLine(类)

线实体类。

属性成员	含义
double length	线对象长度

方法成员	含义
XLine(List < XVertex > _vertexes)	构造函数 _vertexes：构成线对象的节点数组
double Distance(XVertex vertex)	节点到线对象的最短距离 vertex：需要计算距离的节点
void draw (Graphics graphics, XView view, XThematic thematic)	绘制函数 graphics：画图工具 view：地图窗口设置 Thematic：专题地图信息
XVertex GetMiddleVertex()	获取线对象的中点
double AngleInMiddle()	计算线对象中点所在线段斜率

16. XMyFile(类)

自定义读取文件类。

属性成员	含义
List < Type > AllTypes	包含所有数据类型的集合

方法成员	含义
void WriteFileHeader(XVectorLayer layer,BinaryWriter bw)	写入文件头 layer：指定的图层 bw：二进制文件写入工具
List < XField > ReadFields(BinaryReader br,int FieldCount)	从文件中读取字段信息 br：二进制文件读取工具 FieldCount：字段数组的元素总数
void WriteFields(List < XField > fields, BinaryWriter bw)	输出所有字段信息到文件 fields：需要输出的所有字段 bw：二进制文件写入工具
List < XVertex > ReadMultipleVertexes (BinaryReader br)	读取多个节点 br：二进制文件读取工具
void WriteMultipleVertexes(List < XVertex > vs,BinaryWriter bw)	写入多个节点 vs：需要写入的节点数组 bw：二进制文件写入工具
void ReadFeatures(XVectorLayer layer, BinaryReader br,int FeatureCount)	从文件中读取指定数量的空间对象 layer：需要读取数据的图层 br：二进制文件读取工具 FeatureCount：需要读取的空间对象数量

续表

方法成员	含义
void WriteFeatures(XVectorLayer layer, BinaryWriter bw)	输出一个图层中所有空间对象 layer：指定的图层 bw：二进制文件写入工具
XVectorLayer ReadFile(string filename)	从文件中读取一个矢量图层 filename：文件名
XVectorLayer ReadFile（BinaryReader br)	从文件中读取一个矢量图层 br：二进制文件读取工具
void WriteFile(XVectorLayer layer, string filename)	输出一个矢量图层中的全部空间对象 layer：指定的矢量图层 filename：文件名
void WriteFile(XVectorLayer layer, BinaryWriter bw)	将地图图层写入地图文件中 layer：待写入的地图图层 bw：二进制文件写入工具

17. XMyFile.MyFileHeader（结构体）

自定义文件头结构体。

属性成员	含义
double MinX,MinY,MaxX,MaxY	记载地图范围，分别为最小横纵坐标，最大横纵坐标
int FeatureCount	记载图层中地图对象的数量
int ShapeType	记载图层中地图图像的类型
int FieldCount	记载属性字段的个数

18. XNetwork（类）

网络数据结构类。

属性成员	含义
List<XNode> Nodes	结点列表
List<XArc> Arcs	弧段列表
XArc[,] Matrix	邻接矩阵

方法成员	含义
XNetwork Create(XVectorLayer LineLayer, int FieldIndex=－1, double Tolerance=－1)	构造函数 LineLayer：输入线图层 FieldIndex：阻抗属性字段序号 Tolerance：判断空间中两个结点是否为同一个距离阈值
FindOrInsertNode(XVertex vertex, double Tolerance)	在结点列表中添加一个结点 vertex：需要添加的结点所在的节点 Tolerance：判断两结点是否为同一结点的距离阈值
void BuildMatrix()	构建邻接矩阵
XVectorLayer CreateNodeLayer()	生成一个结点图层
XVectorLayer CreateArcLayer()	生成弧段图层
void ReadNodeLayer（XVectorLayer NodeLayer)	从结点图层中读取结点列表 NodeLayer：结点图层
void ReadArcLayer(XVectorLayer ArcLayer)	从弧段图层中读取弧段列表 ArcLayer：弧段图层

续表

方法成员	含义
void Write(string filename)	把网络结构写入一个文件 filename：写入的文件名
XNetwork Read(string filename)	从文件中读取网络结构 filename：读取的文件名
List < XLine > FindRoute(XNode StartNode, XNode EndNode)	根据起止点位置计算最短路径 StartNode：起始结点位置 EndNode：终止结点位置
XNode FindNearestNode(XVertex vertex)	在结点列表中找到距离某一节点最近的结点序号 vertex：节点的位置
List < XLine > FindRoute(XVertex vfrom, XVertex vto)	根据起止点位置计算最短路径 vfrom：起点位置 vto：终点位置

19．XNode（类）

结点类。

属性成员	含义
XVertex Location	结点的位置
int Index	结点在整个网络模型结点列表中的序号

方法成员	含义
XNode(XVertex _location, int _index)	构造函数 _location：结点的位置 _index：结点在整个网络模型结点列表中的序号

20．XNodeEntry（类）

索引结构结点入口类。

属性成员	含义		
	非叶结点	叶结点	数据结点
XExtent MBR	包含其所有下层结点范围	包含其所有数据入口的范围	空间对象的范围
int FeatureIndex	无意义	无意义	空间对象在图层中的序号
XFeature Feature	无意义	无意义	空间对象
List < XNodeEntry > Entries	下层结点入口列表	下层数据入口列表	无意义
XNodeEntry Parent	上层结点入口	上层结点入口	上层结点入口
int Level	大于1的整数	1	0

方法成员	含义
XNodeEntry(int _level)	专用于叶结点和非叶结点的构造函数 _level：结点所在层级编号
XNodeEntry (XFeature _feature, int _index)	专用于数据结点的构造函数 _feature：空间对象 _index：空间对象在图层中的序号
void AddEntry (XNodeEntry node)	向当前结点入口增加一个子结点入口 node：子结点入口

21. XPoint(类)

点实体类。

方法成员	含义
XPoint(XVertex onevertex)	构造函数 onevertex：点实体位置
double Distance(XVertex anothervertex)	计算该点实体与另外一个节点之间的直线距离 anothervertex：另一个节点
void draw（Graphics graphics, XView view, XThematic thematic）	绘制函数 graphics：画图工具 view：地图窗口设置 thematic：专题地图信息

22. XPolygon(类)

面实体类。

属性成员	含义
double area	面实体的面积

方法成员	含义
XPolygon(List < XVertex > _vertexes)	构造函数 _vertexes：构成面实体的节点数组
bool Contains(XVertex vertex, out bool inside)	点与面实体的拓扑关系判断 vertex：构成面实体的节点数组 inside：标注参数,点与多边形某个节点重合返回 false,点在多边形边线上返回 false,点在多边形内返回 true
double Distance(XVertex vertex)	计算点到面实体的距离 vertex：需要计算距离的节点
draw（Graphics graphics, XView view, XThematic thematic）	绘制函数 graphics：画图工具 view：地图窗口设置 thematic：专题地图信息

23. XRasterLayer(类)

栅格图层类。

属性成员	含义
Bitmap rasterimage	实际打开的栅格影像数据

方法成员	含义
XRasterLayer(string filename)	构造函数,构建栅格图层实例 filename：图层名称
void draw（Graphics graphics，XView view）	栅格图层绘制函数 graphics：画图工具 view：地图窗口设置
void WriteToDoc(BinaryWriter bw)	地图图层写入一个地图文档中 bw：二进制文件写入工具
XRasterLayer ReadFromDoc(BinaryReader br)	从地图文档中读取地图图层 br：二进制文件读取工具

24. XSelect（类）

空间查询操作类。

属 性 成 员	含 义
enum OPERATOR｛Equal,LessThan, MoreThan,LessEqual,MoreEqual,Has, NotEqual｝	空间查询时设计的判断条件枚举类型,分别为等于（Equal）、小于（LessThan）、大于（MoreThan）、小于或等于（LessEqual）、大于或等于（MoreEqual）、包含（Has）和不等于（NotEqual）
方 法 成 员	含 义
List＜XFeature＞ToFeatures(List＜SelectResult＞selection)	将 SelectResult 集合类型转换为 XFeature 集合类型 selection：被选中的空间对象集合
List＜XFeature＞SelectFeaturesByAttribute (List＜XFeature＞features,OPERATOR op,int fieldIndex,object key)	依据属性进行查询 features：空间对象集 op：查询操作符 fieldIndex：指定的属性字段序号 key：特征值
bool CompareValue(object value,OPERATOR op,object key)	比较属性值与特征值 value：待比较的数值 op：查询操作符 key：特征值
List＜SelectResult＞SelectFeaturesByVertex (XVertex vertex,List＜XFeature＞features, double tolerance)	点选空间查询 vertex：点选位置 features：待选择的空间对象集 tolerance：点选距离阈值
List＜SelectResult＞SelectFeaturesByExtent (XExtent extent,List＜XFeature＞features)	框选空间查询 extent：框选范围 features：待选择的空间对象集

25. XSelect.SelectResult（类）

属 性 成 员	含 义
XFeature feature	记载查询到的单一空间对象
double criterion	数值参数
方 法 成 员	含 义
SelectResult(XFeature _feature,double _criterion)	构造函数 _feature：记载查询到的单一空间对象 _criterion：数值参数

26. XShapefile（类）

Shapefile 文件读取类。

属 性 成 员	含 义
Dictionary＜int,SHAPETYPE＞Int2Shapetype	SHAPETYPE 取值与 shapefile 空间类型的对应关系
方 法 成 员	含 义
List＜XField＞ReadDBFFields(string dbffilename)	读取 dbf 文件字段头 dbffilename：dbf 文件的文件名

续表

方 法 成 员	含 义
List < XAttribute > ReadDBFValues（string dbffilename，List < XField > fields）	读取 dbf 文件中具体字段值 dbffilename：dbf 文件的文件名 fields：需读取的字段集
ShapefileHeader ReadFileHeader(BinaryReader br)	读取文件头 br：二进制文件读取工具
RecordHeader ReadRecordHeader(BinaryReader br)	读取记录头 br：二进制文件读取工具
XVectorLayer ReadShapefile（string shpfilename）	读取 Shapefile 文件 shpfilename：shp 文件的名称
XPoint ReadPoint(byte[] RecordContent)	读取点实体 RecordContent：记录内容
List < XLine > ReadLines(byte[] RecordContent)	读取线实体 RecordContent：记录内容
List < XPolygon > ReadPolygons(byte[] RecordContent)	读取面实体 RecordContent：记录内容

27．XShapefile．DBFHeader（结构体）

dbf 文件头结构体。

属 性 成 员	含 义
byte FileType	文件头开始的标志
byte Year，Month，Day	文件建立或修改的日期，分别为年（Year）、月（Month）、日（Day）
int RecordCount	文件中记录的个数
short HeaderLength	文件头长度
short RecordLength	每条记录的字节总长度
long Unused1，Unused2	无实际意义
int Unused3	无实际意义

28．XShapefile．DBFField（结构体）

dbf 文件字段描述区结构体。

属 性 成 员	含 义
byte b1…b11	字段名
byte FieldType	字段类型
int DisplacementInRecord	在记录中的起始位置
byte LengthOfField	字段的字节长度
byte NumberOfDecimalPlaces	若字段为浮点数，此处记录小数点后位数
long Unused1	无实际意义
int Unused2	无实际意义
short Unused3	无实际意义

29．XShapefile．RecordHeader（结构体）

Shapefile 记录头结构体。

属 性 成 员	含 义
int RecordNumber	记录的序号
int RecordLength	记录内容的长度
int ShapeType	记录的空间类型

30. XShapefile.ShapefileHeader（结构体）

Shapefile 文件头结构体。

属 性 成 员	含 义
int Unused1…Unused7	无实际意义
int Unused8	版本号
int ShapeType	空间对象类型
double Xmin	最小横坐标
double Ymin	最小纵坐标
double Xmax	最大横坐标
double Ymax	最大纵坐标
double Unused9…Unused12	无实际意义

31. XSpatial（抽象类）

空间实体类。

属 性 成 员	含 义
XVertex centroid	空间实体的中心点
XExtent extent	空间实体的范围
List < XVertex > vertexes	空间实体的坐标序列

方 法 成 员	含 义
XSpatial(List < XVertex > _vertexes)	构造函数 _vertexes：节点数组
void draw（Graphics graphics，XView view，XThematic thematic）	绘制函数 graphics：画图工具 view：地图窗口设置 thematic：专题地图信息
abstract double Distance(XVertex vertex)	计算节点到空间对象的距离 vertex：待计算的节点位置

32. XSymbology（类）

专题地图样式定义类。

属 性 成 员	含 义
enum ThematicType{UnifiedValue，UniqueValue，GradualColor}	描述专题地图枚举类型 UnifiedValue 代表唯一值地图 UniqueValue 代表独立值地图 GradualColor 代表分级设色地图
ThematicType LayerThematic	专题地图类型
List < XThematic > ThematicGroup	记载专题地图多种显示方式数组
XThematic SelectedThematic	记载专题地图的选择状态
List < string > UniqueValues	专题地图独立值
List < double > GradualValues	专题地图分级值
int FieldIndex	属性字段序号
int ColorSeed	随机颜色的种子

方 法 成 员	含 义
void WriteToDoc(BinaryWriter bw)	将专题地图显示方式写入地图文档 bw：二进制文件写入工具

续表

方 法 成 员	含 义
XSymbology ReadFromDoc(BinaryReader br)	读取地图文档中的专题地图显示方式 br：二进制文件读取工具
XThematic GetThematic(XFeature feature,bool isSelected)	获取专题地图显示方式 feature：待绘制空间对象 isSelected：图层选中状态，选中为 true，未选中为 false
void MakeUnifiedValue(XThematic thematic)	定义"唯一值地图"显示方式 thematic：专题地图显示方式
void MakeUniqueValue(XVectorLayer layer, int fieldIndex, XThematic thematic, int colorSeed)	定义"独立值地图"显示方式 layer：专题地图所在的图层 fieldIndex：独立值依据的属性字段序号 thematic：专题地图显示方式 colorSeed：随机颜色的种子
void MakeGradualColor(XVectorLayer layer, int fieldIndex, XThematic thematic, int levelCount, Color fromColor, Color toColor)	定义"分级设色地图"的显示方式 layer：专题地图所在的图层 fieldIndex：分级设色依据的属性字段序号 thematic：专题地图显示方式 levelCount：分级设色的分级数量 fromColor：起始的分级颜色 toColor：终止的分级颜色
Color InterpolateColor(Color fromColor, Color toColor,int index,int count)	计算分级设色中的颜色插值 fromColor：起始的分级颜色 toColor：终止的分级颜色 index：插值点 count：总插值量

33. XThematic（类）
专题制图信息类。

属 性 成 员	含 义
Pen LinePen	线实体显示样式
Pen PolygonPen	面实体边显示样式
SolidBrush PolygonBrush	面实体填充显示样式
Pen PointPen	点实体边显示样式
SolidBrush PointBrush	点实体填充显示样式
int PointRadius	点实体半径
方 法 成 员	含 义
XThematic()	构造函数,默认各个显示属性使用初值
XThematic(Pen _LinePen,Pen _PolygonPen,SolidBrush _PolygonBrush, Pen _PointPen,SolidBrush _PointBrush, int _PointRadius)	构造函数,自定义每个显示属性值 _LinePen：线实体显示样式 _PolygonPen：面实体边显示样式 _PolygonBrush：面实体填充显示样式 _PointPen：点实体边显示样式 _PointBrush：点实体填充显示样式 _PointRadius：点实体半径

续表

方法成员	含义
void WriteToDoc(BinaryWriter bw)	将专题地图显示样式写入地图文档中 bw：二进制文件写入工具
XThematic ReadFromDoc(BinaryReader br)	从地图文档中读取专题地图显示样式 br：二进制文件读取工具
XThematic UpdateColor(Color color)	更新颜色 color：随机颜色值

34. XTools（类）

公共函数类。

方法成员	含义
XVertex GetOffsetVertexAlongSegment(XVertex from_v, XVertex to_v, double offset)	获取一条线段上距离起点指定偏移距离的位置 from_v：线段起始节点 to_v：线段终止节点 offset：偏移量
string ReadString(BinaryReader br)	从文件中读取一个字符串 br：二进制文件读取工具
void WriteString(string s, BinaryWriter bw)	将一个字符串写入文件中 s：待写入的字符串 bw：二进制文件写入工具
string BytesToString(byte[] byteArray)	转换字节数组为字符串 byteArray：待转换的字节数组
Object FromBytes2Struct(BinaryReader br, Type type)	从二进制文件中读取给定的字节，匹配特定的结构体 br：二进制文件读取工具 type：需要读取的结构体类型
byte[] FromStructToBytes(object struc)	将结构体实例转换为字节数组 struc：待转换的结构体实例
int ReverseInt(int value)	转换 Big Integer 与 Little Integer 字节顺序 value：待转换的值
double CalculateLength(List<XVertex> _vertexes)	计算由节点序列构成的折线的长度 _vertexes：节点序列
double CalculateArea(List<XVertex> _vertexes)	计算由节点序列构成的多边形的面积 _vertexes：节点序列
double VectorProduct(XVertex v1, XVertex v2)	计算矢量叉积 v1：一个矢量节点 v2：另一个矢量节点
double DistanceBetweenPointAndSegment(XVertex A, XVertex B, XVertex C)	计算点到一条线段距离总体函数 A：线段的起始节点 B：线段的终止节点 C：该点
double DotProduct(XVertex A, XVertex B, XVertex C)	为计算点 C 到线段 AB 的距离的辅助函数 A：线段的起始节点 B：线段的终止节点 C：该点

续表

方法成员	含义
double CrossProduct(XVertex A, XVertex B, XVertex C)	为计算点 C 到线段 AB 的距离的辅助函数 A：线段的起始节点 B：线段的终止节点 C：该点
XLayer OpenLayer(string layerPath)	打开图层文件 layerPath：图层文件的存储路径
double GetSlope(XVertex from_v, XVertex to_v)	计算由两个节点构成的线段斜率 from_v：线段起始节点 to_v：线段终止节点

35．XTree(类)

空间索引类。

属性成员	含义
XNodeEntry Root	根结点
int MaxEntries	每个结点的最大入口数
int MinEntries	每个结点的最小入口数
XVectorLayer Layer	与此索引关联的图层

方法成员	含义
XTree(XVectorLayer _layer, int maxEntries=4)	构造函数 _layer：对应此索引结构的图层 maxEntries：结点允许的最大入口数
void InsertData(int index)	插入数据入口 Index：空间对象在图层中的序号
void InsertNode(XNodeEntry ParentNode, XNodeEntry ChildNode)	将子结点插入父结点的入口列表中 ParentNode：父结点 ChildNode：子结点
void AdjustTree(XNodeEntry OneNode, XNodeEntry SplitNode)	由于分割而需要调整上层结构 OneNode：已经在树中的结点 SplitNode：新分裂出来的结点
XNodeEntry ChooseLeaf(XNodeEntry node, XNodeEntry entry)	为数据入口(entry)寻找一个叶结点插入 node：最初为根结点，之后递归为各级子结点 entry：数据入口
double EnlargedArea(XNodeEntry node, XNodeEntry entry)	计算增加一个入口后，所辖范围扩大的面积 node：最初为根结点，之后递归为各级子结点 entry：数据入口
XNodeEntry SplitNode(XNodeEntry OneNode)	当入口数量超限时，分裂结点，返回新分裂出来的结点的函数 OneNode：待分裂的结点
int PickNext(XNodeEntry FirstNode, XNodeEntry SecondNode, List< XNodeEntry > entries, ref double maxDiffArea)	查找下一个可被分配的下层结点入口序号 FirstNode：第一个可能被分配的结点 SecondNode：第二个可能被分配的结点 entries：待分配的下层结点 maxDiffArea：分配给不同结点的面积差，用此判断分配给 FirstNode 还是 SecondNode

续表

方法成员	含 义
void AssignAllEntries(XNodeEntry node,List < XNodeEntry > entries)	把剩余数据入口全部分配给某个结点 node：被分配的结点 entries：剩余数据入口列表
void NodeList(List < XNodeEntry > nodes,XNodeEntry node)	把当前树中的所有结点增加到一个结点列表里 nodes：当前树中所有结点的列表 node：被递归添加的当前结点
XVectorLayer GetTreeLayer()	将索引结构转变成一个图层
List < XFeature > Query(XExtent extent,bool OnlyInclude)	根据范围搜索包含的所有空间对象 extent：搜索范围 OnlyInclude：表示覆盖搜索(true)或相交搜索(false)
void FindFeatures(XNodeEntry node,List < XFeature > features,XExtent extent,bool OnlyInclude)	查找框选范围内的空间对象 node：搜索的起始结点 features：搜索到的空间对象 extent：框选范围 OnlyInclude：表示覆盖搜索(true)或相交搜索(false)
void WriteFile(BinaryWriter bw)	将索引结构写入一个文件中 bw：二进制文件写入工具
void WriteNode(XNodeEntry node,BinaryWriter bw)	将一个结点及其下层所有结点写入文件 node：该结点 bw：二进制文件写入工具
void ReadFile(BinaryReader br)	从文件中读取索引结构 br：二进制文件读取工具
XNodeEntry ReadNode(BinaryReader br)	从文件中读取一个索引结构,并返回其根结点 br：二进制文件读取工具

36．XVectorLayer(类)

矢量图层类。

属性成员	含 义
SHAPETYPE ShapeType	空间对象类型
List < XFeature > Features	图层中包含的所有空间对象数组
List < XField > Fields	属性字段序列
List < XFeature > SelectedFeatures	已被选择的空间对象
bool Selectable	用于判断该图层中空间对象是否可被选择
XLabel Label	用于图层显示的属性标注样式
XSymbology Symbology	用于图层显示的专题地图样式
XTree Tree	该图层空间对象的空间索引树
方法成员	含 义
XVectorLayer(string _name,SHAPETYPE _shapetype)	构造函数 _name：图层名称 _shapetype：空间对象类型
void BuildTree()	一次性为图层中所有空间对象构建树
void SelectByAttribute(XSelect.OPERATOR op,int fieldIndex,object key,bool modify)	依据属性进行查询 op：查询操作符 fieldIndex：指定的属性字段序号 key：特征值 modify：数值参数

续表

方法成员	含 义
void SelectByVertex（XVertex vertex，double tolerance，bool modify）	点选查询 vertex：点选位置 tolerance：点选阈值 modify：选择集是否需要改变布尔参数
void SelectByExtent（XExtent extent，bool modify）	框选查询 extent：框选范围 modify：选择集是否需要改变布尔参数
void ModifySelection（List＜XFeature＞features，bool modify）	操作当前选择集 features：空间对象集 modify：选择集是否需要改变布尔参数
void UpdateExtent()	更新图层的空间范围
void AddFeature（XFeature feature，bool InsertTreeNode＝true）	添加空间对象 feature：待添加的空间对象 InsertTreeNode：添加空间对象时是否同时插入树结点
void RemoveFeature(int index)	删除空间对象 index：待删除空间对象索引号
int FeatureCount()	计算空间对象的数量
XFeature GetFeature(int index)	获取空间对象 index：需要获取的空间对象索引
void Clear()	删除图层中所有空间对象并令图层空间范围为 null
void draw（Graphics graphics，XView view）	绘制图层函数 graphics：画图工具 view：地图窗口设置
void WriteToDoc(BinaryWriter bw)	将矢量图层写入一个地图文档中 bw：二进制文件写入工具
XVectorLayer ReadFromDoc(BinaryReader br)	从地图文档中读取矢量图层 br：二进制文件读取工具
void DeleteAllFeatures()	删除所有的空间对象
void DeleteSelectedFeatures()	删除所有已选择的空间对象

37. XVertex（类）

节点类。

属性成员	含 义
double x	节点横坐标
double y	节点纵坐标

方法成员	含 义
XVertex(double _x,double _y)	构造函数 _x：节点横坐标 _y：节点纵坐标
XVertex(XVertex v)	构造函数，通过复制的方法获得一个节点 v：需要复制的节点
XVertex(BinaryReader br)	构造函数，用于从文件中读一个节点 br：二进制文件读取工具

续表

方法成员	含义
bool IsSame(XVertex vertex)	判断两个节点在空间上是否是重叠的 vertex：需要判断是否重叠的节点
void Write(BinaryWriter bw)	把节点输出到二进制文件 bw：二进制文件写入工具
double Distance(XVertex anothervertex)	计算与另一个节点之间的直线距离 anothervertex：另一个节点

38．XView（类）

地图窗口设置类。

属性成员	含义
XExtent CurrentMapExtent	当前绘图窗口中显示的地图范围
Rectangle MapWindowSize	绘图窗口大小
double MapMinX,MapMinY	当前屏幕显示的地图范围的最小横坐标，最小纵坐标
int WinW,WinH	绘图窗口宽度、高度
double MapW,MapH	地图横坐标宽度、高度
double ScaleX,ScaleY	横坐标比例尺，纵坐标比例尺

方法成员	含义
XView(XExtent _extent,Rectangle _rectangle)	构造函数 _extent：当前地图显示范围 _rectangle：当前绘图窗口矩形
void Update(XExtent _extent,Rectangle _rectangle)	更新地图窗口设置 _extent：新的地图显示范围 _rectangle：新的绘图窗口矩形
Point ToScreenPoint(XVertex onevertex)	节点的地图坐标转换为屏幕坐标 onevertex：地图坐标节点
XVertex ToMapVertex(Point point)	把屏幕点转换为节点 point：屏幕点
void OffsetCenter(XVertex vFrom, XVertex vTo)	依据输入坐标的相对位移更新地图范围中心 vFrom：初始节点 vTo：位移后节点
void UpdateMapCenter(XVertex newCenter)	依据输入的地图中心更新地图中心坐标 newCenter：输入的地图中心节点
double ToScreenDistance(double mapDistance, XVertex vertex)	地图距离转成屏幕距离 mapDistance：给定地图距离 vertex：输入地图位置
void ChangeView(XExploreActions action)	依据地图浏览时的操作改变地图窗口 action：地图浏览操作
void UpdateMapWindow(Rectangle rect)	更新地图窗口的范围 rect：绘图窗口大小
List＜Point＞ToScreenPoints(List＜XVertex＞vertexes)	节点数组的地图坐标转换为屏幕坐标 vertexes：地图坐标节点数组
double ToMapDistance(int pixelCount)	屏幕距离转成地图距离 pixelCount：给定的屏幕距离